高等职业教育机电一体化系列精品教材

▶"互联网+"创新型教材

可编程控制技术

(西门子 S7-200)

主　编　李言武
副主编　蒋静瑚　崔　璨

北京邮电大学出版社
www.buptpress.com

内 容 简 介

本书以德国西门子(SIEMENS)公司 S7-200 系列 PLC 作为样机,系统地介绍了 S7-200 系列 PLC 基础知识、S7-200 系列 PLC 指令功能及编程、S7-200 系列 PLC 编程技术和 S7-200 系列 PLC 典型应用。本书融图、表、文于一体,内容通俗易懂,侧重理论与实践的结合,有较强的实用性。

本书可作为高职高专机电一体化、电气自动化等专业的教材,也可供相关技术人员参考。

图书在版编目(CIP)数据

可编程控制技术 / 李言武主编. -- 北京:北京邮电大学出版社,2011.12(2024.6重印)
ISBN 978-7-5635-2873-8

Ⅰ. ①可… Ⅱ. ①李… Ⅲ. ①可编程序控制器 Ⅳ. ①TM571.6

中国版本图书馆 CIP 数据核字(2011)第 280362 号

策划编辑:马子涵　　责任编辑:李斐然　欧阳文森　　封面设计:王秋实

出版发行:北京邮电大学出版社
社　　址:北京市海淀区西土城路 10 号
邮政编码:100876
发 行 部:电话:010-62282185　传真:010-62283578
E-mail:publish@bupt.edu.cn
经　　销:各地新华书店
印　　刷:天津创先河普业印刷有限公司
开　　本:787 mm×1 092 mm　1/16
印　　张:19.25 插页 1
字　　数:475 千字
版　　次:2012 年 2 月第 1 版
印　　次:2024 年 6 月第 13 次印刷　2019 年修订

ISBN 978-7-5635-2873-8　　　　　　　　　　　　　　　　　　定　价:49.80 元

· 如有印装质量问题,请与北京邮电大学出版社发行部联系 ·
服务电话:400-615-1233

PREFACE

前 言

可编程控制器(PLC)是以微处理器为基础,综合计算机技术、自动控制技术和通信技术发展而来的一种新型工业控制装置,它在工业自动化控制领域中有着广泛的应用。本书以目前我国广泛应用的德国西门子(SIEMENS)公司 S7-200 系列 PLC 为样机,系统地介绍了小型 PLC 的功能结构、工作原理、指令系统、网络通信技术、系统设计方法与调试维护,以及 PLC 与工业组态软件结合的控制应用。

本书是根据不断发展的 PLC 控制技术及编者多年的教学经验和工程实践,并在参阅同类教材和相关文献的基础上编写而成的。在内容安排上,本书采用模块导入、任务驱动的方式,通过大量由浅入深的应用实例和课堂练习,引导读者逐步认识、熟知、应用 PLC,既注重以应用实例反映 PLC 的一般工作原理及其应用特点,又注重 PLC 工程应用的可操作性和实用性。

全书共 5 个实训模块,30 个实训任务。模块一为 S7-200 系列 PLC 的识读与使用,介绍 PLC 的结构、安装与使用;模块二为 S7-200 系列 PLC 应用软件的安装与使用,介绍 PLC 编程软件与仿真软件的安装与使用;模块三为 S7-200 系列 PLC 的指令功能及编程,介绍 PLC 梯形图基本指令与功能指令的功能与应用编程;模块四为 S7-200 系列 PLC 编程技术,介绍 PLC 应用程序的编写原则、步骤与方法;模块五为 S7-200 系列 PLC 典型控制系统设计,通过综合实例和实训,介绍 PLC 应用系统的设计思想、设计步骤和设计方法,以及 PLC 与工业组态软件结合的控制应用。本书配有大量的例题和训练习题,附录给出了 PLC 的使用技术规范、通信方式、指令中英文全称对照和课程设计要求等。

本书融图、表、文于一体,内容通俗易懂。每个模块从背景及要求、具体任务引入与分析、相关理论知识讲解到任务实施与练习逐一展开,详细阐述了 PLC 控制系统的设计过程、设计要求、应完成的工作内容和具体设计方法,同时指出了设计中的常见问题及其解决方法。

本书由安徽工贸职业技术学院李言武任主编,安徽工贸职业技术学院蒋静瑚、崔璨任副主编,韩华、白志青任参编。具体编写分工如下:模块一由开封大学韩华编写,模块二由安徽工贸职业技术学院白志青编写,模块三和附录由李言武编写,模块四由崔璨编写,模块五由蒋静瑚编写。全书由李言武统稿。

本书适合作为高职高专机电一体化、电气自动化等专业的教材,也可作为从事PLC应用开发的工程技术人员的培训教材或技术参考书。

本书在编写过程中参考和引用了许多文献,在此对文献的作者表示感谢。

由于编者水平有限,书中难免存在不足之处,敬请广大读者批评指正。

编　者

目 录

模块一　S7-200 系列 PLC 的识读与使用　1

任务一　识读 S7-200 系列 PLC　2
一、PLC 的基本组成　2
二、PLC 的工作原理　7
三、PLC 的特点与性能指标　9
四、PLC 的分类、应用领域及发展趋势　11

任务二　S7-200 系列 PLC 数据存储及编程元件使用　18
一、数据存储区的划分及编程元件的功能　19
二、编程元件的有效范围及操作类型　20
三、数据类型与存储分配　22
四、数据寻址方式　23

任务三　S7-200 系列 PLC 的安装与使用　27
一、S7-200 系列 PLC 主机　27
二、S7-200 系列 PLC 的扩展配置　29
三、S7-200 系列 PLC 的安装　31

模块二　S7-200 系列 PLC 应用软件的安装与使用　36

任务一　S7-200 系列 PLC 编程软件的安装与属性设置　36
一、STEP 7-Micro/WIN32 V4.0 SP9 编程软件的安装要求　37
二、STEP 7-Micro/WIN32 V4.0 SP9 编程软件的属性介绍　38

任务二　S7-200 系列 PLC 编程软件的使用　46
一、STEP 7-Micro/WIN32 V4.0 SP9 编程软件窗口组件　46
二、梯形图程序编制规范　53
三、梯形图程序编制与运行调试　56

任务三　S7-200 系列 PLC 仿真软件的使用　65
一、仿真软件介绍　65

二、仿真软件的使用 …………………………………………………………………… 66

模块三　S7-200 系列 PLC 的指令功能及编程　　73

任务一　三人抢答器 PLC 控制　　74
一、基本位操作指令 …………………………………………………………………… 75
二、立即位操作指令 …………………………………………………………………… 78
三、多位逻辑运算指令 ………………………………………………………………… 79

任务二　方波信号产生 PLC 控制　　83
一、定时器 ……………………………………………………………………………… 83
二、定时器指令 ………………………………………………………………………… 84

任务三　超载报警 PLC 控制　　87
一、计数器指令 ………………………………………………………………………… 88
二、增 1/减 1 计数器指令 ……………………………………………………………… 90

任务四　交通灯显示 PLC 控制　　92
一、比较运算 …………………………………………………………………………… 93
二、比较指令 …………………………………………………………………………… 93

任务五　梯形面积计算　　98
一、算术运算指令 ……………………………………………………………………… 99
二、数学函数变换指令 ………………………………………………………………… 100

任务六　流水灯显示 PLC 控制　　104
一、数据传送指令 ……………………………………………………………………… 105
二、字节交换/填充指令 ……………………………………………………………… 106
三、移位指令 …………………………………………………………………………… 106

任务七　S＝1＋2＋3＋…＋100 求和　　111
一、系统控制指令 ……………………………………………………………………… 112
二、跳转与循环控制指令 ……………………………………………………………… 113

任务八　花式喷泉 PLC 控制　　116
　一、子程序指令　　117
　二、顺序控制指令　　118

任务九　数字 0~9 显示 PLC 控制　　126
　一、表功能指令　　127
　二、数据类型转换指令　　131
　三、数据编码和译码指令　　134
　四、字符串转换指令　　135

任务十　艺术彩灯显示 PLC 控制　　140
　一、中断的概念　　142
　二、中断指令　　143

任务十一　步进电动机起停运行 PLC 控制　　147
　一、高速计数器指令及应用　　148
　二、高速脉冲输出指令及应用　　153

任务十二　水箱水位 PLC 控制　　160
　一、PID 算法　　162
　二、PID 控制回路参数表　　163
　三、PID 指令格式及功能　　164
　四、PID 指令的使用　　164

模块四　S7-200 系列 PLC 编程技术　　171

任务一　电动机起停 PLC 控制　　173
　一、程序功能流程图的组成　　174
　二、程序功能流程图的主要类型　　174
　三、程序功能流程图到梯型图的转换　　175

任务二　电动机双重联锁正反转 PLC 控制　　179
　一、经验法　　180

二、梯形图法 ………………………………………………… 182

任务三　机械手工作 PLC 控制　　186
　　一、逻辑流程图法 …………………………………………… 187
　　二、单流程程序功能流程图编程应用 ……………………… 188

任务四　全自动洗衣机 PLC 控制　　191
　　一、时序流程图法 …………………………………………… 193
　　二、循环与跳转程序功能流程图编程应用 ………………… 195

任务五　电动机三速段 PLC 控制　　198
　　一、步进顺控法 ……………………………………………… 199
　　二、并行与选择程序功能流程图编程应用 ………………… 201

模块五　S7-200 系列 PLC 典型控制系统设计　　205

任务一　CA6140 型普通车床 PLC 控制　　207
　　一、CA6140 型普通车床电气控制线路的改造 …………… 209
　　二、CA6140 型普通车床的结构 …………………………… 210
　　三、CA6140 型普通车床电气控制元器件识读 …………… 211

任务二　滤池气水反冲洗 PLC 控制　　214
　　一、S7-200 CPU224XP CN 型 PLC ……………………… 215
　　二、DP-HD1000 经济型超声波液位计 …………………… 216
　　三、模拟量扩展模块介绍 …………………………………… 217
　　四、模拟量采集与转换处理 ………………………………… 220

任务三　三层电梯 PLC 控制　　224
　　一、电梯的分类 ……………………………………………… 225
　　二、电梯的基本结构 ………………………………………… 225

任务四　天塔之光 PLC 控制　　232
　　一、S7-200 系列 PLC 组态监控系统 ……………………… 233

二、组态王 6.51 工控软件 ·· 233

任务五　两盏灯点亮 PLC 控制　　　　　　　　　　　　　240

一、S7-200 系列 PLC 网络控制系统 ································ 241
二、网络电缆 ·· 242
三、网络连接器 ··· 242
四、网络中继器 ··· 243

任务六　电动机多段速 PLC 控制　　　　　　　　　　　　　248

一、SIEMENS MM 系列变频器 ······································ 248
二、SIEMENS MM420 变频器 ······································· 255

任务七　上料检测单元 PLC 控制　　　　　　　　　　　　　263

一、上料检测单元的结构组成 ·· 264
二、接近开关 ·· 265
三、气动元件 ·· 266

附录　　　　　　　　　　　　　　　　　　　　　　　　274

附录A　S7-200 系列 PLC 及扩展模块接线图　　　　　　274

附录B　S7-200 系列 PLC 通信方式　　　　　　　　　　279

附录C　S7-200 系列 PLC 指令中英文全称对照　　　　　281

附录D　S7-200 系列 PLC 特殊功能存储器(SM)　　　　283

附录E　S7-200 系列 PLC 错误代码　　　　　　　　　　290

附录F　S7-200 系列 PLC 产品故障检查与处理　　　　　292

附录G　S7-200 系列 PLC 课程设计　　　　　　　　　　296

参考文献　　　　　　　　　　　　　　　　　　　　　299

模块一 S7-200 系列 PLC 的识读与使用

> **合抱之木，生于毫末；九层之台，起于累土；千里之行，始于足下。**
> ——老子《道德经》

可编程控制器是专为工业环境设计的一种数字运算操作的电子装置，带有存储器和可编程的控制器。它能够存储和执行命令，进行逻辑运算、算术运算、顺序控制、定时和计数等操作，并通过数字式和模拟式的输入/输出，控制各种类型的机械或生产过程。由于可编程控制器具有简单易懂、操作方便、可靠性高、体积小、功耗低、适用于在工业化的环境下运行、使用寿命长等优点，在工业领域得到广泛应用，并逐步成为各行各业的通用控制产品。

20 世纪 60 年代初期，继电器控制系统在控制领域占据着主导地位，由继电器组成的顺序控制器是按照预先规定的时间或条件顺序工作的，改变控制顺序时就必须改变控制器的硬件连线（硬连线），这不仅不利于产品的更新换代，而且对于比较复杂的控制系统来说，不但设计制造困难，查找和排除故障也往往费时费力，还存在着控制能力弱、可靠性低的缺点。

早期的可编程控制器是为了取代继电器控制线路而设计的，它通过执行存储器的程序指令来改变相应存储器的状态位，从而完成逻辑控制功能。因此，当改变可编程控制器逻辑控制功能时，不需要改变外围实际电路的连线（软连线）。可编程控制器具有逻辑运算、定时、计数等功能，但主要用于开关量控制，实际与继电器一样只进行逻辑运算，所以称为可编程逻辑控制器（programmable logic controller，PLC）。典型的继电器、PLC 控制系统组成如图 1-1 所示。

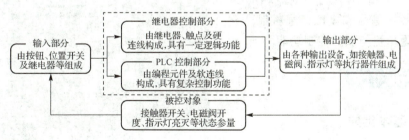

图 1-1 典型的继电器、PLC 控制系统组成

进入 20 世纪 80 年代后，PLC 采用了 16 位（少数 32 位）微处理器，使得可编程逻辑控制器在概念、设计和性能上都有了新的突破，增加了数值运算、模拟量处理及联网通信等功能，成为真正意义上的可编程控制器（programmable controller，PC）。但为了与个人计算机

(personal computer,PC)相区别,仍将可编程控制器简称为 PLC。

目前,我国自主研发的 PLC 有中国科学院自动化研究所的 PLC-0088、北京联想计算机集团公司的 GK-40 等,而国外的 PLC 产品主要有德国西门子公司的 S7 系列、日本立石公司的欧姆龙(OMRON)C 系列、三菱公司的 FX 系列,以及美国 GE 公司的 GE 系列等。虽然 PLC 产品的各自型号和规格不统一,但通常其用途、功能、结构、工作原理等大致相同。

任务一 识读 S7-200 系列 PLC

知识目标

了解 S7-200 系列 PLC 的类别、应用及发展;
熟悉 S7-200 系列 PLC 的功能特点和主要性能指标;
掌握 S7-200 系列 PLC 的基本结构和工作原理。

技能目标

能够识读 S7-200 系列 PLC 产品的类型,熟悉其结构与功能;
具备 S7-200 系列 PLC 产品选型的基本能力。

任务引入

S7-200 CPU224XP PLC 识读:识读 CPU224XP 型 PLC 的产品型号,熟悉其结构、功能与性能指标,掌握其工作原理。

任务分析

S7-200 CPU224XP PLC 实物如图 1-2 所示,它是 S7-200 系列 PLC 中较为典型的一种,具有 14 入/10 出数字量 I/O 端子和 2 入/1 出模拟量 I/O 端子,2 个 RS232-485 通信接口,集数字信号和模拟信号控制于一身,可以实现单机与联网控制功能。

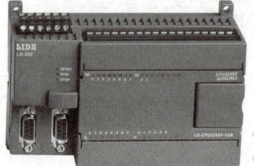

图 1-2 S7-200 CPU224XP PLC 实物

预备知识

一、PLC 的基本组成

PLC 由硬件系统(hardware system)和软件系统(software system)组成,如图 1-3 所示。其中,软件系统包括系统程序和用户程序,硬件系统主要由中央处理器、存储器、输入/输出模块、接口电路和电源五大部分组成。

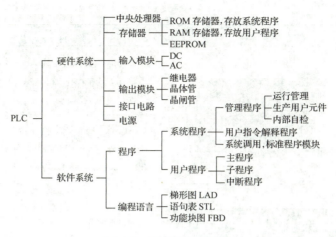

图 1-3　PLC 的基本组成

1. 中央处理器

中央处理器（central processing unit，CPU）是 PLC 的核心。PLC 中所配置的 CPU 随机型不同而不同，主要有三类：通用微处理器（如 Z80、8086、80286 等）、单片微处理器（如 8031、8096 等）和位片式微处理器（如 AMD29W 等）。小型 PLC 大多采用 8 位通用微处理器和单片微处理器；中型 PLC 大多采用 16 位通用微处理器和单片微处理器；大型 PLC 大多采用高速位片式微处理器。S7-200 系列 PLC 的 CPU 类型有 CPU221、CPU222、CPU224、CPU224XP、CPU226 和 CPU226XM，其型号选择见表 1-1。

表 1-1　S7-200 系列 PLC 的 CPU 型号选择

CPU 系列号	产品图片	描　述	选型型号
CPU221		DC/DC/DC；6 点输入/4 点输出	6ES7 211-0AA23-0XB0
		AC/DC/继电器；6 点输入/4 点输出	6ES7 211-0BA23-0XB0
CPU222		DC/DC/DC；8 点输入/6 点输出	6ES7 212-1AB23-0XB0
		AC/DC/继电器；8 点输入/6 点输出	6ES7 212-1BB23-0XB0
CPU224		DC/DC/DC；14 点输入/10 点输出	6ES7 214-1AD23-0XB0
		AC/DC/继电器；14 点输入/10 点输出	6ES7 214-1BD23-0XB0

续表

CPU系列号	产品图片	描述	选型型号
CPU224XP		DC/DC/DC;14点输入/10点输出;2输入/1输出,共3个模拟量I/O点	6ES7 214-2AD23-0XB0
		AC/DC/继电器;14点输入/10点输出;2输入/1输出,共3个模拟量I/O点	6ES7 214-2BD23-0XB0
CPU226		DC/DC/DC;24点输入/16点晶体管输出	6ES7 216-2AD23-0XB0
		AC/DC/继电器;24点输入/16点输出	6ES7 216-2BD23-0XB0
CPU226XM		DC/DC/DC;24点输入/16点晶体管输出	6ES7 216-2AF22-0XB0
		AC/DC/继电器;24点输入/16点输出	6ES7 216-2BF22-0XB0

注1:DC/DC/DC——24 V DC电源/24 V DC输入/24 V DC输出。
注2:AC/DC/继电器——100～230 V AC电源/24 V DC输入/继电器输出。

CPU在系统监控程序的控制下具有STOP和RUN两种工作方式,其主要功能如下。

(1)编程时接收并存储从编程器输入的用户程序和数据,并能进行修改或更新。

(2)以扫描的方式接收现场输入的用户程序和数据,并将输入状态表(输入继电器)和数据存入输入映像寄存器。

(3)从存储器中逐条读出用户程序,经解读用户逻辑,完成用户程序中规定的各种任务,更新输出映像寄存器的内容。

(4)根据输出所存电路的有关内容实现输出控制。

(5)执行各种诊断程序。

2. 存储器

PLC的存储器包括只读存储器(read-only memory,ROM)、电可擦只读存储器(electrically erasable programmable read-only memory,EEPROM)和随机存储器(random-access memory,RAM),系统程序存放在ROM中,中间运算数据存放在RAM中;用户程序也可以存放在RAM或EEPROM中,掉电时,则自动保存到ROM或高能电池支持的RAM中。

3. 输入/输出模块

根据电路的结构形式不同,输入/输出模块(input/output modules)可分为开关量和模拟量两大类,其中模拟量 I/O 模块要经过模/数转换器(analog to digital converter,A/D 转换器或 ADC)、数/模转换器(digital to analog converter,D/A 转换器或 DAC)实现模拟信号与数字信号之间的转换。在整体结构的 PLC 中,I/O 接口电路的结构形式隐含在 PLC 的型号中;在模块式结构的 PLC 中,有开关量的交、直流 I/O 模块,模拟量 I/O 模块及各种智能 I/O 模块可供选择。

(1)输入模块。输入模块是 PLC 内部输入接口电路,其作用是将 PLC 外部电路(如行程开关、按钮、传感器等)提供的、符合 PLC 输入电路要求的电压信号,通过光耦电路送到 PLC 内部电路。根据常用输入接口电路,电压类型和电路形式的不同,输入接口分为直流输入式和交流输入式两类,如图 1-4 所示。

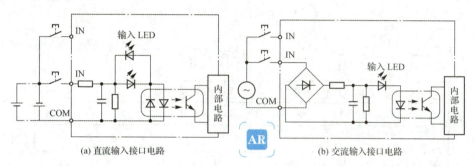

图 1-4　输入接口电路图

(2)输出模块。输出模块是 PLC 输出接口电路,用来将 CPU 运算的结果传送给输出端的电路元件,以控制其接通或断开,从而驱动被控负载(电磁铁、继电器、接触器线圈等)。依据不同负载工作电路,PLC 输出接口电路有继电器式输出(relay output)(见图 1-5 地)、晶闸管式输出(thyristor output)和晶体管式输出(transistor output)三种类型。

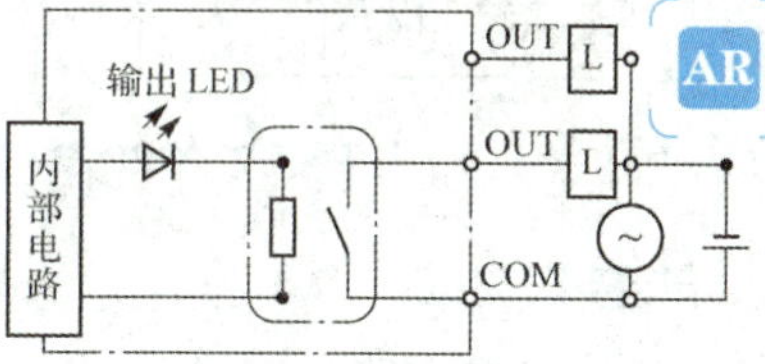

在继电器式输出接口电路中,CPU 可根据程序执行的结果,使 PLC 内设继电器线圈通电,带动触点闭合,通

图 1-5　继电器式输出接口电路图

过继电器闭合的触点,由外部电源驱动交、直流负载。其优点是过载能力强,交、直流负载皆宜。但它存在动作速度较慢、使用寿命有限等问题。

在晶闸管式输出接口电路中,CPU 通过光耦电路的驱动,使双向晶闸管通断,驱动交流负载,如图 1-6(a)所示;在晶体管式输出接口电路中,CPU 通过光耦电路的驱动,使晶体管通断,驱动直流负载,如图 1-6(b)所示。两者的优点是均为无触点控制系统,不存在电弧现象,而且开关速度快,缺点是半导体器件过载能力差。

从上述三种 PLC 输出电路可以看出,继电器、晶体管和晶闸管作为输出端的开关元件,受 PLC 的输出指令控制,仅完成接通或断开与相应输出端相连的负载回路的任务,而不提供负载回路的工作电源。

(3)公共端点。通常在 PLC 内部将一组输入/输出电路的公共端连在一起,共用一个公共端点(public endpoints),以减少 PLC 的外部接线。PLC 一般以三四个输出或输入接点为一组,在 PLC 内部连成一个输出公共端,公共端点之间是绝缘隔离的。分组后,不同的负载可以采用不同的驱动电源。图 1-7 所示为 S7-200 CPU224 型 PLC 输入/输出电路公共端点的分组连接。

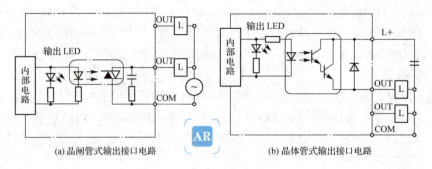

图 1-6　无触点输出接口电路图

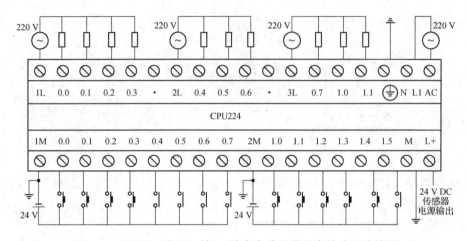

图 1-7　CPU224 型 PLC 输入/输出电路公共端点的分组连接图

4. 接口电路

PLC 接口电路(interface circuit)分为 I/O 扩展接口电路和外接通信接口电路两大类。

(1) I/O 扩展接口电路。I/O 扩展接口电路连接 I/O 扩展单元,可以用来扩充开关量 I/O 点数和增加模拟量 I/O 端子。I/O 扩展接口电路采用并行接口和串行接口两种电路形式。

(2) 外设通信接口电路。外设通信接口电路连接手持编程器或其他图形编辑器、文本显示器,并能组成 PLC 的控制网络,可以实现编程、监控、联网等功能。

5. 电源

PLC 电源(power supply)规范见表 1-2,其外接供电电源分为交流电源和直流电源两种,交流电源幅值为 85~264 V,直流电源幅值为 24 V。同时,PLC 内部配有一个专用开关式稳压电源,将交流或直流供电电源转化为其内部电路所需要的工作电源(5 V 直流),也可为外部输入元件提供 24 V 直流电源(仅供输入端子使用)。

表 1-2 PLC 电源规范

电源特性				
输入电源	DC		AC	
输入电压	20.4～28.8 V DC		85～264 V AC(47～63 Hz)	
输入电流	仅 CPU,24 V DC	最大负载 24 V DC	仅 CPU	最大负载
• CPU221	80 mA	450 mA	30/15 mA,120/240 V AC	120/240 V AC,120/60 mA
• CPU222	85 mA	500 mA	40/20 mA,120/240 V AC	120/240 V AC,140/70 mA
• CPU224	110 mA	700 mA	60/30 mA,120/240 V AC	120/240 V AC,200/100 mA
• CPU224XP	120 mA	900 mA	70/35 mA,120/240 V AC	120/240 V AC,220/100 mA
• CPU226	150 mA	1 050 mA	80/40 mA,120/240 V AC	120/240 V AC,320/160 mA
冲击电流	28.8 V DC 时,12 A		264 V AC 时,20 A	
隔离(现场与逻辑)	不隔离		1 500 V AC	
保持时间(掉电)	24 V DC 时,10 ms		120/240 V AC 时,20/80 ms	
保险(不可替换)	250 V 时慢速熔断,3 A		250 V 时慢速熔断,2 A	
24 V DC 传感器电源				
传感器电压	+5 V		20.4～28.8 V DC	
电流限定	1.5 A 峰值,热量限制无破坏性			
纹波噪声	来自输入电源		小于 1 V 峰值	
隔离(传感器与逻辑)	非隔离			

6. 软件系统

PLC 硬件电路由软件系统支持,软件系统分为系统程序(system program)和用户程序(the user program)两大类。

(1)系统程序。系统程序与 PLC 的硬件组成有关,由 PLC 制造厂商设计编写,一般包括系统诊断程序、输入处理程序、编译程序、信息传送程序、监控程序等,完成系统诊断、命令解释、功能子程序调用管理、逻辑运算、通信及各种参数设定等功能,提供 PLC 运行的平台。系统程序关系到 PLC 的性能,而且在 PLC 使用过程中不会变动,由制造厂商直接固化在 ROM、PROM 或 EPROM 中。

(2)用户程序。用户程序是随 PLC 的控制对象而定的,它是由用户根据对象生产工艺的控制要求,利用 PLC 编程语言而编制的应用程序。为了便于读出、检查和修改,用户程序一般存于互补金属氧化物半导体(complementary metal oxide semiconductor,CMOS)静态 RAM 中,用锂电池作为后备电源,以保证掉电时不会丢失信息。为了防止干扰对 RAM 中程序的破坏,当用户程序运行正常不需要改变时,可将其固化在 EPROM 中。现在有许多 PLC 直接采用 EEPROM 作为用户存储器。

二、PLC 的工作原理

PLC 控制系统由信号源、PLC 和执行器组成,PLC 通过循环扫描和采集输入端口的状态,执行用户程序,刷新输出端口状态来实现控制功能。

1. 扫描周期

PLC 的 CPU 采取循环扫描工作方式执行用户任务,用户程序运行一次所经历的时间称为 PLC 的一个机器扫描周期,简称扫描周期(scan period),其分为执行 CPU 自诊断、处理通信请求、读输入、执行程序(CPU 处于 RUN 状态)和写输出(输出刷新)5 个阶段,如图 1-8 所示。

(1) 执行 CPU 自诊断。每次扫描开始,先执行一次自诊断程序,对各输入/输出点、存储器和 CPU 等进行诊断。诊断的方法通常是测试出各部分的当前状态,并与正常的标准状态进行比较,若两者一致,说明各部分工作正常;若不一致,则认为有故障。此时,PLC 立即启动关机程序,保留现行工作状态,并关断所有输出点,然后停机。

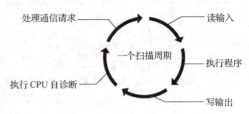

图 1-8 PLC 的 CPU 扫描周期

(2) 处理通信请求。诊断结束后,如果没有发现故障,PLC 将继续往下扫描,检查是否有编程器等的通信请求。如果有故障就进行相应的处理,如接受编程器的命令,把要显示的状态数据、出错信息送给编程器显示等。

(3) 读输入。在读输入阶段,CPU 对数字量和模拟量的输入信息进行处理。

① 数字量输入信息的处理。每次扫描周期开始,先读数字输入点的当前值,然后写到输入映像寄存器区域。在之后的用户程序执行过程中,CPU 访问输入映像寄存器区域,而不是读取输入端口状态,输入信号的变化不会影响输入映像寄存器的状态;通常输入信号有足够的脉冲宽度才能被响应。

② 模拟量输入信息的处理。当处理模拟量输入信息时,用户可以对每个模拟通道选择数字滤波器,即对模拟通道设置滤波功能。变化缓慢的输入信号可以选择数字滤波,高速变化信号不能选择数字滤波。如果选择了数字滤波器,CPU 在每个扫描周期自动刷新模拟输入,执行滤波功能并存储滤波值(平均值)。当选用模拟输入时,读取该滤波值。

(4) 执行程序。PLC 按照梯形图的顺序,自左而右、自上而下地逐行扫描,CPU 从用户程序的第一条指令开始执行,直到最后一条指令结束,程序运行的结果存放在输出映像寄存器区域。在此阶段,允许对数字量 I/O 指令和不设置数字滤波的模拟量 I/O 指令进行处理。扫描周期的各部分,均可对中断事件进行响应。

(5) 写输出。在每个扫描周期的结尾,CPU 把存放在输出映像寄存器中的数据输出给数字量输出端点(写入输出锁存器中,保证输出状态不会发生突变),更新输出状态。当 CPU 操作模式从 RUN 状态切换到 STOP 状态时,数字量输出可设置为输出表中定义的值或当前值;模拟量输出保持最后写的值;默认设置是关闭数字量输出。

2. CPU 的工作过程

CPU 的工作方式主要有 STOP(停止)和 RUN(运行)两种,可以通过指令、编程软件和拨动开关来设定。CPU 在 STOP 工作方式下,不执行程序,此时,可以向 CPU 装载程序或进行系统设置;CPU 在 RUN 工作方式下,运行用户程序。CPU 工作过程示意图如图 1-9 所示。

(1) 输入 I/O 刷新阶段。

① CPU 对输入状态进行扫描,由输入电路采样输入端子送入 PLC 允许信息(数字或模拟信号)并转换成数字信号,存入输入映像

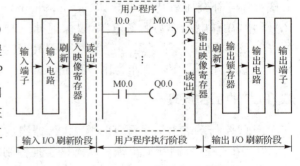

图 1-9 CPU 工作过程示意图

寄存器中,实现输入映像寄存器刷新,即内容更新。

②对输入状态的扫描只在输入采样阶段进行,只有此时才能实现输入映像寄存器刷新,即在用户程序执行阶段或输出阶段,即使输入端状态发生变化,输入映像寄存器的内容也不会改变,只有到下一个扫描周期的输入处理阶段才能被读入(输入响应滞后)。

(2)用户程序执行阶段。CPU 对用户程序进行"自左而右,自上而下"的逐行扫描,同时对输入(输出)映像寄存器进行读操作,完成每条指令执行,结果存入输出映像寄存器中,刷新输出映像寄存器。

(3)输出 I/O 刷新阶段。

①CPU 将输出映像寄存器中的内容转存到输出锁存器,实现输出锁存器刷新。

②在一个扫描周期内,只有在输出处理阶段才将输出映像寄存器中的状态输出,在其他阶段,输出值一直保存在输出映像寄存器中(输出响应滞后)。

③输出锁存器主要解决 CPU 与执行部件之间的速度匹配问题。

④输出电路将程序执行结果的数字信号转换成数字或模拟信号输出,驱动外部负载。

三、PLC 的特点与性能指标

1. PLC 的特点

(1)整体式结构,通用性好。整体式结构是将 PLC 的中央处理器单元、输入/输出部件安装在一块印刷电路板上,并连同电源一起装在一个标准机壳内,形成一个箱体。这种结构简单,体积小,质量轻,通过输入/输出端子与外部设备连接。一般小型 PLC 常采用这种结构,它适用于单机自动控制。

(2)模块品种丰富,扩展性好,功能强大。PLC 通过预留 I/O 扩展口来连接扩展模块,如输入模块、输出模块、网络模块、PID 模块、位控模块、伺服与步进驱动模块等。这种结构形式配置灵活,装配方便,便于扩展,用户根据控制要求灵活地组合各种模块,可以构成规模不同的控制系统。

(3)可靠性高,抗干扰能力强。可靠性指的是 PLC 平均无故障时间(mean time between failure,MTBF),即指相邻两次故障之间的平均工作时间。目前,各生产厂家的 PLC 平均无故障时间都远大于国际电工委员会(International Electrotechnical Commission,IEC)规定的 10 万小时,工业界称 PLC 为无故障设备,故现在的 PLC 性能指标不再列出 MTBF。

由于工业生产过程经常昼夜连续,工业现场环境恶劣,各种电磁干扰特别严重,PLC 在设计、制作和元器件的选取上,采用了精选、高度集成化和冗余量大等一系列措施,对所有输入/输出接口电路均采取光电隔离措施,对各组成模块均采取屏蔽措施,系统程序具有自诊断功能,硬件采用冗余结构等,有效地抑制了外部干扰源对 PLC 的影响,使其能安全、可靠地在恶劣的工业环境中工作。其主要方法如下。

①各输入端均采用 RC 滤波器,其滤波时间常数一般为 $10\sim 20$ ms,对于一些高速输入端,则采用数字滤波,其滤波时间常数可用指令设定。

②各模块均采用屏蔽措施,防止辐射干扰。

③采用优良的开关电源。

④对器件进行严格的筛选。

⑤具有自诊断功能,一旦电源或软件、硬件发生异常情况,CPU 立即采取措施防止故障扩大。

⑥大型 PLC 还采取双 CPU 构成冗余结构或由三个 CPU 构成表决系统,使可靠性进一步提高。

(4)设计、安装容易,调试周期短,维护简单。PLC 已实现了产品的系列化、标准化和通用化,设计者可在规格繁多、品种齐全的 PLC 产品中选用高性价比的产品。PLC 用软件功能代替了继电器控制系统中大量的中间继电器、时间继电器、计数器等器件,减少了控制柜的设计、安装接线工作量;大部分用户程序可以在实验室模拟进行,调试好后再将 PLC 控制系统放到生产现场联机调试,既快速又安全方便,大大缩短了设计与调试周期;由于 PLC 本身的故障率极低,维修的工作量很小,而且各种模块上均有运行状态和故障状态指示灯,便于用户了解运行情况和查找故障。同时,许多 PLC 采用模块式结构,一旦某个模块出现故障,用户可以更换模块,使系统迅速恢复运行。此外,PLC 外部控制电路虽然仍为硬连线系统,但当受控对象的控制要求改变时,可以在线使用编程器修改用户程序以满足新的控制要求,大大缩短了工艺更新所需要的时间。

(5)编程简单易学。PLC 编程软件大多具有汉化界面,并提供了多种面向用户的编程语言,如常用的梯形图(ladder diagram,LAD)、指令语句表(statement list,STL)和功能块图(function block diagram,FBD)。PLC 编程主要采用 PC 或手持式编程器,其中手持式编程器有键盘、显示功能,通过电缆线与 PLC 相连,具有体积小、质量轻、便于携带、易于现场调试等优点;而 PC 更有利于 PLC 程序的输入、修改、调试、打印、存储及运行的动态监视,适用于较复杂的 PLC 控制系统的开发、设计与维护。

(6)应用广泛,发展迅猛。随着计算机控制技术的快速发展,PLC 具有更国际化、更高性能等级、安装空间更小、更良好的 Windows 操作系统等优势,成为当代各种控制工程的理想控制器,广泛应用于数字量逻辑控制、运动控制、闭环过程控制、数据处理与通信联网等领域。

2. PLC 的性能指标

PLC 种类很多,用户可以根据控制系统的具体要求选择不同技术性能指标的 PLC。

(1)I/O 点数。PLC 的 I/O 点数是指外部输入/输出端子的总和,又称主机的开关量 I/O 的点数。它是描述 PLC 功能的一个重要参数。

(2)存储容量。PLC 的存储器由系统程序存储器、用户程序存储器和数据存储器三部分组成。PLC 的存储容量通常指用户程序存储器和数据存储器容量之和,它表征系统提供给用户的可用资源,是系统性能的一项重要的技术指标。

(3)扫描速度。PLC 采用循环扫描工作方式。完成一次扫描所需的时间称为扫描周期,扫描速度与周期成反比。影响扫描速度的主要因素有用户程序的长度和 PLC 产品的类型。PLC 中 CPU 的类型、机器字长等直接影响 PLC 的运算精度和运行速度。

(4)指令系统。指令系统是指 PLC 所有指令的总和,指令越多,软件功能就越强,但掌握和应用起来也相对复杂。用户应根据实际控制要求选择合适指令功能的可编程控制器。

(5)可扩展性。小型 PLC 的基本单元(主机)多为开关量 I/O 接口,各厂家在 PLC 基本单元的基础上大力发展模拟量处理、高速处理、温度控制、通信等智能扩展模块。智能扩展模块的多少及性能也已成为衡量 PLC 产品水平的标志。

(6)通信功能。通信包括 PLC 之间的通信和 PLC 与计算机或其他设备之间的通信。通信主要涉及通信模块、通信接口、通信协议、通信指令等内容。PLC 的组网和通信能力也已成为衡量PLC产品水平的重要指标之一。

四、PLC的分类、应用领域及发展趋势

1.PLC的分类

目前,我国使用较多的PLC产品有德国西门子公司的S7系列,日本立石公司的欧姆龙(OMRON)C系列、三菱公司的FX系列和美国GE公司的GE系列等。由于PLC产品各自的型号和规格不统一,因而通常只能按照其用途、功能、结构形式、点数等进行大致分类。西门子公司的S7系列PLC的分类见表1-3。

表1-3 西门子公司的S7系列PLC的分类

分类依据	类 别	描 述
点数/功能	小型(含微型)	I/O点数小于256点,以开关量控制为主,具有体积小、价格低的优点,如S7-200系列PLC
	中型	I/O点数为256~1 024点,兼有开关量和模拟量的控制能力,适用于较复杂的系统逻辑控制和闭环过程控制,如S7-300系列PLC
	大型	I/O点数在1 024点以上,用于大规模过程控制、集散式装置及工厂自动化网络,如S7-400系列PLC
结构形式	整体式结构	将PLC的中央处理器单元、输入/输出部件安装在一块印刷电路板上,并连同电源一起装在一个标准机壳内,形成一个箱体。这种结构简单,体积小,质量轻,通过输入/输出端子与外部设备连接。一般小型PLC常采用这种结构,它适用于单机自动控制
	模块式结构	把PLC的各个部分制成独立的标准尺寸的模块,主要有CPU模块(包括存储器)、输入模块、输出模块、电源模块及其他各种模块,直接插入机架底板的插座上即可。这种结构形式配置灵活,装配方便,便于扩展,用户可根据控制要求灵活地配置各种模块,构成各种控制系统。一般大型、中型PLC采用这种结构
用途	通用型PLC	作为标准装置,可供各类工业控制系统选用
	专用型PLC	专门为某类控制系统设计,结构设计更合理,控制性能更完善

2.PLC的应用领域

随着PLC性价比的不断提高,其应用范围也在不断扩大,主要有以下几个方面。

(1)数字量逻辑控制。PLC具有"与""或""非"等逻辑指令,可以实现触点和电路的串、并联,代替继电器进行组合逻辑控制、定时控制和顺序逻辑控制。

(2)运动控制。PLC使用专用的运动控制模块,对直线或圆周运动的位置、速度和加速度进行控制,使运动控制与顺序控制有机结合,广泛用于机械运行控制,如金属切削机床、金属成型机床、装配机械、机器人、电梯等。

(3)闭环过程控制。过程控制是指对温度、压力、流量等连续变化的模拟量的闭环控制,PLC通过模拟量I/O模块实现模拟量(analog)和数字量(digital)之间的转换,运用比例-积分-微分指令(proportional integral differential,PID)实现模拟量的闭环控制。

(4)数据处理。PLC具有数学运算(包括四则运算、矩阵运算、函数运算、字逻辑运算以及求反、循环、移位、浮点数运算等)、数据传送、数据转换、排序和查表、位操作等功能,可以完成数据的采集、分析和处理工作。

(5)通信联网。PLC通信包括主机与远程I/O之间的通信、多台PLC之间的通信、PLC

与其他智能控制设备(如计算机、变频器、数控装置等)之间的通信,可以利用双绞线、同轴电缆将它们连成网络,构成"集中管理,分散控制"的分布式控制系统。

3. PLC 的发展趋势

(1)高性能、高速度、大容量。大中型 PLC 大多采用多 CPU 结构,存储容量达到几兆字节(megabytes,MB),能实现并行、分时、多任务处理功能,指令执行速度达到 μs 级每步,在模拟量控制方面,还具有模糊控制、自适应、参数自整定功能,使调试时间减少,控制精度提高,可靠性和抗干扰能力增强。

(2)微型化、大型化、智能化和网络化。微型 PLC 采用一体化整体式结构,价格低,体积小,很适合于单机自动化或组成分布式控制系统。大中型 PLC 采用多 CPU 结构,向着大容量、智能化和网络化发展,能与计算机组成集成控制系统,对大规模、复杂系统进行综合性的自动控制。现场总线技术(如 profibus)在 PLC 控制系统中也得到越来越广泛的应用。

(3)控制管理功能一体化。PLC 主要用于工业现场数据采集和设备控制功能的实现,在管理上多采用个人计算机,完成数据通信、网络管理、人机界面(human machine interface,HMI)和数据处理功能,以实现分散控制和集中管理。在 Windows 操作系统下,使用 Visual C++、Visual Basic 等可视化编程语言,可以在很短时间内设计出较理想的人机界面,但是实现人机界面与现场设备互动的程序设计比较复杂。因此,用于工业控制的组态软件应运而生,如国际上著名的 Intouch、Fix 等,国内涌现的 KingView、ForceControl 等。有的 PLC 厂商也推出自己的组态软件,如西门子公司的 WINCC 和 GE-Fanuc 公司的 CIMPLICITY 等。组态软件在工业控制中的运用大大降低了系统集成的难度,节约了大量的设计时间,提高了系统的可靠性。

 任务实施

一、设备配置

(1)1 台 S7-200 CPU224XP PLC。

(2)1 根 PC/PPI(personal computer/point to point interface)电缆。

(3)1 根扁平电缆。

(4)连接导线若干。

(5)1 份 S7-200 CPU224XP PLC 技术性能指标文档。

二、产品结构

S7-200 CPU224XP PLC 的产品结构如图 1-10 所示,它集数字信号与模拟信号控制于一身,可以实现单机与联网控制功能。

(1)具有 14 入/10 出数字量 I/O 端子和 2 入(A+、B+)/1 出(I/V)模拟量 I/O 端子。其中,L/L+为公共电源端,M 为公共接地端。

(2)具有两个 RS232/485 通信端口(Port0 和 Port1),可通过 PC/PPI 电缆连接 PC 等。

(3)配有 CPU 和 I/O 端子工作状态指示灯。S7-200 系列 PLC 指示灯通常包括 SF 指示灯、RUN 指示灯、STOP 指示灯和 I/O 端子指示灯,通过 SF、RUN 和 STOP 三个指示灯可以判断出CPU的当前运行状态,通过开入开出指示灯可以判断出PLC开入开出点的状态。

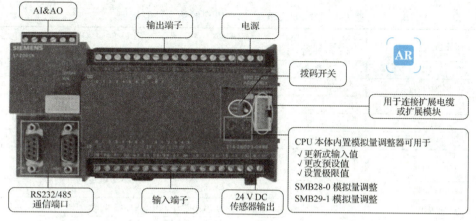

图1-10　S7-200 CPU224XP PLC的产品结构

①SF指示灯:只有PLC出现致命错误时点亮(红色),其他情况下均熄灭;故障状态下可以通过菜单栏PLC/Information来查看相应故障信息及故障代码。另外,PLC帮助文件中附有详细的故障信息及故障代码对照表,可供排查故障时使用。

②RUN指示灯:CPU处于运行状态时点亮(绿色),CPU处于停止状态时熄灭。

③STOP指示灯:CPU处于停止状态时点亮(绿色),CPU处于运行状态时熄灭。

④I/O端子指示灯:位于各开入开出模块上,按位指示,该位为1时点亮(绿色),该位为0时熄灭。

(4)设有1组外接供电电源端子和1组PLC内部提供的24 V DC电源输出端子。

(5)具有1个拨码开关,用于设置CPU的工作状态(分别为RUN、STOP和TEMP)。

①RUN:PLC上电自动进入运行状态;编程软件中不能对PLC进行RUN(运行)和STOP(停止)操作;运行状态下将拨码开关打到TEMP位置,不影响运行;运行状态下将拨码开关直接打到STOP位置,则PLC进入停止状态。

②STOP:PLC上电自动进入停止状态;编程软件中不能对PLC进行RUN(运行)和STOP(停止)操作;停止状态下将拨码开关打到TEMP位置,不影响运行;停止状态下将拨码开关直接打到RUN位置,则PLC进入运行状态。

③TEMP:PLC上电自动进入运行状态;编程软件中可以对PLC进行RUN(运行)和STOP(停止)操作;运行状态下将拨码开关打到RUN位置,不影响运行;运行状态下将拨码开关打到STOP位置,则PLC进入停止状态。

(6)1个存储卡插槽,用于扩展存储容量。

(7)1个外接通信接口,用于连接扩展电缆(扁平电缆)或扩展模块(extension module,EM)。

(8)文字标识附于PLC表层。例如,SIEMENS为公司名称西门子,S7-200 CN表示PLC系列号,CPU224XP表示PLC产品型号,AC/DC/RLY表示外接供电电源方式,214-2BD23-DXB8表示PLC产品编号。

三、技术性能指标

S7-200 CPU224XP PLC具有CPU224XP CN DC/DC/DC和CPU224XP CN AC/DC/

继电器两种型号,其技术性能指标见表1-4。

表 1-4 S7-200 CPU224XP PLC 的技术性能指标

描述订货号	CPU224XP CN DC/DC/DC 6ES7 214-2AD23-0XB0	CPU224XP CN AC/DC/继电器 6ES7 214-2BD23-0XB0
物理特性		
尺寸($W \times H \times D$)	140 mm×80 mm×62 mm	140 mm×80 mm×62 mm
质量	390 g	440 g
功耗	8 W	14 W
存储器特性		
程序存储器	12 288 B(在线编程时) 16 384 B(非在线编程时)	12 288 B(在线编程时) 16 384 B(非在线编程时)
数据存储器	10 240 B	10 240 B
装备(超级电容)	100 小时/典型值(40 ℃时,最少为 70 小时)	100 小时/典型值(40 ℃时,最少为 70 小时)
可选电池	200 天/典型值	200 天/典型值
I/O 特性		
本机数字量输入/输出	14 输入/10 输出	14 输入/10 输出
本机模拟量输入/输出	2 输入/1 输出	2 输入/1 输出
数字 I/O 映像区	256(128 输入/128 输出)	256(128 输入/128 输出)
模拟 I/O 映像区	64(32 输入/32 输出)	64(32 输入/32 输出)
允许最大扩展 I/O 模块	7 个模块	7 个模块
允许最大智能模块	7 个模块	7 个模块
脉冲捕捉输入	14	14
高速计数器	6 个	6 个
单相计数器	4 个,每个 30 kHz;2 个,每个 20 kHz	4 个,每个 30 kHz;2 个,每个 20 kHz
两相计数器	3 个,每个 20 kHz;1 个,每个 100 kHz	3 个,每个 20 kHz;1 个,每个 100 kHz
脉冲输出	2 个 100 kHz(仅限于 DC 输出)	2 个 100 kHz(仅限于 DC 输出)
常规特性		
定时器总数	256 个	256 个
1 ms	4 个	4 个
10 ms	16 个	16 个
100 ms	236 个	236 个
计数器总数	256 个(由超级电容或电池备份)	256 个(由超级电容或电池备份)
内部存储器位掉电保持	256 个(由超级电容或电池备份) 112(存储在 EEPROM)	256(由超级电容或电池备份) 112(存储在 EEPROM)
时间中断	2 个 1 ms 分辨率	2 个 1 ms 分辨率
边沿中断	4 个上升沿和/或 4 个下降沿	4 个上升沿和/或 4 个下降沿
模拟电位器	2 个 8 位分辨率	2 个 8 位分辨率
布尔量运算执行时间	0.22 μs	0.22 μs
时钟	内置	内置
卡件选项	存储卡和电池卡	存储卡和电池卡
集成的通信功能		
接口	2 个 RS485 接口	2 个 RS485 接口

续表

	集成的通信功能	
描述订货号	CPU224XP CN DC/DC/DC 6ES7 214-2AD23-0XB0	CPU224XP CN AC/DC/继电器 6ES7 214-2BD23-0XB0
PPI,DP/T 波特率	9.6 b/t,19.2 b/t 和 187.5 b/t	9.6 b/t,19.2 b/t 和 187.5 b/t
自由端口波特率	1.2～115.2 b/t	1.2～115.2 b/t
每段最大电缆长度	使用隔离的中继器:187.5 b/t 可达 1 000 m;38.4 b/t 可达 1 200 m; 未使用隔离中继器:50 m	使用隔离的中继器:187.5 b/t 可达 1 000 m;38.4 b/t 可达 1 200 m; 未使用隔离中继器:50 m
最大站点数	每段 32 个站,每个网络 126 个站	每段 32 个站,每个网络 126 个站
最大主站数	32 个	32 个
点到点(PPI 主站模式)	是(NETR/NETW)	是(NETR/NETW)
MPI 连接	共 4 个,2 个保留(1 个给 PG,另 1 个给 OP)	共 4 个,2 个保留(1 个给 PG,另 1 个给 OP)
	输入电源	
输入电压	20.4～28.8 V DC	85～264 V AC(47～63 Hz)
输入电流	120 mA(仅 CPU,24 V DC) 900 mA(最大负载,24 V DC)	70/35 mA(仅 CPU,120/240 V AC) 220/100 mA(最大负载,120/240 V AC)
冲击电流	28.8 V DC 时,12 A	264 V AC 时,20 A
隔离(现场与逻辑)	不隔离	1 500 V AC
保持时间(掉电)	24 V DC 时,10 ms	120/240 V AC 时,20/80 ms
保险(不可替换)	3 A,250 V 时慢速熔断	2 A,250 V 时慢速熔断
	24 V DC 传感器电源	
传感器电压	L±5 V	20.4～28.8 V DC
电流限定	1.5 A 峰值,终端限定非破坏性	1.5 A 峰值,终端限定非破坏性
纹波噪声	来自输入电源	小于 1 V 峰值
隔离(传感器与逻辑)	非隔离	非隔离
	数字量输入特性	
本机集成数字量输入点数	14 个	14 个
输入类型	4 mA 典型值时,漏型/源型(IEC 类型 1/ 漏型,除 I0.3～I0.5)24 V DC	4 mA 典型值时,漏型/源型(IEC 类型 1/ 漏型,除 I0.3～I0.5)24 V DC
额定电压	30 V DC	30 V DC
最大持续允许电压	35 V DC,0.5 s	35 V DC,0.5 s
浪涌电压	15 V DC,2.5 mA	15 V DC,2.5 mA
逻辑 1 信号(最小)	(I0.0～I0.2 和 I0.6～I1.5) 4 V DC,8 mA(I0.3～I0.5) 5 V DC,1 mA	(I0.0～I0.2 和 I0.6～I1.5) 4 V DC,8 mA(I0.3～I0.5) 5 V DC,1 mA
逻辑 0 信号(最大)	(I0.0～I0.2 和 I0.6～I1.5) 1 V DC,1mA(I0.3～I0.5) 可选(0.2～12.8 ms)	(I0.0～I0.2 和 I0.6～I1.5) 1 V DC,1 mA(I0.3～I0.5) 可选(0.2～12.8 ms)
输入延迟		
连接 2 线接近开关传感器	1 mA	1 mA
允许漏电流最大	500 V AC,1 min	500 V AC,1 min
隔离(现场与逻辑)	见接线图	见接线图
光电隔离		
隔离组		
高速输入速率	20 kHz(单相),10 kHz(两相)	20 kHz(单相),10 kHz(两相)
高速计数器逻辑 1=15～30 V DC	30 kHz(单相),20 kHz(两相)	30 kHz(单相),20 kHz(两相)

续表

数字量输入特性		
描述订货号	CPU224XP CN DC/DC/DC 6ES7 214-2AD23-0XB0	CPU224XP CN AC/DC/继电器 6ES7 214-2BD23-0XB0
高速计数器逻辑 1=15～26 V DC	200 kHz(单相),100 kHz(两相)	200 kHz(单相),100 kHz(两相)
HC4 和 HC5 逻辑 1＞4 V DC	所有	55 ℃时所有的 DC 输入(最大 26 V DC)
同时接通的输入		50 ℃时所有的 DC 输入(最大 30 V DC)
电缆长度最大	500 m(标准输入)	500 m(标准输入)
屏蔽	50 m(高速计数器输入)	50 m(高速计数器输入)
非屏蔽	300 m(标准输入)	300 m(标准输入)
数字量输出特性		
本机集成数字量输出	10 输出	10 输出
输出类型	固态-MOSFET(源型)	干触点
额定电压	24 V DC	24 V DC 或 250 V AC
电压范围	5～28.8 V DC(Q0.0～Q0.4) 20.4～28.8 V DC(Q0.5～Q1.1)	5～30 V DC 或 5～250 V AC
浪涌电流(最大)	8 A,100 ms	5 A,4 s(10%工作率时)
逻辑 1(最小)	L±0.4 V(最大电流时)	—
逻辑 0(最大)	0.1 V DC,10 kΩ 负载	—
每点额定电流(最大)	0.75 A	2.0 A
每个公共端的额定电流(最大)	3.75 A	10 A
漏电流(最大)	10 μA	—
灯负载(最大)	5 W	30 W DC,200 W AC
感性嵌位电压	L±48 V DC,1 W 功耗	—
接通电阻(接点)	0.3 Ω 典型值(0.6 Ω 最大值)	0.2 Ω(新的最大值)
隔离:光电隔离(现场到隔离)	500 V AC,1 min	—
隔离:逻辑到接点	—	1 500 V AC,1 min
隔离:电阻(逻辑到接点)	—	100 MΩ
隔离:隔离组	见接线图	见接线图
延时(最大):断开到接通	0.5 μs(Q0.0,Q0.1),15 μs(其他)	—
延时(最大):接通到断开	1.5 μs(Q0.0,Q0.1),130 μs(其他)	—
延时(最大):切换	—	10 ms
脉冲频率(最大)	100 kHz(Q0.0 和 Q0.1)	1 Hz
机械寿命周期	—	10 000 000(无负载)
触点寿命	—	100 000(额定负载)
同时接通的输出	55 ℃时,所有的输出(水平安装) 45 ℃时,所有的输出(垂直安装)	55 ℃时,所有的输出(水平) 45 ℃时,所有的输出(垂直)
两个输出并联	是	否
电缆长度(最大):屏蔽	500 m	500 m
电缆长度(最大):非屏蔽	150 m	150 m
模拟量输入特性		
本机集成模拟量输入点数	2 输入	2 输入
模拟量输入类型	单端输入	单端输入
电压范围	±10 V	±10 V
数据字格式,满量程	−32 000～+32 000 V	−32 000～+32 000 V
DC 输入阻抗	＞100 kΩ	＞100 kΩ

续表

描述订货号	模拟量输入特性	
	CPU224XP CN DC/DC/DC 6ES7 214-2AD23-0XB0	CPU224XP CN AC/DC/继电器 6ES7 214-2BD23-0XB0
最大输入电压	30 V DC	30 V DC
分辨率	11位加1个符号位	11位加1个符号位
最小有效值	4.88 mV	4.88 mV
隔离	无	无
精度:最差情况(0~55 ℃)	±2.5%满量程	±2.5%满量程
精度:典型值(25 ℃)	±1.0%满量程	±1.0%满量程
重复性	±0.05%满量程	±0.05%满量程
模拟到数字的转换时间	125 ms	125 ms
转换类型	Sigma Delta	Sigma Delta
阶跃响应	最大 250 ms	最大 250 ms
噪声抑制	−20 dB(50 Hz 典型值)	−20 dB(50 Hz 典型值)
模拟量输出特性		
本机集成输出	1 输出	1 输出
电压输出范围	0~10 V	0~10 V
电流输出范围	0~20 mA	0~20 mA
数据字格式,满量程:电压	0~+32 767 V	0~+32 767 V
数据字格式,满量程:电流	0~+32 000 mA	0~+32 000 mA
分辨率,满量程	12 位	12 位
最小有效值:电压	2.44 mV	2.44 mV
最小有效值:电流	4.88 μA	4.88 μA
隔离	无	无
精度:最差情况(0~55 ℃) 电压输出	±2%满量程	±2%满量程
精度:最差情况(0~55 ℃) 电流输出	±3%满量程	±3%满量程
精度:典型(25 ℃) 电压输出	±1%满量程	±1%满量程
精度:典型(25 ℃) 电流输出	±1%满量程	±1%满量程
稳定时间:电压输出	< 50 μs	< 50 μs
稳定时间:电流输出	< 100 μs	< 100 μs
最大驱动:电压输出	≥5 000 Ω	≥5 000 Ω
最大驱动:电流输出	≤500 Ω	≤500 Ω

四、端子连接图

S7-200 CPU224XP CN DC/DC/DC 和 CPU224XP CN AC/DC/继电器两种型号的 PLC 端子连接图如图 1-11 所示。

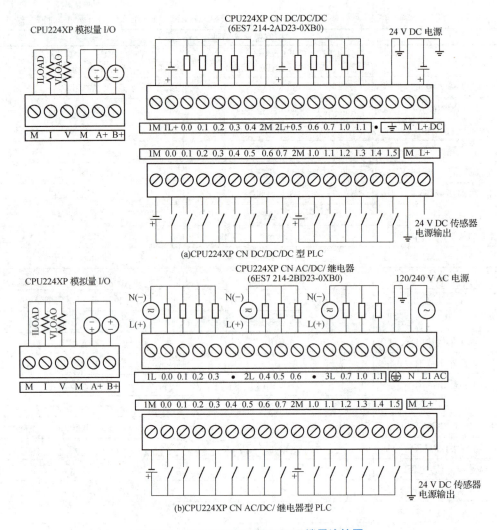

图 1-11 S7-200 CPU224XP PLC 端子连接图

思考与练习

S7-200 CPU226 CN PLC 识读：识别 CPU226 CN 型 PLC 的产品型号，熟悉其结构功能与性能指标，掌握其工作原理。

任务二 S7-200 系列 PLC 数据存储及编程元件使用

知识目标

熟悉 S7-200 系列 PLC 数据存储区的划分；
掌握 S7-200 系列 PLC 编程元件的分类、编号范围及功能。

技能目标

能够合理选用 PLC 编程元件；
能够正确分析 PLC 编程元件的状态。

  任务引入

流水灯显示状态转换控制：流水灯由 12 盏彩灯构成，分别为 L1～L12，按照 L1—L2—L3—L4—L5—L6—L7—L8—L9—L10—L11—L12—L1—L2—⋯⋯—L12 依次逐个循环点亮（任意时刻仅有 1 盏灯点亮），间隔时间为 3 s，要求选用合理的编程元件实现流水灯显示状态转换的控制。

  任务分析

根据任务要求，流水灯的显示状态一共有 12 个，可以选用 16 位的内部标志位存储器 MW0 存放显示状态，并赋予初始值 2#1000000 000000000，利用右移位存储器 MW0 中 1 的位置实现流水灯显示状态的转换控制，定时器 T37～T48 实现间隔时间 3 s 控制，Q0.0～Q1.3 表示流水灯 L1～L12 的显示状态。

预备知识

一、数据存储区的划分及编程元件的功能

PLC 是以微处理器为核心的电子设备，与继电器控制的根本区别在于 PLC 采用的是软器件，即编程元件。通过划分，在数据存储区为每种元器件分配一个存储区域，如 I 表示输入映像寄存器（输入继电器），Q 表示输出映像寄存器（输出继电器），M 表示内部标志位存储器，SM 表示特殊标志位存储器，S 表示顺序控制继电器（状态元件），V 表示变量存储器，L 表示局部变量存储器，T 表示定时器，C 表示计数器，AI 表示模拟量输入映像寄存器，AQ 表示模拟量输出映像寄存器，AC 表示累加器，HC 表示高速计数器等。PLC 数据存储区的划分及编程元件的功能见表 1-5。

表 1-5　PLC 数据存储区的划分及编程元件的功能

数据存储区域	编程元件功能
I/Q 映像寄存器	I/Q 映像寄存器是以字节为单位的寄存器，可以按位操作，它们的每位对应 1 个数字量输入/输出接点，其中，输入映像寄存器(I)的存储状态由外部输入控制，输出映像寄存器(Q)的存储状态由程序指令控制
变量存储器(V)	变量存储器可以按位、字节、字、双字使用，用于存储运算的中间结果，保存与工序或任务相关的其他数据，如模拟量控制、数据运算、参数设置
内部标志位存储器(M)	内部标志位存储器(M)可以按位、字节、字、双字使用，作为控制继电器（中间继电器），用来存放中间操作数或其他控制信息
顺序控制继电器(S)	顺序控制继电器又称状态元件，可以按位、字节、字、双字使用，用于组织机器操作或进入等效程序段工步，以实现顺序控制和步进控制

续表

数据存储区域	编程元件功能
特殊标志位存储器(SM)	特殊标志位存储器 SM 提供了 CPU 与用户程序之间信息传递的方法,用户可以使用这些特殊标志位提供的信息,控制 CPU 的一些特殊功能
局部变量存储器(L)	局部变量存储器 L 与变量存储器 V 很相似,其主要区别在于局部变量存储器 L 是局部有效的,变量存储器 V 是全局有效的
定时器(T)	定时器 T 的主要参数有定时器预置值、当前计时值和状态位,其作用相当于时间继电器,用于延时控制
计数器(C)	计数器 C 的主要参数有计数器预置值、当前计数值和状态位,其作用相当于时间继电器,累计输入脉冲个数
AI/AQ 映像寄存器	S7-200 的模拟量输入电路将外部输入的模拟量(如温度、电压)等转换成一个字长(16 位)的数字量,存入模拟量输入映像存储器的 AI 区域,有 AIW0,AIW2…,AIW62 共 32 个模拟量输入点。模拟量输入值为只读数据。S7-200 的模拟量输出电路将模拟量输出映像寄存器 AQ 区域的一个字长(16 位)的数字量转换为模拟电流或电压输出,有 AQW0,AQW2…,AQW62 共 32 个模拟量输出点。用户程序只能给输出映像寄存器区域置数,而不能读取
累加器(AC)	累加器是用来暂存数据的寄存器,支持以字节(B)、字(W)和双字(DW)的存取,可同子程序之间传递参数及存储计算结果的中间值
高速计数器(HC)	CPU224XP PLC 提供了 HC0,HC1,…,HC5 共 6 个高速计数器(每个计数器的最高频率为 30 kHz),当前值为双字长的符号整数,且为只读值,用来累计比 CPU 扫描速度更快的事件

注:PLC 内部编程元件的功能相对独立,每种元件类型字母加数字表示数据的存储地址及元件状态,PLC 指令都是针对元件状态而言的,使用时以程序实现各元件之间的连接。

二、编程元件的有效范围及操作类型

S7-200 系列 PLC 提供了编程元件及其有效地址范围,编程时应注意各类编程元件的地址范围和数据类型。

(1)S7-200 系列 PLC 各编程元件的有效范围见表 1-6。

表 1-6　S7-200 系列 PLC 各编程元件的有效范围

描　述	CPU221	CPU222	CPU224	CPU226
用户程序大小	2 K 字	2 K 字	4 K 字	4 K 字
用户数据大小	1 K 字	1 K 字	2.5 K 字	2.5 K 字
掉电保持 (超级电容)	50 h/典型 (40 ℃时最少为 8 h)	50 h/典型 (40 ℃时最少为 8 h)	100 h/典型 (40 ℃时最少为 70 h)	100 h/典型 (40 ℃时最少为 70 h)
可选电池	200 天/典型值	200 天/典型值	200 天/典型值	200 天/典型值
布尔量运算的执行时间	每条指令 0.22 μs	每条指令 0.22 μs	每条指令 0.22 μs	每条指令 0.22 μs
输入映像寄存器	I0.0~I15.7	I0.0~I15.7	I0.0~I15.7	I0.0~I15.7
输出映像寄存器	Q0.0~Q15.7	Q0.0~Q15.7	Q0.0~Q15.7	Q0.0~Q15.7
模拟量输入(只读)	—	AIW0~AIW30	AIW0~AIW62	AIW0~AIW62
模拟量输出(只写)	—	AQW0~AQW30	AQW0~AQW62	AQW0~AQW62
变量存储器(V)	VB0.0~VB2047.7	VB0.0~VB2047.7	VB0.0~VB5119.7	VB0.0~VB5119.7
局部变量存储器(L)	LB0.0~LB63.7	LB0.0~LB63.7	LB0.0~LB63.7	LB0.0~LB63.7
内部标志位存储器(M)	M0.0~M31.7	M0.0~M31.7	M0.0~M31.7	M0.0~M31.7

续表

描　述	CPU221	CPU222	CPU224	CPU226
特殊标志位存储器(SM)	SM0.0～SM179.7	SM0.0～SM179.7	SM0.0～SM179.7	SM0.0～SM179.7
定时器(T)范围	T0～T255	T0～T255	T0～T255	T0～T255
记忆延迟 1 ms	T0,T64	T0,T64	T0,T64	T0,T64
记忆延迟 10 ms	T1～T4,T65～T68	T1～T4,T65～T68	T1～T4,T65～T68	T1～T4,T65～T68
记忆延迟 100 ms	T5～T31,T69～T95	T5～T31,T69～T95	T5～T31,T69～T95	T5～T31,T69～T95
接通延迟 1 ms	T32,T96	T32,T96	T32,T96	T32,T96
接通延迟 10 ms	T33～T36 T97～T100	T33～T36 T97～T100	T33～T36 T97～T100	T33～T36 T97～T100
接通延迟 100 ms	T37～T63 T101～T255	T37～T63 T101～T255	T37～T63 T101～T255	T37～T63 T101～T255
计数器(C)	C0～C255	C0～C255	C0～C255	C0～C255
高速计数器(HC)	HC0,HC3～HC5	HC0,HC3～HC5	HC0～HC5	HC0～HC5
顺序控制继电器(S)	S0.0～S31.7	S0.0～S31.7	S0.0～S31.7	S0.0～S31.7
累加寄存器(AC)	AC0～AC3	AC0～AC3	AC0～AC3	AC0～AC3
跳转/标号	0～255	0～255	0～255	0～255
调用/子程序	0～63	0～63	0～63	0～63
中间时间	0～127	0～127	0～127	0～127
PID 回路	0～7	0～7	0～7	0～7
通信端口	Port0	Port0	Port0	Port0,Port1

(2) S7-200 系列 PLC 各指令操作数的有效范围见表 1-7。

表 1-7　S7-200 系列 PLC 各指令操作数的有效范围

存取方式	CPU221	CPU222	CPU224、CPU226
位存取	V0.0～2 047.7 I0.0～15.7 Q0.0～15.7 M0.0～31.7 SM0.0～179.7 S0.0～31.7 T0～255 C0～255 L0.0～63.7	V0.0～2 047.7 I0.0～15.7 Q0.0～15.7 M0.0～31.7 SM0.0～179.7 S0.0～31.7 T0～255 C0～255 L0.0～63.7	V0.0～5 119.7 I0.0～15.7 Q0.0～15.7 M0.0～31.7 SM0.0～179.7 S0.0～31.7 T0～255 C0～255 L0.0～63.7
字节存取	VB0～2 047 IB0～15 QB0～15 MB0～31 SMB0～179 SB0～31 LB0～63 AC0～3 常数	VB0～2 047 IB0～15 QB0～15 MB0～31 SMB0～179 SB0～31 LB0～63 AC0～3 常数	VB0～5 119 IB0～15 QB0～15 MB0～31 SMB0～179 SB0～31 LB0～63 AC0～3 常数

续表

存取方式	CPU221	CPU222	CPU224、CPU226
字存取	VW0~2 046 IW0~14 QW0~14 MW0~30 SMW0~178 SW0~30 T0~255 C0~255 LW0~62 AC0~3 常数	VW0~2 046 IW0~14 QW0~14 MW0~30 SMW0~178 SW0~30 T0~255 C0~255 LW0~62 AC0~3 常数	VW0~5 118 IW0~14 QW0~14 MW0~30 SMW0~178 SW0~30 T0~255 C0~255 LW0~62 AC0~3 常数
双字存取	VD0~2 044 ID0~12 QD0~12 MD0~28 SMD0~176 SWD0~28 LD0~60 AC0~3 HC0,3,4,5 常数	VD0~2 044 ID0~12 QD0~12 MD0~28 SMD0~176 SWD0~28 LD0~60 AC0~3 HC0,3,4,5 常数	VD0~5 116 ID0~12 QD0~12 MD0~28 SMD0~176 SWD0~28 LD0~60 AC0~3 HC0~5 常数

注：不同类型数据的存取均是从该数据在数据存储区域的首字节地址开始的，按数据类型以字节单元连续存取，且存取的数据必须位于对应的存储区域内。

三、数据类型与存储分配

S7-200系列PLC按元器件的种类将数据存储器分为若干存储区域，每个区域的存储单元按字节编址，每个字节由8位组成，可以对存储单元进行位操作。存储单元所存放的数据类型有布尔型（BOOL）、整数型（INT）和实数型（REAL）三种，通常用字节（byte，B）、字（word，W）与双字（double word，DW）表示数据大小。不同长度的数据所能表示的数据范围见表1-8。

表1-8 不同长度的数据所能表示的数据范围

数据类型	字节/B	字/W	双字/DW
二进制位数	8	16	32
无符号整数	0~255 00~FF	0~65 535 0000~FFFF	0~4 294 967 295 00000000~FFFFFFFF
符号整数	−128~+127 80~7F	−32 768~+32 767 8000~7FFF	−2 147 483 648~+2 147 483 647 80000000~7FFFFFFF
实数 IEEE 32位浮点数			+1.175 495E−38~+3.402 83E+38（正数） −1.175 495E−38~−3.402 83E+38（负数）

不同长度的数据在数据存储器中的存放方式及地址分配方式如图 1-12 所示。

四、数据寻址方式

S7-200 系列 PLC 在编程时,无论采用何种语言,都需要给出每条指令的操作码和操作数。操作码指出了这条指令的功能是什么,操作数指明了操作码需要的数据。指令中如何提供操作数或操作数地址,称为寻址方式。

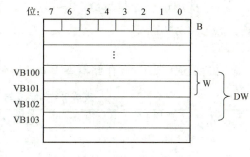

图 1-12 不同长度的数据在数据存储器中的存放方式及地址分配方式

例如,在传送指令 MOV IN OUT 中:

- 操作码 MOV 指出该指令的功能是把 IN 中的数据传送到 OUT 中。
- IN 为源操作数。
- OUT 为目标操作数。

S7-200 系列 PLC 的寻址方式有立即寻址、直接寻址和间接寻址。

(1) 立即寻址。在一条指令中,如果操作码后面的操作数就是操作码所需要的具体数据,这种指令的寻址方式就称为立即寻址。

例如:MOVD 2505 VD500

功能:将十进制数 2505 传送到 VD500 中,这里的 2505 就是源操作数。因为这个操作数的数值已经在指令中了,不用再去寻找,这个操作数为立即数。这种寻址方式就是立即寻址方式。

(2) 直接寻址。在一条指令中,如果操作码后面的操作数是以操作数所在地址的形式出现的,则这种指令的寻址方式就称为直接寻址。

例如:MOVD VD400 VD500

功能:将 VD400 中的双字数据传送给 VD500。

(3) 间接寻址。在一条指令中,如果操作码后面的操作数是以操作数所在地址的地址形式出现的,则这种指令的寻址方式就称为间接寻址。

例如:MOVD 2505 ∗VD500

功能:∗VD500 是指存放 2505 的地址。若 VD500 中存放的是 VB0,则 VB0 是存放 2505 的地址。该指令的功能是将十进制数 2505 传送给 VD0 地址中。

 任务实施

一、编程元件的选用

(1) 流水灯显示状态的转换控制不需要输出,只需选用内部标志位存储器(M)。

(2) 流水灯的显示状态一共有 12 个,可以选用 16 位的内部标志位存储器 MW0 的高 12 位存放,即 M0.7—M0.6—M0.5—M0.4—M0.3—M0.2—M0.1—M0.0—M1.7—M1.6—M1.5—M1.4,其中的 M1.3—M1.2—M1.1—M1.0 不用。

(3) 选用 SM0.1 特殊寄存器位实现内部标志位存储器 MW0 的初始化赋值。

(4) 选用定时器 T37~T48 实现间隔时间 3 s 控制。

(5)选用输出寄存器 Q0.0～Q1.3 表示流水灯 L1～L12 的显示状态。

二、编程元件描述

根据任务要求,设存储器 MW0 的存储位与流水灯显示状态的对应关系见表 1-9。

表 1-9 存储位与流水灯显示状态的对应关系

存储位		输出位	显示状态	存储位		输出位	显示状态
M0.7	0	Q0.0=0	L1 熄灭	M0.0	0	Q0.7=0	L8 熄灭
	1&T37=0	Q0.0=1	L1 点亮		1&T44=0	Q0.7=1	L8 点亮
M0.6	0	Q0.1=0	L2 熄灭	M1.7	0	Q1.0=0	L9 熄灭
	1&T38=0	Q0.1=1	L2 点亮		1&T45=0	Q1.0=1	L9 点亮
M0.5	0	Q0.2=0	L3 熄灭	M1.6	0	Q1.1=0	L10 熄灭
	1&T39=0	Q0.2=1	L3 点亮		1&T46=0	Q1.1=1	L10 点亮
M0.4	0	Q0.3=0	L4 熄灭	M1.5	0	Q1.2=0	L11 熄灭
	1&T40=0	Q0.3=1	L4 点亮		1&T47=0	Q1.2=1	L11 点亮
M0.3	0	Q0.4=0	L5 熄灭	M1.4	0	Q1.3=0	L12 熄灭
	1&T41=0	Q0.4=1	L5 点亮		1&T48=0	Q1.3=1	L12 点亮
M0.2	0	Q0.5=0	L6 熄灭	M1.3	1,初始化循环	Q0.0=1	L1 点亮
	1&T42=0	Q0.5=1	L6 点亮	M1.2	—	—	—
M0.1	0	Q0.6=0	L7 熄灭	M1.1	—	—	—
	1&T43=0	Q0.6=1	L7 点亮	M1.0	—	—	—

三、编程元件的功能

设位值为 1 有效,将内部标志位存储器 MW0 赋予初始值 2#10000000 00000000,对其最高存储位 1(有效位值)进行逐位右移,实现流水灯显示状态的转换控制。内部标志位存储器 MW0 的存储位状态与流水灯显示状态的对应关系见表 1-10。

表 1-10 MW0 的存储位状态与流水灯显示状态的对应关系

存储位状态	显示状态											
	L1	L2	L3	L4	L5	L6	L7	L8	L9	L10	L11	L12
M0.7	1	0	0	0	0	0	0	0	0	0	0	0
M0.6	0	1	0	0	0	0	0	0	0	0	0	0
M0.5	0	0	1	0	0	0	0	0	0	0	0	0
M0.4	0	0	0	1	0	0	0	0	0	0	0	0
M0.3	0	0	0	0	1	0	0	0	0	0	0	0
M0.2	0	0	0	0	0	1	0	0	0	0	0	0
M0.1	0	0	0	0	0	0	1	0	0	0	0	0
M0.0	0	0	0	0	0	0	0	1	0	0	0	0
M1.7	0	0	0	0	0	0	0	0	1	0	0	0

续表

存储位状态	显示状态											
	L1	L2	L3	L4	L5	L6	L7	L8	L9	L10	L11	L12
M1.6	0	0	0	0	0	0	0	0	0	1	0	0
M1.5	0	0	0	0	0	0	0	0	0	0	1	0
M1.4	0	0	0	0	0	0	0	0	0	0	0	1
M1.3	1	0	0	0	0	0	0	0	0	0	0	0
⋮	*	*	*	*	*	*	*	*	*	*	*	*

四、编程元件的使用

根据任务要求，将内部标志位存储器 MW0 赋予初始值 2#10000000 00000000，对其最高存储位 1（有效位值）进行逐位右移，实现流水灯显示状态的转换控制，定时器 T37～T48 实现间隔时间 3 s 控制，Q0.0～Q1.3 表示流水灯 L1～L12 的显示状态，则各编程元件的使用分析如图 1-13 所示。

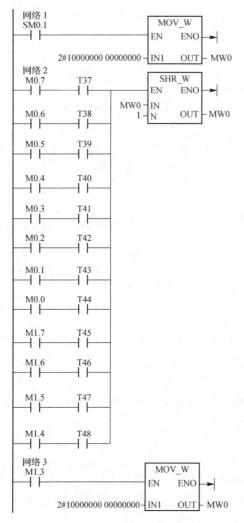

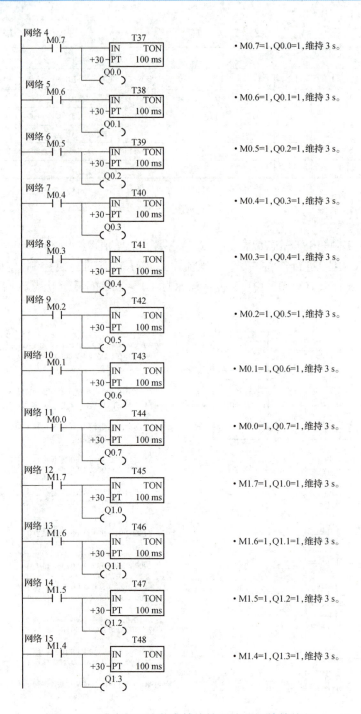

图 1-13 流水灯显示状态转换控制编程元件的使用

思考与练习

流水灯显示状态转换控制：流水灯由 25 盏彩灯构成，分别为 L1～L25，按照 L1—L2—L3—……—L24—L25—L1—L2—……—L25 依次逐个循环点亮（任意时刻仅有 1 盏灯点亮）。要求选用合理的编程元件实现流水灯显示状态转换的控制。

任务三　S7-200 系列 PLC 的安装与使用

知识目标

了解 S7-200 系列 PLC 的硬件组成及功能特性；

熟悉 S7-200 系列 PLC 的安装与接线，具备 S7-200 系列 PLC 硬件系统配置及产品选型的基本能力。

技能目标

熟知 S7-200 系列 PLC 的产品类别、功能特性及应用发展；

掌握 S7-200 系列 PLC 的基本结构与工作原理；

掌握 S7-200 系列 PLC 主机及扩展模块的安装与接线。

任务引入

使用 S7-200 系列 PLC 实现某个控制任务，系统共需要 24 点数字量输入/22 点数字量输出，4 路模拟量输入/1 路模拟量输出，要求完成硬件系统配置、产品选型及安装与接线。

任务分析

根据任务要求，使用 S7-200 系列 PLC 实现控制，需要 I/O 模块扩展，其扩展模块的类型及数量受以下两个条件约束。

(1) S7-200 系列 PLC 主机所带扩展模块的数量。

(2) S7-200 系列 PLC 主机的电源承受扩展模块消耗 5 V DC 总线电流的能力。

因此，这里可以选用 1 个 16 点数字量输入/16 点数字量输出的 EM223 模块和 1 个 4 路模拟量输入/1 路模拟量输出的 EM235 模块，来增加 I/O 点数。同时，由于 EM223 和 EM235 扩展模块消耗的 5 V DC 总线电流为 160 mA/170 mA，小于 CPU222 提供 5 V DC 电流 340 mA，且 CPU222 可以扩展 2 个模块，因而 S7-200 系列 PLC 主机可以选用 CPU222。

预备知识

一、S7-200 系列 PLC 主机

1. S7-200 系列 PLC 主机的分类

S7-200 系列 PLC 主机是依据 CPU 类型进行划分的，有 CPU221、CPU222、CPU224 和 CPU226，其外形如图 1-14 所示。

(1) CPU221。本机集成 6 输入/4 输出共 10 个数字量 I/O 点，无 I/O 扩展能力，有 6 KB 程序和数据存储空间、4 个独立的 30 kHz 高速计数器、2 路独立的 20 kHz 高速脉冲输出和

1个RS485通信/编程口。RS485通信/编程口具有PPI通信协议、MPI通信协议和自由方式通信能力。它是非常适合于小点数控制的微型控制器。

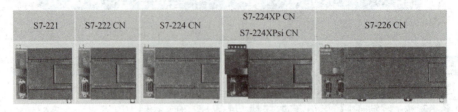

图1-14　S7-200系列PLC主机

(2)CPU222。本机集成8输入/6输出共14个数字量I/O点。它可连接2个扩展模块，最大扩展至78路数字量I/O点或10路模拟量I/O点。本机拥有6 KB程序和数据存储空间、4个独立的30 kHz高速计数器、2路独立的20 kHz高速脉冲输出PID控制器，具有1个RS485通信/编程口，具有PPI通信协议、MPI通信协议和自由方式通信能力。CUP222是具有扩展能力的、适应性更广泛的全功能控制器。

(3)CPU224。本机集成14输入/10输出共24个数字量I/O点。它可连接7个扩展模块，最大扩展至168路数字量I/O点或35路模拟量I/O点。它拥有16 KB程序和数据存储空间、6个独立的30 kHz高速计数器、2路独立的20 kHz高速脉冲输出PID控制器，具有1个RS485通信/编程口，具有PPI通信协议、MPI通信协议和自由方式通信能力。其I/O端子排可很容易地被整体拆卸。CPU224是具有较强控制能力的控制器。

(4)CPU224XP。本机集成14输入/10输出共24个数字量I/O点，2输入/1输出共3个模拟量I/O点。它可连接7个扩展模块，最大扩展至168路数字量I/O点或38路模拟量I/O点。它拥有22 KB程序和数据存储空间；6个独立的高速计数器(100 kHz)、2个100 kHz的高速脉冲输出、2个RS485通信/编程口，具有PPI通信协议、MPI通信协议和自由方式通信能力。本机还新增多种功能，如内置模拟量I/O、位控特性、自整定PID功能、线性斜坡脉冲指令、诊断LED、数据记录及配方功能等，是具有模拟量I/O和强大控制能力的新型控制器。

(5)CPU226。本机集成24输入/16输出共40个数字量I/O点。它可连接7个扩展模块，最大扩展至248路数字量I/O点或35路模拟量I/O点。它拥有26 KB程序和数据存储空间；6个独立的30 kHz高速计数器、2路独立的20 kHz高速脉冲输出PID控制器，具有2个RS485通信/编程口，具有PPI通信协议、MPI通信协议和自由方式通信能力。I/O端子排可很容易地被整体拆卸。本机用于较高要求的控制系统，具有更多的输入/输出点、更强的模块扩展能力、更快的运行速度和功能更强的内部集成特殊功能，可完全适应于一些复杂的中小型控制系统。

2. S7-200系列PLC主机的基本配置

S7-200系列PLC主机集成一定数字量I/O点，其基本配置见表1-11。

表1-11　S7-200系列PLC主机的基本配置

CPU类型	输入点地址	输出点地址
CPU221(6入/4出)	I0.0～I0.5	Q0.0～Q0.3
CPU222(8入/6出)	I0.0～I0.7	Q0.0～Q0.5

续表

CPU 类型	输入点地址	输出点地址
CPU224(14 入/10 出)	I0.0~I0.7 I1.0~I1.5	Q0.0~Q0.7 Q1.0~Q1.1
CPU226(24 入/16 出) 或 CPU226XM(24 入/16 出)	I0.0~I0.7 I1.0~I1.7 I2.0~I2.7	Q0.0~Q0.7 Q1.0~Q1.7

注：CPU224XP 较 CPU224 多配置了 3 个模拟量 I/O 点(2 入/1 出)。

二、S7-200 系列 PLC 的扩展配置

1. S7-200 系列 PLC 的常用扩展模块

S7-200 系列 PLC 主机基本单元有最大输入/输出点数，扩展模块(extension module)的使用，除了增加 I/O 点数的需要外，还增加了许多控制功能。目前，S7-200 系列 PLC 可提供 3 大类共 9 种数字量 I/O 模块，3 大类共 9 种模拟量 I/O 模块，2 种通信处理模块，其型号、规格及作用见表 1-12。

表 1-12　S7-200 系列 PLC 常用扩展模块的型号、规格及作用

类　别	型　号	I/O 规格	作　用
数字量扩展模块	EM221	DI8 * 直流 24 V	8 路数字量 24 V 直流输入
	EM222	DO8 * 直流 24 V	8 路数字量 24 V 直流输出(固态 MOSFET)
		DI8 * 继电器	8 路数字量继电器输出
	EM223	DI4/DO4 * 直流 24 V	4 路数字量 24 V 直流输入/输出(固态)
		DI4/DO4 * 直流 24 V 继电器	4 路数字量 24 V 直流输出 4 路数字量继电器输出
		DI8/DO8 * 直流 24 V	8 路数字量 24 V 直流输入/输出(固态)
		DI8/DO8 * 直流 24 V 继电器	8 路数字量 24 V 直流输出 8 路数字量继电器输出
		DI16/DO16 * 直流 24 V	16 路数字量 24 V 直流输入/输出(固态)
		DI16/DO16 * 直流 24 V 继电器	16 路数字量 24 V 直流输出 16 路数字量继电器输出
模拟量扩展模块	EM231	AI4 * 12 位	4 路模拟输入，12 位 A/D 转换
		AI4 * 热电偶	4 路热电偶模拟输入
		AI4 * RTD	4 路热电阻模拟输入
	EM232	AQ2 * 12 位	2 路模拟输出
	EM235	AI4/AQ1 * 12 位	4 路模拟输入，1 路模拟输出，12 位转换
通信模块	EM227	PROFIBUS-DP	将 S7-200 CPU 作为从站连接到网络
现场设备接口模块	CP243-2	CPU22X 的 AS-1 主站	最大扩展 124DI/124DO

2. S7-200 系列 PLC 的扩展条件

S7-200 系列 PLC 的扩展受以下两个条件约束。

(1)主机所带扩展模块的数量，见表 1-13。

表 1-13　S7-200 系列 PLC 主机的扩展功能

CPU 类型	扩展功能
CPU221(6 入/4 出)	—
CPU222(8 入/6 出)	2 个扩展模块,78 路 DI/O 或 10 路 AI/O
CPU224(14 入/10 出)	7 个扩展模块,168 路 DI/O 或 35 路 AI/O
CPU226(24 入/16 出)或 CPU226XM(24 入/16 出)	7 个扩展模块,248 路 DI/O 或 35 路 AI/O

（2）主机电源承受扩展模块消耗 5 V DC 总线电流的能力。S7-200 系列 PLC 主机与常用扩展模块的 5 V DC 总线电流能力见表 1-14。

表 1-14　S7-200 系列 PLC 主机与常用扩展模块的 5 V DC 总线电流能力

主　　机		扩展模块	
CPU222	5 V DC 电流 340 mA	EM221	5 V DC(I/O 总线)耗电 30 mA
CPU224	5 V DC 电流 660 mA	EM222	5 V DC(I/O 总线)耗电 40/50 mA
CPU226	5 V DC 电流 1 000 mA	EM223	5 V DC(I/O 总线)耗电 40/80/160 mA
		EM231	5 V DC(I/O 总线)耗电 20/60 mA
		EM232	5 V DC(I/O 总线)耗电 20 mA
		EM235	5 V DC(I/O 总线)耗电 30 mA
		EM227	5 V DC(I/O 总线)耗电 150 mA
		CP243-2	5 V DC(I/O 总线)耗电 220 mA

3. S7-200 系列 PLC 扩展 I/O 编址

（1）I/O 链的控制连接。CPU 本机的 I/O 点具有固定的 I/O 地址,可以把扩展的 I/O 模块连接到主机右侧来增加 I/O 点数,扩展模块的 I/O 地址由扩展模块在 I/O 链中的位置决定。输入与输出模块的地址不会冲突,模拟量控制模块地址也不会影响数字量。例如,以 CPU224 为主机,扩展 5 块数字/模拟 I/O 模块,其 I/O 链的控制连接如图 1-15 所示。

图 1-15　模块扩展连接的 I/O 链示意图

（2）I/O 编址。图 1-17 所示的 I/O 链中各模块对应的 I/O 地址见表 1-15。

表 1-15　模块编址表

主　机	模块 0	模块 1	模块 2	模块 3	模块 4
I0.0,Q0.0					
I0.1,Q0.1					
I0.2,Q0.2					
I0.3,Q0.3	I2.0	Q2.0			
I0.4,Q0.4	I2.1	Q2.1			AIW8
I0.5,Q0.5	I2.2	Q2.2	AIW0,AQW0	I3.0,Q3.0	AIW10
I0.6,Q0.6	I2.3	Q2.3	AIW2	I3.1,Q3.1	AIW12
I0.7,Q0.7	I2.4	Q2.4	AIW4	I3.2,Q3.2	AIW14
I1.0,Q1.0	I2.5	Q2.5	AIW6	I3.3,Q3.3	AQW4
I1.1,Q1.1	I2.6	Q2.6			
I1.2	I2.7	Q2.7			
I1.3					
I1.4					
I1.5					

续表

可用作内部存储器标志位(M 位)的 I/O 映像寄存器		
Q1.2 ⋮ Q1.7		I4.0,Q3.4 ⋮ I15.7,Q15.7

不能用作内部存储器标志位(M 位)的 I/O 映像寄存器		
I1.6 I1.7	AQW2	I3.4 ⋮ I3.7	AQW6

注1:如果 S7-200 系列 PLC 主机 I/O 物理点与映像寄存器字节内的位数不对应,那么映像寄存器字节内剩余位就不会分配给扩展的后续模块。

注2:输出映像寄存器的多余位和输入映像寄存器的多余字节可以作为内部存储器标志位使用。输入模块在每次输入更新时都把保留字节的未用位清零。因此,输入映像寄存器已用字节的多余位不能作为内部存储器的标志位。

注3:模拟量控制模块总是以 2 字节递增的方式来分配空间。默认的模拟量 I/O 点不分配模拟量 I/O 映像存储空间,所以,后续模拟量 I/O 控制模块无法使用未用的模拟量 I/O 点。

三、S7-200 系列 PLC 的安装

PLC 是一种故障率极低,安装十分方便的控制器。和其他设备一详,尽管 PLC 在设计制造时已采取了很多措施,但在实际使用过程中还是需要正确地安装与使用,并且经常进行检查和科学维护。

1. 安装条件

(1)安装环境。为保证 PLC 产品工作的可靠性,尽可能地延长其使用寿命,在安装时一定要注意周围的环境,其安装场合应该满足以下几点。

①环境温度为 0~55 ℃。

②环境相对湿度应为 35%~85%。

③周围无易燃和腐蚀性气体。

④周围无过量的灰尘和金属微粒。

⑤避免过度的振动和冲击。

⑥不能受太阳光的直接照射或水的溅射。

(2)注意事项。除满足以上环境条件外,安装时还应注意以下几点。

①PLC 产品的所有单元必须在断电时进行安装和拆卸。

②为防止静电对 PLC 产品组件的影响,在接触 PLC 产品前,先用手接触某一接地的金属物体,以释放人体所带静电。

③注意 PLC 产品机体周围的通风和散热条件,切勿将导线头、铁屑等杂物通过通风窗落入机体。

2. 安装方法

PLC 产品的安装方法有底板安装和 DIN 导轨安装两种,如图 1-16 所示。

(1)底板安装。利用 PLC 产品机体外壳对角上的安装孔,用规格为 M4 的螺钉将 PLC 主机单元、扩展单元等固定在底板上。其中,要求螺钉最大的扭矩不要超过 0.36 N·m(牛

顿·米），各安装单元之间的间距最小为 9.5 mm。

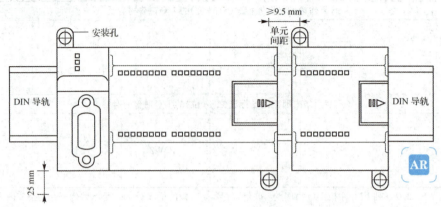

图 1-16　PLC 产品安装示意图

（2）DIN 导轨安装。利用 PLC 产品底板上的 DIN 导轨安装杆将 PLC 主机单元、扩展单元等安装在 DIN 导轨上，如图 1-17 所示。安装时，扩展单元与 DIN 导轨槽对齐向下推压即可。当将某个单元从 DIN 导轨上拆下时，需用一字形的螺丝刀向下轻拉安装杆。

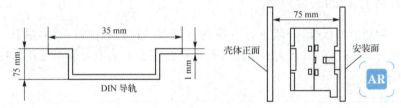

图 1-17　DIN 结构与安装示意图

德国标准化学会(DIN)是德国工业标准化组织。使用导轨是工业电气元器件的一种安装方式，安装支持 DIN 导轨安装标准的电气元器件可方便地卡在导轨上而无须用螺丝固定，维护也很方便。DIN 导轨尺寸以宽度×深度×厚度来标注，常用的有 35×7.5×1、35×15×1、35×15×1.5、32×15×1.5、35×16×1.8 等，导轨的外形尺寸直接关系到导轨的有效截面面积，即直接关系到可承载的短路电流大小。目前，很多电气元器件都采用了这种标准，如 PLC、断路器、开关、接触器等。

3. PLC 接线

PLC 接线主要包括电源接线、接地线、I/O 接线及扩展单元接线等，接线均采用横截面面积为 $0.50\sim1.50$ mm² 的导线，要求屏蔽线最长为 500 m 或非屏蔽线最长为 300 m，并且导线要尽量成对使用，用一根中性线或公共导线与一根热线或信号线相配对。

（1）电源接线。PLC 使用直流 24 V 或交流 $85\sim264$ V 的供电电源，如图 1-18 所示，其外接电源端位于输出端子排左上角的两个接线端，使用直径为 0.2 cm 的双绞线作为电源线。

安装和拆除 S7-200 系列 PLC 产品前必须切断供电电源，确保 S7-200 系列 PLC 产品和人身安全。

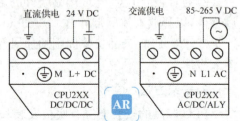

图 1-18　CPU 交直流供电接线方式

在进行电源接线时还要注意以下几点。

①在电源接线时需采取隔离变压器等有效措施,避免过强的噪声及电源电压波动过大引起的事故发生。

②当控制单元与其他单元相接时,各单元的电源线连接应能同时接通和断开。

③当电源瞬间掉电时间小于 10 ms 时,不影响 PLC 的正常工作。

④为避免因失常引起的系统瘫痪或发生无法补救的重大事故,应增加紧急停车电路。

⑤当需要控制两个相反的动作时,应在 PLC 和控制设备之间加互锁电路。

(2)接地线。良好的接地是保证 PLC 正常工作的必要条件,在接地时应注意以下几点。

①PLC 的接地线应为专用接地线,其直径应在 2 mm 以上。

②接地电阻应小于 100 Ω。

③PLC 的接地线不能和其他设备共用,更不能将其接到一个建筑物的大型金属结构上。

④PLC 各单元接地线相连。

(3)I/O 接线。I/O 接线柱为两头带螺钉的可拆卸端子排,如图 1-19 所示,其内部插针用来与 PLC 主机或扩展模块固定,外接线端子通过螺钉固定 PLC 主机或扩展模块的外部连线。

在进行输入/输出端子接线时,应注意以下几点。

①输入线尽可能远离输出线、高压线及电机等干扰源。

②不能将输入/输出设备连接到带"."的端子上。

③交流型 PLC 的内藏式直流电

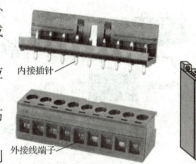
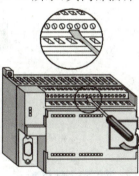

图 1-19 I/O 端子示意图

源输出可用于输入;直流型 PLC 的直流电源输出功率不够时,可使用外接电源。

④切勿将外接电源加到交流型 PLC 的内藏式直流电源的输出端子上。

⑤切勿将用于输入的电源并联在一起,更不可将这些电源并联到其他电源上。

⑥各 COM 端均独立,故各输出端既可以独立输出,又可以采用公共并接输出。当各负载使用不同电压时,采用独立输出方式;当各负载使用相同电压时,可采用公共输出方式。

⑦当多个负载接到同一电源上时,应将它们的 COM 端短接起来。

⑧若输出端接感性负载,需根据负载的不同情况接入相应的保护电路,安装在距离负载 50 cm 以内。在直流感性负载两端并接二极管保护电路,如图 1-20 所示;在交流感性负载两端并接 RC 串联电路,在带低电流负载的输出端并接一个泄放电阻以避免漏电流的干扰,如图 1-21 所示。

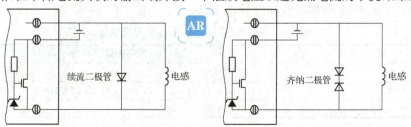

图 1-20 直流感性负载输出保护电路

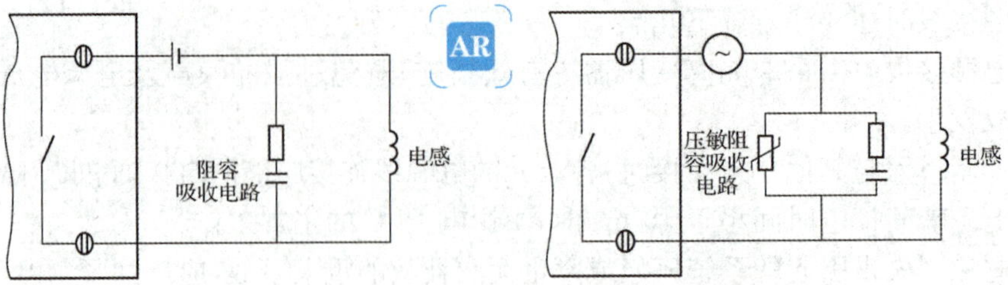

图 1-21 交流感性负载输出保护电路

⑨在 PLC 内部输出电路中没有保险丝,为防止因负载短路而造成输出短路,应在外部输出电路中安装熔断器或设计紧急停车电路。

（4）扩展单元接线。当 PLC 需要扩充 I/O 点数时,可将 PLC 与其他扩展单元通过扁平电缆连接起来使用,如图 1-22 所示,可以将施工现场各种错综复杂的布线简单化、整体化,更可以为日后线路的维护、扩容和增容带来极大的便利。

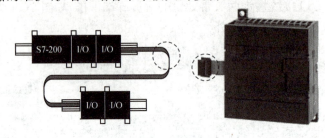

图 1-22 扁平电缆

 任务实施

一、设备配置

（1）1 台 S7-200 CPU222 PLC,1 个 16 点数字量输入/16 点数字量输出的 EM223 模块,1 个 4 路模拟量输入/1 路模拟量输出的 EM235 模块。

（2）1 台装有 STEP 7-Micro/WIN32 V4.0 SP9 编程软件的 PC。

（3）1 根 PC/PPI 电缆。

（4）2 根扁平电缆。

（5）连接导线若干。

二、I/O 编址及功能

PLC 及扩展模块 I/O 编址及功能见表 1-16。

表 1-16 PLC 及扩展模块 I/O 编址及功能

主机	扩展模块	
CPU222	EM223	EM235
I0.0～I0.7	I1.0～I1.7,I2.0～I2.7	AIW0,AIW2,AIW4,AIW6
Q0.0～Q0.5	Q1.0～Q1.7,Q2.0～Q2.7	AQW0

三、PLC 接线图

在断电情况下，CPU222 与扩展模块的连接如图 1-23 所示。

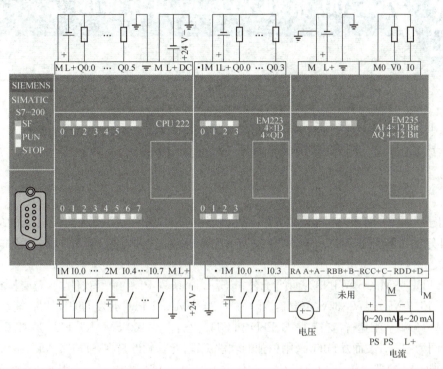

图 1-23　CPU222 与扩展模块的连接

四、安装与拆除

主机及扩展模块 EM223 与 EM235 均采用＋24 V 直流电源供电，其间采用扁平电缆连接，固定在底板或 DIN 导轨上。但是，安装和拆除前必须切断供电电源，且输入/输出回路中应设有过流过载保护，确保系统硬件和人身安全。

 思考与练习

如果 PLC 控制系统是由 4 个 16 点数字量输入/16 点数字量继电器输出的 EM223 模块和 2 个 8 点数字量输入的 EM221 模块构成的扩展单元，那么，本机选用哪种 CPU22X 的配置可行？如何与 PLC 进行 I/O 连接与编址？

模块二　S7-200 系列 PLC 应用软件的安装与使用

> 锲而舍之，朽木不折；锲而不舍，金石可镂。
>
> ——荀况《荀子·劝学》

西门子公司的 STEP 7-Micro/WIN 编程软件为用户开发、编辑和监控自己的应用程序提供了良好的编程环境。自从 1996 年发布 S7-200 编程软件以来，经历了多个版本，主要有以下四类。

（1）STEP 7-Micro/WIN32：西门子公司 S7-200 系列 PLC 编程软件，不需要授权。

（2）STEP 7-Micro/WIN32 SMART：专门为 S7-200 SMART PLC 开发的编程软件，能在 Windows XP SP3/Windows 7 上运行，支持 LAD、FBD 和 STL 语言。S7-200 SMART PLC 是西门子公司于 2012 年专门为中国开发而发布的，采用单独的软件编程，此款软件是在 STEP 7-Micro/WIN32 的基础上升级来的，不需要授权，可以直接安装，软件大小为 84.1 MB，界面友好，采用下拉式菜单，方便操作，指令和 S7-200 系列 PLC 的软件兼容，同时此软件支持窗口浮动及多屏幕显示功能。

（3）STEP 7 V5.5：西门子公司 S7-300、S7-400、ET200 编程软件，需要授权。

（4）STEP 7 V11-TIA Portal：西门子公司最新的编程软件，支持的 PLC 有 S7-300、S7-400、S7-1500 和 S7-1200，需要授权。

现在，S7-200 系列 PLC 编程软件的最新版本是 STEP 7-Micro/WIN32 V4.0 SP9，全面支持 Windows 7 操作系统，并辅有无主机情况下测试 PLC 应用程序的仿真软件。

任务一　S7-200 系列 PLC 编程软件的安装与属性设置

知识目标

熟悉 S7-200 系列 PLC 编程软件 STEP 7-Micro/WIN32 V4.0 SP9 的安装过程；

掌握 STEP 7-Micro/WIN32 V4.0 SP9 编程软件的属性设置。

技能目标

能够独立安装 S7-200 系列 PLC 编程软件 STEP 7-Micro/WIN32 V4.0 SP9 并设置属性，使编程软件能够正常使用；

能够解决 S7-200 系列 PLC 编程软件 STEP 7-Micro/WIN32 V4.0 SP9 常见的故障。

任务引入

S7-200 系列 PLC 编程软件的安装与属性设置:STEP 7-Micro/WIN32 V4.0 SP9 是 S7-200 系列 PLC 编程软件的最新版本,程序设计者应掌握编程软件 STEP 7-Micro/WIN32 V4.0 SP9 的安装和属性设置,并能够解决常见的故障。

任务分析

根据任务要求,获取完整版的 STEP 7-Micro/WIN32 V4.0 SP9 软件包,以光盘或压缩文件的形式备份。安装过程为:先打开 STEP 7-Micro/WIN32 V4.0 SP9 软件包,找到 setup.exe 安装引导程序图标,双击启动安装向导;然后依据安装向导提示信息逐步完成安装操作,并进行相关属性的设置;最后测试 STEP 7-Micro/WIN32 V4.0 SP9 软件,保证其能正常使用。

预备知识

西门子公司 S7-200 系列 PLC 使用 STEP 7-Micro/WIN32 V4.0 SP9 编程软件进行编程,该编程软件是基于 Windows 的应用软件,具备汉化功能,具有良好的可读性,主要用于开发程序,实现用户程序的输入、编辑、调试、运行状态实时监控等功能。

一、STEP 7-Micro/WIN32 V4.0 SP9 编程软件的安装要求

STEP 7-Micro/WIN32 V4.0 SP9 编程软件可以安装在 PC 及 SIMATIC 编程设备 PG70 上。在 PC 上安装 STEP 7 Micro/WIN32 V4.0 SP9 的要求如下。

1. PC 配置

运行 STEP 7-Micro/WIN32 V4.0 SP9 编程软件的计算机系统要求见表 2-1。

表 2-1 运行 STEP 7-Micro/WIN32 V4.0 SP9 编程软件的计算机系统要求

参数	技术指标
CPU	80486 以上的微处理器
内存	8 MB 以上
硬盘	50 MB 以上
操作系统	Windows 95,Windows 98,Windows MF,Windows 2000,Windows XP,Windows 7

2. 通信电缆

配有一条 PC/PPI 编程通信电缆,实现 PC 与 PLC 之间的编程通信,如图 2-1 所示。

PC/PPI 电缆是一条支持 PC、按照 PPI 协议通信的专用电缆线,为 RS232 到 PPI 接口(RS485)的转换电缆。其中,RS232 端(或 USB 接口)连接到 PC 的 RS232 通信接口 COM1 或 COM2 上,RS485 端接到 S7-200 系列 PLC 通信接口上,其外形结构如图 2-1 所示。

PC/PPI 电缆支持五种波特率通信,分别是 1.2 b/s、2.4 b/s、9.6 b/s、19.2 b/s、38.4 b/s,默认值为 9.6 b/s。电缆线中通信模块外部设有波特率设置开关(DIP 开关),如图 2-1 所示,DIP 开关有 1、2、3、4、5 五个扳键,通过 1、2、3 三个扳键的不同组合设定 PC/PPI 电缆的波特率(与软件系统设置的波特率相一致),4、5 两个扳键用于设置通信方式。

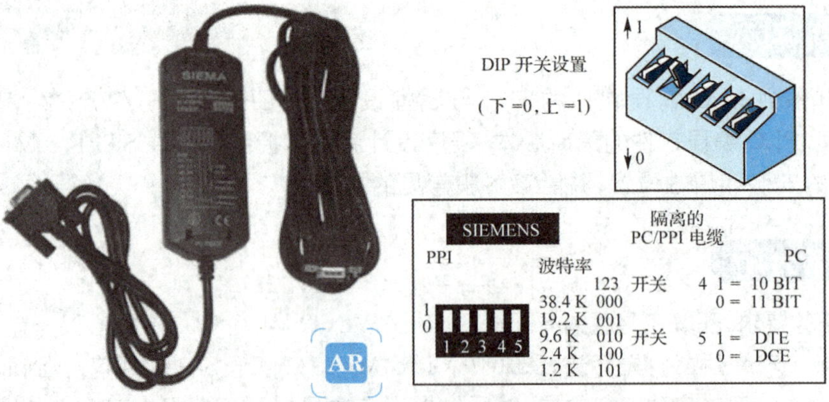

(a)PC/PPI 电缆　　　　　　　　　　　　(b)DIP 开关的设置

图 2-1　比特率可调的 PC/PPI 电缆结构

3. 建立 S7-200 系列 PLC 的通信连接

采用 PC/PPI 专用通信编程电缆可以建立 S7-200 系列 PLC 与 PC 之间的通信连接,如图 2-2 所示,即将 PC/PPI 电缆的 RS232 端连接到 PC 的 RS232 通信接口 COM1 或 COM2 上,PC/PPI 的另一端(RS485 端)接到 S7-200 系列 PLC 通信接口上。

S7-200 系列 PLC 上的通信接口是标准的 RS485 兼容 9 针 D 型连接器。连接器的插针分配见表 2-2。

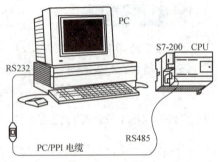

图 2-2　PLC 与 PC 的连接

表 2-2　9 针 D 型连接器的插针分配

CPU 插座	针	PROFIBUS 名称	S7-200 端口 0
	1	屏蔽	逻辑地
	2	24 V 返回	逻辑地
	3	RS485 信号 B	RS485 信号 B(RxD/TxD+)
	4	发送申请	RTS(TTL)
	5	5 V 返回	逻辑地
	6	+5 V	+5 V,100 Ω 串联电阻
	7	+24 V	+24 V
	8	RS485 信号 A	RS485 信号 A(RxD/TxD-)
	9	不用	10-位协议选择(输入)
	连接器外壳	屏蔽	机壳接地

二、STEP 7-Micro/WIN32 V4.0 SP9 编程软件的属性介绍

1. PG/PC 接口的属性

PG/PC 接口是用来设置通信协议格式的,包含 PPI 和 Local Connection 两个选项卡。

(1)PPI 选项卡如图 2-3 所示。

①Address:主站(系统编程器、TD、TP 或 OP 人机接口 HMI 设备)的本地地址默认

为0,第一个PLC的默认地址为2。在网络中,每个设备(PC、PLC等)必须具有唯一的站地址,同时给设备分配的地址不能超出最高站地址。

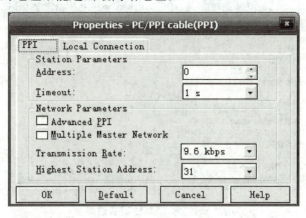

图2-3　PPI选项卡

②Timeout:在该下拉列表框中选择一个数值。该数值代表通信驱动程序与通信处理器尝试建立连接所花费的时间。默认值应当足够大。

③Advanced PPI:选中该复选框,则允许网络设备在设备之间建立逻辑连接。

④Multiple Master Network:确定是否将STEP 7-Micro/WIN32 V4.0 SP9用在配备多台主站(最多31个)的网络上,可以选中该复选框(如果使用的是调制解调器,就不能选中该复选框,因为STEP 7-Micro/WIN32 V4.0 SP9不支持该功能)。

⑤Transmission Rate:设置STEP 7-Micro/WIN32 V4.0 SP9网络的通信传输速率,PPI电缆支持9.6 Kb/s、19.2 Kb/s和187.5 Kb/s。

⑥Highest Station Address:选择最高站地址。此为STEP 7-Micro/WIN32 V4.0 SP9停止查找网络上的其他主站的地址。

(2)Local Connection选项卡如图2-4所示。

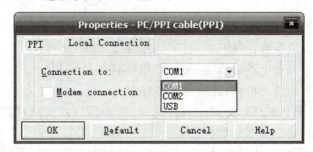

图2-4　Local Connection选项卡

①Connection to:在该下拉列表框中选择PC/PPI电缆与之连接的COM端口。

②Modem connection:如果使用的是调制解调器,就选择调制解调器连接的COM端口,并选中该复选框。

2.通信属性

"通信"属性设置对话框如图2-5所示。

(1)地址:指示本机和从机的编址,PC地址默认为0,第一台PLC的默认站址是2。

(2)网络参数:显示 PLC 的接口方式、通信协议、数据模式和联机方式。

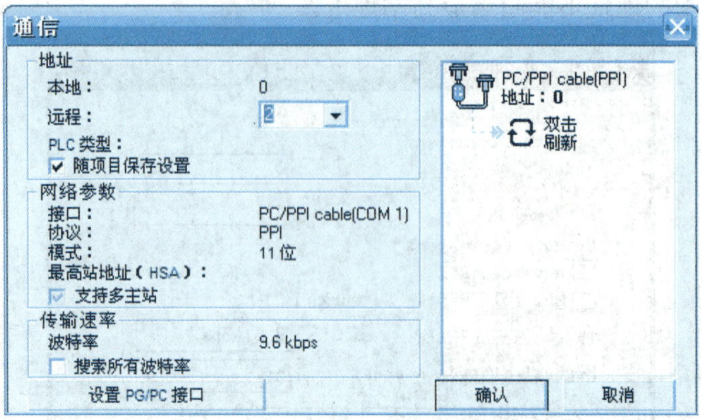

图 2-5 "通信"属性设置对话框

(3)传输速率:指示 PLC 数据的传输速率,有 1.2 Kb/s、2.4 Kb/s、9.6 Kb/s、19.2 Kb/s、38.4 Kb/s 五种,默认值为 9.6 Kb/s。

(4)设置 PG/PC 接口:用来设置 PG/PC 接口的通信协议格式。

(5)刷新区:双击刷新区,可以自动搜索网络上的从站 PLC 地址、CPU 类型、传输速率、网络参数等属性。

3. 通用属性

通用属性包括常规、程序编辑器、符号表、状态表、数据块、交叉引用、输出窗口、指令树、浏览条和打印 10 个选项,分别设置 STEP 7-Micro/WIN32 V4.0 SP9 编程软件的基本属性。在此仅以"常规"选项为例介绍,"常规"属性设置如图 2-6 所示。

(1)常规属性。在图 2-6 中,选择"常规"选项卡,其属性项如下。

①默认编辑器:选择 PLC 编程语言的编辑器,有 STL 编辑器、梯形图编辑器和 FBD 编辑器三种。

②编程模式:选择编程指令系统,有 SIMATIC 和 IEC 1131-3 两种。

③助记符集:选择指令助记符形式,有国际和 SIMATIC 两种。

④区域设置:可以设置度量单位、时间格式和日期格式。

⑤语言:选择编程软件的语言环境,通常选择中文。

⑥按钮组:单击"确认"按钮,将设定属性选项;单击"取消"按钮,将取消设定属性选项;单击"全部还原"按钮,将恢复默认属性选项。

(2)默认属性。在图 2-6 中,选择"默认"选项卡,切换到"默认"属性设置界面,如图 2-7 所示。

①默认文件位置:编辑的项目文件默认存储路径一般为"C:\Program Files\Siemens\STEP 7-Micro/WIN V4.0\Projects",可以单击"浏览"按钮修改存储路径。

②新项目的 PLC 类型:设置项目 PLC 类型选择方式。

③系统符号表:决定是否将 S7-200 系统符号添加到新的项目中。

④按钮组:单击"确认"按钮,将设定属性选项;单击"取消"按钮,将取消设定属性选项;单击"全部还原"按钮,将恢复默认属性选项。

(3)颜色属性。在图 2-6 中,选择"颜色"选项卡,切换到"颜色"属性设置界面,如图 2-8 所示。

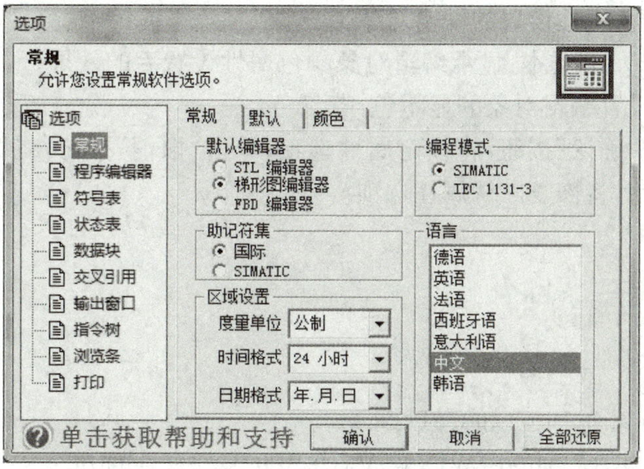

图 2-6 "常规"属性设置界面

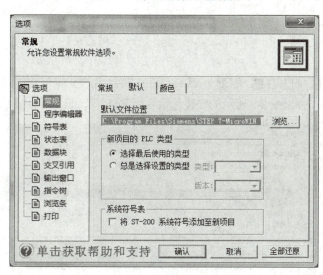

图 2-7 "默认"属性设置界面

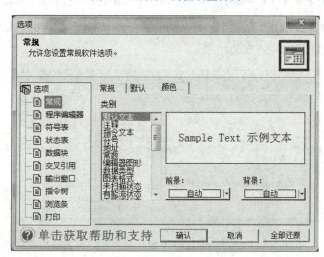

图 2-8 "颜色"属性设置界面

①类别:选择颜色属性设置的编辑对象。

②Sample Text 示例文本:显示编辑对象颜色属性设置后的效果。

③前景/背景:设置编辑对象的显示色/背景色。

④按钮组:单击"确认"按钮,将设定属性选项;单击"取消"按钮,将取消设定属性选项;单击"全部还原"按钮,将恢复默认属性选项。

 任务实施

一、设备配置

(1)1 台 S7-200 系列 PLC(如 CPU226)。

(2)1 台存有 STEP 7-Micro/WIN32 V4.0 SP9 编程软件的 PC。

(3)1 根 PC/PPI 电缆。

(4)连接导线若干。

二、软件安装

(1)启动安装程序。打开存储 STEP 7-Micro/WIN32 V4.0 SP9 编程软件的文件夹,双击 setup.exe 安装引导程序图标,弹出图 2-9 所示的安装起始界面,选择"English(United States)"选项。

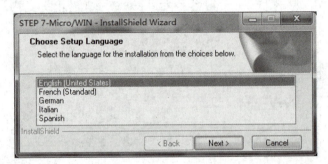

图 2-9　STEP 7-Micro/WIN32 V4.0 SP9 编程软件安装起始界面

(2)选择安装路径。单击"Next"按钮,进入安装路径设置对话框,如图 2-10 所示,单击"Browse"按钮选择编程软件的安装位置。

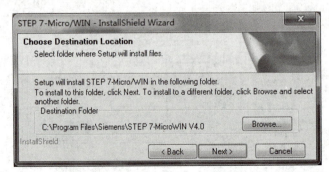

图 2-10　STEP 7-Micro/WIN32 V4.0 SP9 编程软件安装路径设置对话框

(3)组件安装。单击"Next"按钮,进入编程软件配置文件、设备驱动程序等组件的安装,如图 2-11 所示。

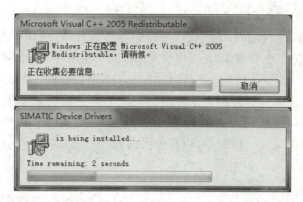

图 2-11　STEP 7-Micro/WIN32 V4.0 SP9 编程软件组件安装

(4)安装完成。STEP 7-Micro/WIN32 V4.0 SP9 编程软件组件安装后,进入编程软件安装结束对话框,如图 2-12 所示。

图 2-12　STEP 7-Micro/WIN32 V4.0 SP9 编程软件安装结束对话框

选中"Yes,I want to restart my computer now."单选按钮,单击"Finish"按钮,PC 将重新启动,桌面会出现编程软件组的快捷图标,分别为 V1.0 TD Keypad Designer、V2.0 S7-200 Explorer 和 V4.0 STEP 7 Micro/WIN SP9,如图 2-13 所示。

至此,STEP 7-Micro/WIN32 V4.0 SP9 编程软件安装完成。

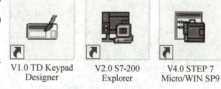

图 2-13　STEP 7-Micro/WIN32 V4.0 SP9 编程软件快捷图标

三、属性设置

(1)编程软件的汉化。安装好的 STEP 7-Micro/WIN32 V4.0 SP9 编程软件为英文开发环境,由于 S7-200 CPU226 CN 等类型的 PLC 必须在中文开发环境下才能实现程序下载,因而要对编程软件进行汉化。

在打开的 STEP 7-Micro/WIN32 V4.0 SP9 编程软件中,执行 Tools→Options 菜单命令,或单击工具栏中的快捷按钮,弹出"Options"对话框,如图 2-14 所示。在"Options"列表中选择"General"选项,在右侧"Language"列表中选择"Chinese"并单击"OK"按钮,弹出确认对话框并单击"确定"按钮,将弹出"是否将设置保存到当前项目中"对话框,选择"否"后编程软件会自动关闭,重新打开的 STEP 7-Micro/WIN32 V4.0 SP9 编程软件将变换成中文开发环境。

(2)设置 PG/PC 接口。打开浏览条中的"查看"工具条,双击"设置 PG/PC 接口"图标,弹出"设置 PG/PC 接口"对话框,如图 2-15 所示。选择 PC/PPI cable(PPI)选项,设置通信协议为 PPI 方式。单击"选择"按钮,可以在弹出的"安装/删除接口"对话框中安装或拆卸通信接口,如图 2-16 所示。

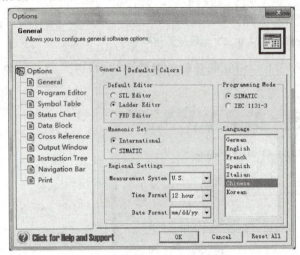

图 2-14 "Options"对话框   图 2-15 "设置 PG/PC 接口"对话框

在"设置 PG/PC 接口"对话框中单击"属性"按钮,弹出 PPI 通信协议的参数设置对话框,将本地连接设为 COM1,如图 2-17 所示,其他属性设置默认。

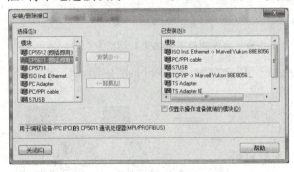 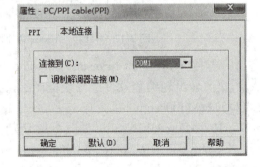

图 2-16 "安装/删除接口"对话框   图 2-17 PPI 属性设置

四、软件测试

安装好 STEP 7-Micro/WIN32 V4.0 SP9 编程软件后,需要测试软件是否能够正常使用,简单的测试步骤如下。

(1)连接 PLC 与 PC。如图 2-18 所示,将 PC/PPI 电缆的 RS232 端连接到 PC 的 RS232 通信接口 COM1 上,PC/PPI 电缆的另一端(RS485 端)接到 PLC 通信口上,同时将 PLC 的 CPU 设置为 RUN 状态。

(2)测试 PLC 与 PC 能否通信。

方法一:打开 STEP 7-Micro/WIN32 V4.0 SP9 编程软件,在"通信"对话框的刷新区域双击,若 PLC 与 PC 不能通信,将显示如图 2-19 所示的信息。

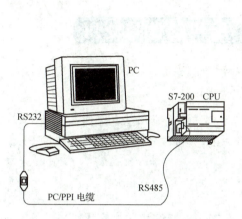

图 2-18　PLC 与 PC 的连接

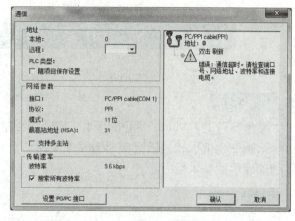

图 2-19　PLC 与 PC 不能通信示意图

方法二:打开 STEP 7-Micro/WIN32 V4.0 SP9 编程软件,在指令树中双击"项目 1/CPU"选项,弹出"PLC 类型"对话框,如图 2-20 所示。

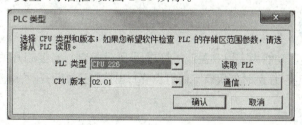

图 2-20　"PLC 类型"对话框

单击"读取 PLC"按钮,系统自动读取当前运行中的 CPU 类型及版本,即 CPU226。若读取错误,则弹出提示框,如图 2-21 所示。

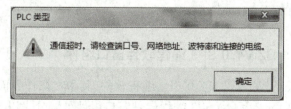

图 2-21　CPU 类型读取错误提示框

(3)解决方法。排除 PLC 及 PC/PPI 电缆硬件问题,分别查看以下属性设置。

①通信协议是否选择为 PC/PPI cable(PPI)。

②COM通信接口是否设置为COM1(PC/PPI电缆与PC连接的串口类型)。
③STEP 7-Micro/WIN32 V4.0 SP9编程软件的编辑环境是否设置为中文状态。
④重复步骤(2),直到能够读取或刷新到正确的CPU类型。

 思考与练习

练习安装STEP 7-Micro/WIN32 V4.0 SP9编程软件,完成相关属性设置,并测试软件能否正常使用。

任务二　S7-200系列PLC编程软件的使用

知识目标

熟悉STEP 7-Micro/WIN32V4.0 SP9编程软件的组成、功能和基本操作;

熟练使用编程软件进行梯形图程序编制与运行调试,具备独立配置、检修和维护PLC系统软硬件的基本能力。

技能目标

熟悉STEP 7-Micro/WIN32 V4.0 SP9编程软件的基本操作和功能应用;

正确编制8盏流水灯显示PLC控制梯形图程序,并载入PLC中进行联机运行调试;

具备独立配置、检修和维护PLC系统软硬件的基本能力。

 任务引入

编制梯形图程序:其功能为实现8盏流水灯显示PLC控制。当控制开关闭合时,8盏指示灯间隔3 s左向依次循环点亮(任意时刻仅有1盏灯点亮);当控制开关断开时,8盏指示灯同时熄灭。

 任务分析

根据任务要求,PLC主机选用CPU224。其中,输入端子I0.0用于连接控制开关,输出端子排QB0用于8盏流水灯L1~L8的显示控制。

 预备知识

一、STEP 7-Micro/WIN32 V4.0 SP9编程软件窗口组件

打开STEP 7-Micro/WIN32 V4.0 SP9编程软件,其中文操作界面如图2-22所示。
STEP 7-Micro/WIN32 V4.0 SP9编程软件窗口组件可以分为以下几个部分。

- 标题栏:表示软件、项目名称。
- 菜单栏:包含文件、编辑、查看、PLC、调试、工具、窗口、帮助8个菜单。
- 工具栏:包含快捷按钮。

- 窗口信息显示区：程序数据显示区，浏览条、指令树和输出视窗显示区。
- 状态条：提示 STEP 7-Micro/WIN32 的状态信息。

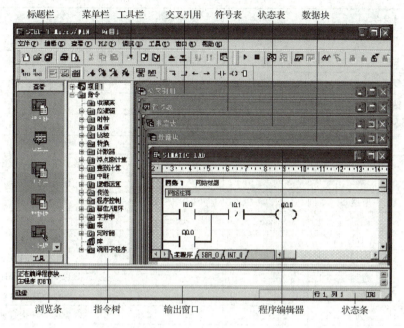

图 2-22　STEP 7-Micro/WIN32 V4.0 SP9 编程软件中文操作界面

1. 主菜单和命令

(1)"文件"菜单和命令见表 2-3。

表 2-3　"文件"菜单和命令

菜单命令	工具栏	快捷键	描述
新建	📄	Ctrl+N	打开新项目
打开	📂	Ctrl+O	打开现有项目
关闭			关闭当前项目
保存/另存为	💾	Ctrl+S	保存当前项目
设置密码			设置项目密码
导入			导入 ASCII 码程序文件(.awl)
导出			以 ASCII 码文件(.awl)导出程序
上载	▲	Ctrl+U	将 PLC 中的程序上载到 PC 的 STEP 7-Micro/WIN32 V4.0 SP9 中
下载	▼	Ctrl+D	将 PC 的 STEP 7-Micro/WIN32 V4.0 SP9 中的程序下载到 PLC 中
新建库			定义用户指令库
添加/删除库			添加/删除用户定义的指令库
库存储区			指令库存放位置
页面设置			打印页面属性设置
打印预览	📄		打印预览
打印	🖨	Ctrl+P	执行打印操作
退出	✖		退出 STEP 7-Micro/WIN32 V4.0 SP9

(2)"编辑"菜单和命令见表2-4。

表2-4 "编辑"菜单和命令

菜单命令		工具栏	快捷键	描 述
撤销		↶	Ctrl+Z	取消上次操作
剪切		✂	Ctrl+X	剪切所选文本
复制		📋	Ctrl+C	复制所选文本
粘贴		📋	Ctrl+V	粘贴
全选			Ctrl+A	将所有对象全部选中
插入	行		Ctrl+I	插入程序指令行
	下一行		Shift+Ctrl+I	跳到下一程序指令行
	列			插入程序指令列
	竖线	↴		插入向下连线
	网络		F3	插入网络
	子程序			插入子程序
	中断程序			插入中断程序
删除	选择			删除选中文本或程序指令
	行			删除程序指令行
	列			删除程序指令列
	竖线			删除向下连线
	网络		Shift+F3	删除网络
	POU			删除POU
查找			Ctrl+F	查找文本
替换			Ctrl+H	替换文本
转到			Ctrl+G	转到所指文本处

(3)"查看"菜单和命令见表2-5。

表2-5 "查看"菜单和命令

菜单命令		工具栏	快捷键	描 述
STL				打开语句表程序编辑器
梯形图				打开梯形图程序编辑器
FBD				打开功能块图程序编辑器
组件	程序编辑器			打开当前程序编辑器
	符号表			打开符号表
	状态表			打开状态表
	数据块			打开数据块列表
	系统块			打开系统块设置对话框
	交叉引用			打开交叉引用列表
	通信			打开通信设置对话框
	设置PC/PG接口			打开PC/PG接口设置对话框
符号地址			Ctrl+Y	

续表

菜单命令		工具栏	快捷键	描 述
符号表	从未定义的符号建立	sym	Ctrl+T	
	将符号应用于项目		Ctrl+F5	
POU 注释				打开或关闭 POU 注释
网络注释				打开或关闭网络注释
工具栏	标准			打开或关闭标准工具栏
	调试			打开或关闭调试工具栏
	公用			打开或关闭公用工具栏
	指令			打开或关闭指令工具栏
	全部还原			将工具栏恢复至原来的位置
框架	浏览条			打开或关闭浏览条
	指令树			打开或关闭指令树
	输出窗口			打开或关闭输出窗口
	全部还原			还原原始状态的框架结构
书签	切换书签		Ctrl+F2	设置或清除单个书签
	上一个书签		Shift+F2	转到下一个书签位置
	下一个书签		F2	转到上一个书签位置
	清除全部书签		Ctrl+Shift+F5	清除全部书签
属性				设置用户程序保护

（4）PLC 菜单和命令见表 2-6。

表 2-6　PLC 菜单和命令

菜单命令	工具栏	快捷键	描 述
RUN（运行）			使 PLC 进入运行状态
STOP（停止）			使 PLC 进入停止状态
编译			编译当前程序块或数据块
全部编译			编译当前程序块、数据块、系统块等
清除			清除 PLC 中的程序块、数据块、系统块等
上电复位			上电使 CPU 复位
信息			
存储卡编程			对存储卡编程
存储卡擦除			擦除存储卡中的内容
从 RAM 上建立数据块			
实时时钟			
比较			
类型			

（5）"调试"菜单和命令见表 2-7。

表2-7 "调试"菜单和命令

菜单命令	工具栏	描述
首次扫描		实现程序首次扫描
多次扫描		实现程序多次扫描
开始程序状态监控		实现程序状态监控
使用执行状态		
暂停程序状态监控		暂停程序状态监控
开始状态表监控		开始状态表监控
暂停趋势图		暂停趋势图
单次读取		状态表单次读取
全部写入		状态表全部写入
强制		强制 PLC 数据
取消强制		取消强制 PLC 数据
取消全部强制		状态表取消全部强制数据
读取全部强制		状态表读取全部强制数据
RUN(运行)模式下编辑程序		
STOP(停止)模式下写入-强制输出		

(6)"工具"菜单和命令见表2-8。

表2-8 "工具"菜单和命令

菜单命令	工具栏	描述
指令向导		对 PID、NETR/NETW 和 HSC 进行快速配置
文本显示向导		配置 S7-200 文本显示器 TD
S7-200 Explorer		启动 S7-200 Explorer
TD Kepad Designer		设置 S-7200 文本显示器 TD 按键
位置控制向导		设置位置控制功能
EM253 控制面板		显示 EM253 位控模块配置
调制解调器控制向导		配置 EM241 或远程调制解调器
以太网向导		配置 CP 243-1 以太网模块
AS-i 向导		配置使用来自 AS-Interface 网络的数据
互联网向导		配置 CP 243-1 IT 模块
配方向导		完成配方定义设置
数据记录向导		配置一组 PLC 的存储区单元
PID 调节控制面板		显示和调节 PID 配置
自定义		自行定义工具栏或控制命令
选项		设置程序编辑器

(7)"窗口"菜单和命令见表2-9。

表2-9 "窗口"菜单和命令

菜单命令	工具栏	描述
层叠窗口		以互相重叠的形式排列文件窗口
横向平铺		以不互相重叠的形式水平排列文件窗口
纵向平铺		以不互相重叠的形式垂直排列文件窗口

(8)"帮助"菜单和命令见表2-10。

表 2-10 "帮助"菜单和命令

菜单命令		快捷键	描述
目录和索引			STEP 7-Micro/WIN32 V4.0 SP9 的帮助文件
"这是什么?"		Shift+F1	打开说明窗口
网上 S7-200	西门子		打开 Siemens AG-Global Web Site 网页
	软件支持		打开 Siemens Automation and Drive 网页
	S7-200 支持		打开 Siemens Automation and Drive 网页
	S7-200 产品概述		打开 http://www.siemens.com/网页
关于			关于 STEP 7-Micro/WIN32 V4.0 SP9

2. 工具栏

STEP 7-Micro/WIN32 V4.0 SP9 编程软件常用工具栏有标准工具栏、调试工具栏、公用工具栏和 LAD 指令工具栏,其具体描述如图 2-23～图 2-26 所示。

3. 浏览条

STEP 7-Micro/WIN32 V4.0 SP9 编程软件的浏览条包括检查和工具两个部分,其具体描述如图 2-27 和图 2-28 所示。

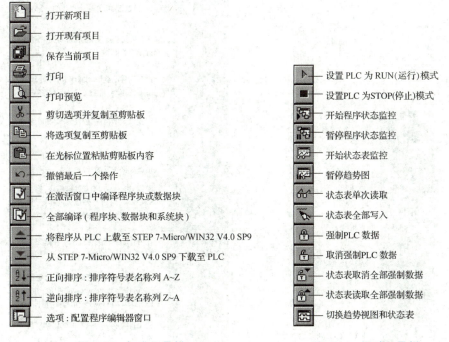

图 2-23 标准工具栏　　图 2-24 调试工具栏

可编程控制技术

图 2-25　公用工具栏　　　　　　　图 2-26　LAD 指令工具栏

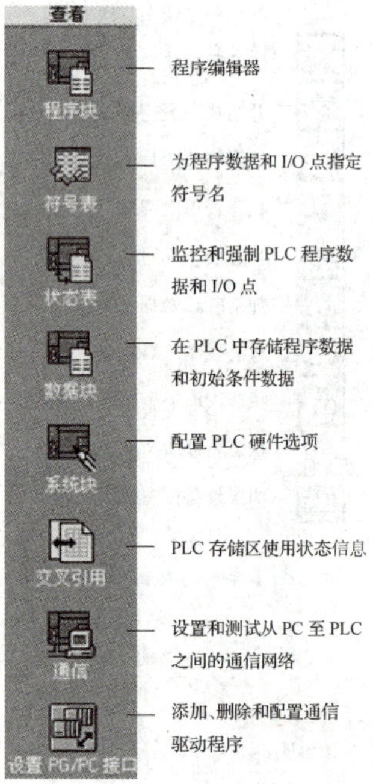

图 2-27　查看浏览条 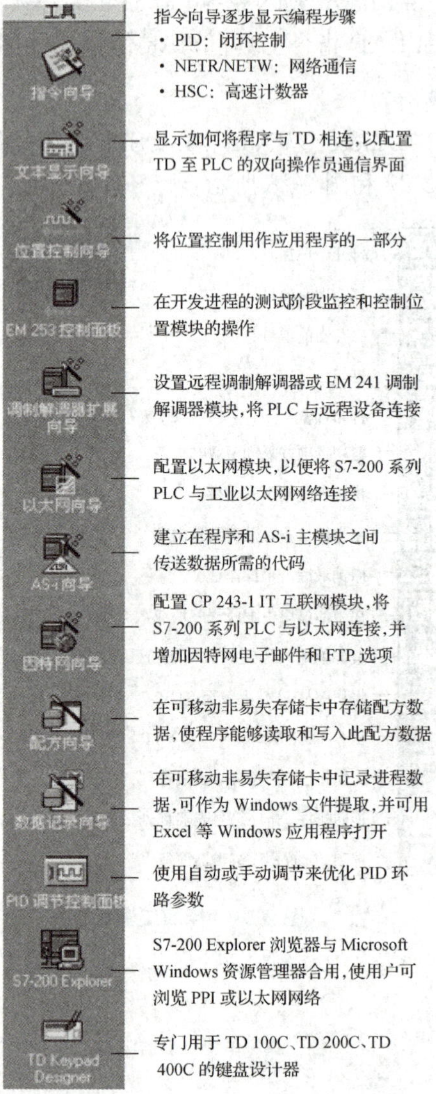　　　　　　　图 2-28　工具浏览条

4. 指令树

STEP 7-Micro/WIN32 V4.0 SP9 编程软件的指令树包括项目与指令两个部分,其具体描述如图2-29所示。

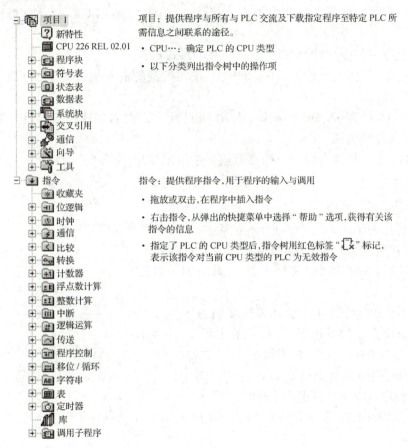

图2-29 STEP 7-Micro/WIN32 V4.0 SP9 编程软件的指令树

5. 用户窗口

用户窗口包括交叉引用、数据块、状态表、符号表、程序编辑器等部分,可以同时或分别打开。

6. 输出窗口

输出窗口用来显示 STEP 7-Micro/WIN32 V4.0 SP9 程序编译的结果,包括有无错误、错误编码、错误位置等。双击错误提示行文本,系统将自动定位到错误位置。

7. 状态条

状态条提供 STEP 7-Micro/WIN32 V4.0 SP9 操作过程中的有关信息。

二、梯形图程序编制规范

STEP 7-Micro/WIN32 V4.0 SP9 编程软件提供了西门子公司 PLC 专用 SIMATIC 指令集,具有梯形图(LAD)、语句表(STL)和功能块图(FBD)三种程序语言编辑器,各编辑器状态能够自动切换,用户可以快捷、方便地在 Windows 环境下对 PLC 进行编程、调试和监控。下面以 SIMATIC 指令系统中的梯形图编程器及其编程语言为例进行重点讲解。

1. 梯形图编程语言

利用梯形图编辑器可以建立与电气原理图相类似的程序,梯形图是 PLC 编程的高级语言,它很容易被 PLC 编程人员和维护人员接受和掌握,所有 PLC 厂商均支持梯形图语言编程。

梯形图指令有触点、线圈和指令盒三种基本形式。

(1)┤├触点。触点表示输入条件,如开关、按钮控制的输入映像寄存器状态和内部寄存器状态等。

(2)─( )─线圈。线圈表示输出结果。利用 PLC 输出点可直接驱动灯、继电器、接触器线圈、内部输出条件等负载。

(3)□指令盒。指令盒代表一些功能较复杂的附加指令,如定时器指令、计数器指令或数学运算指令。

2. 梯形图程序的结构

梯形图程序的结构如图 2-30 所示,包括主程序、子程序和中断服务程序。

(1)主程序也被表示为 OB1,是应用程序的必选组件,其中包括控制应用的指令,在每个扫描周期中按顺序执行。

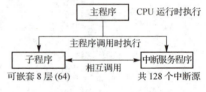

图 2-30 梯形图程序的结构

(2)子程序可以达到 64 个,其名称分别为 SBR_0~SBR_63,是应用程序的可选组件,只有被主程序、中断服务程序或者其他子程序调用时,子程序才会执行。

在编程中使用子程序的优点如下。

①用子程序可以缩短主程序的长度。

②由于子程序的代码从主程序中移出,不调用时 CPU 不会处理子程序代码,可以缩短程序扫描周期。

③用子程序创建的程序代码可以复制到另一个应用程序中使用。

(3)中断服务程序可以达到 128 个,其名称分别为 INT_0~INT_127,是应用程序中的可选组件,预先设计好的中断服务程序与一个中断事件相关联,如输入中断、定时中断、高速计数器中断、通信中断等,只有当特定中断事件发生并在 CPU 响应后才会执行中断服务程序。

3. 编程的一般原则

梯形图编程语言具有一定的语法规则,用户编程人员在编程过程中应该避免错误操作,减少程序步数,软件的编译功能可以直接指出错误指令所在段的段标号及错误代码,这样有利于用户程序的修正。此外,用户还需要掌握以下几点编程注意事项和编程技巧。

(1)分段结构。梯形图按逻辑关系可分为梯级和网络段,网络段简称段。程序执行时按段扫描,清晰的段结构有利于对程序的理解和调试。一个网络不能同时包含两个或两个以上个的段,如图 2-31 所示。

(2)先触点后线圈/指令盒。触点应画在水平线上,并且根据"自左至右,自上而下"的原则和对输出线圈的控制路径来画;每逻辑行(梯级)起始于左母线,然后是触点的串联、并联,最后是线圈/指令盒,如图 2-32 所示。

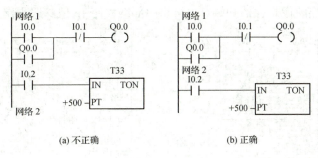

图 2-31　网络分段结构

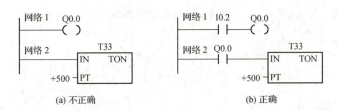

图 2-32　先触点后线圈/指令盒

（3）垂直无触点。无触点必垂直。梯形图中不包含触点的分支应放在垂直方向，以便识别触点的组合和控制输出线圈的路径，如图 2-33 所示。

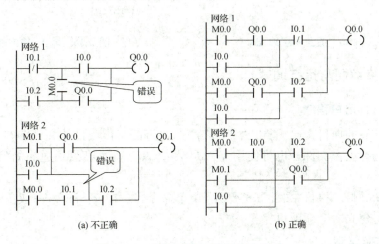

图 2-33　垂直无触点，无触点必垂直

（4）先复杂后简单。当几个串联回路并联时，应将触点最多的串联回路放在梯形图的最上面；当几个并联回路串联时，应将触点最多的并联回路放在梯形图的最左面，如图 2-34 所示。

（5）避免同名线圈，以免产生错误的输出状态。触点在编程中可以重复使用，且使用次数不受限制，如图 2-35 所示。

（6）输入映像寄存器用于接收外部输入信号，不能由 PLC 内部其他继电器的触点来驱动。因此，梯形图中只出现输入映像寄存器的触点，而不出现其线圈。输出映像寄存器将程序执行结果输出给外部输出设备，当梯形图中的输出映像寄存器线圈得电时，就有信号输出，但不是直接驱动输出设备，而要通过输出接口的继电器、晶体管或晶闸管才能实现驱动，如图 2-36 所示。输出映像寄存器的触点也可供内部编程使用，但一般不作为中间状态寄存器。

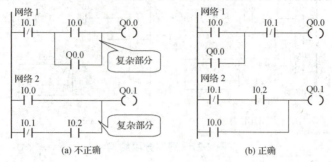

图 2-34　先复杂后简单

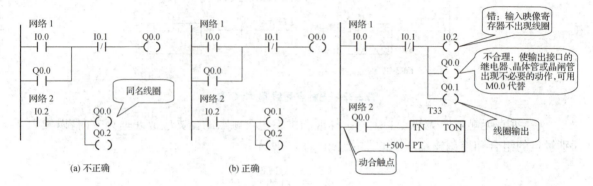

图 2-35　避免同名线圈　　　　　　　图 2-36　输入/输出映像寄存器

三、梯形图程序编制与运行调试

1. 建立项目(用户程序)

（1）打开已有的项目文件。打开"文件"菜单，最近的工作项目的文件名在"文件"菜单下列出，可直接选择项目文件。也可使用 Windows 资源管理器寻找到适当的目录，项目文件的扩展名为 .mwp。

（2）创建新项目。执行"文件"→"新建"菜单命令，建立一个新文件；或单击浏览条中的"程序块"图标，建立一个新项目。

2. 确定 CPU 类型

在指令树中单击"项目 1/CPU"命令，弹出"PLC 类型"对话框，如图 2-37 所示。

图 2-37　"PLC 类型"对话框

（1）在"PLC 类型"和"CPU 版本"下拉列表框中选择正确的 CPU 类型及版本。

(2)单击 读取 PLC 按钮,可自动读取当前运行中的 CPU 类型及版本。

(3)单击 通信... 按钮,在弹出的通信窗口查看或设置通信参数。

3. 梯形图程序编制

STEP 7-Micro/WIN32 V4.0 SP9 编程软件提供了 LAD、STL 和 FBD 3 种编程语言,可以在"查看"菜单栏中选择,此处选择"梯形图"命令。

(1)编程元件。编程元件包括触点、线圈、指令盒及导线。程序一般是顺序输入,即自上而下、自左而右在光标所在处放置编程元件(输入指令);也可以移动光标,在任意位置输入编程元件。每输入一个编程元件,光标就自动向前移到下一列。需要换行时,单击下一行位置移动光标即可。

(2)编程元件的输入。如图 2-38(a)所示,在"指令树"中选择编程元件后双击或拖放,即可在光标处输入该元件;单击工具栏中的编程快捷按钮 ┤├ ○ □,或是使用快捷键 F4(触点)、F6(线圈)、F9(指令盒),在程序编辑区弹出触点、线圈和指令盒列表,如图 2-38(b)所示。选择编程元件后单击即可在光标处输入该元件。

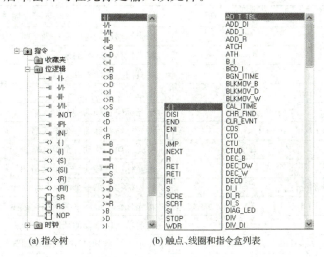

(a)指令树   (b)触点、线圈和指令盒列表

图 2-38　编程元件输入窗口

(3)编程元件输入错误显示。红色文字显示非法语法,如图 2-39(a)所示;一条绿色波浪线位于数值下方,表示正在使用的变量或符号尚未定义,如图 2-39(b)所示;一条红色波浪线位于数值下方,表示该数值超出范围或不适用于此类指令,即为非法操作数,如图 2-39(c)所示。

(a)非法语法　　　(b)变量或符号尚未定义　　(c)数值超出范围或不适用于此类
("M0.8"为红色)　　　(波浪线为绿色)　　　　　(波浪线为红色)

图 2-39　编程元件输入错误显示

(4)程序的编辑。程序的编辑包括程序的剪切、复制、粘贴、插入、删除和字符串替换与查找,以及在网络题目区写入程序注释等。一行程序输入结束后,单击图中该行下方的编辑区域,输入触点,则生成新的一行。右键单击编辑区,弹出编辑操作命令菜单,如图 2-40 所示。

(5)快捷键。程序编辑快捷键见表 2-11。

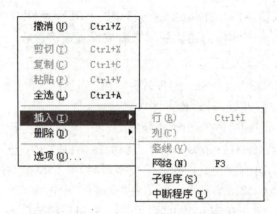

图 2-40 程序的编辑操作命令菜单

表 2-11 程序编辑快捷键

用途	快捷键	描述
浏览	Home	将光标移至同行的第一列
	End	将光标移至同行的最后一列
	Page Up	垂直向上移动一屏
	Page Down	垂直向下移动一屏
	←	将光标向左移动一个单元格
	→	将光标向右移动一个单元格
	↑	将光标向上移动一个单元格
	↓	将光标向下移动一个单元格
	Ctrl+Home	将光标移至第一个网络的第一个单元格
	Ctrl+End	将光标移至最后一个网络的最后一个单元格
	F1	当前单元格指令的帮助
	Ctrl+Page Up	显示下一个 POU,向左移动浏览 POU 标记
	Ctrl+Page Down	显示下一个 POU,向右移动浏览 POU 标记
编辑	Shift+↑	向上扩展选择
	Shift+↓	向下扩展选择
	Shift+Page Up	向上扩展网络选择
	Shift+Page Down	向下扩展网络选择
	Ctrl+Shift+Home	扩展选择至第一个网络
	Ctrl+Shift+End	扩展选择至最后一个网络
	Ctrl+Shift+End	选择全部网络
	Ctrl+X/Shift+Delete	选择网络系列时,剪切系列; 当光标位于网络标题上时,剪切整个网络; 当光标位于单元格上时,剪切单元格内容
	Ctrl+C/Ctrl+Insert	选择网络系列时,复制系列; 当光标位于网络标题上时,复制整个网络; 当光标位于单元格上时,复制单元格内容
	Ctrl+V/Shift+Insert	选择网络系列时,粘贴系列; 当光标位于网络标题上时,粘贴整个网络; 当光标位于单元格上时,粘贴单元格内容; 在光标当前位置的前方/上方粘贴所选内容

续表

用　途	快　捷　键	描　　述
编辑	Spacebar	编辑当前单元格的助记符或操作数
	Enter	编辑当前单元格的助记符或操作数
	Ctrl+←	放下一条水平线,将光标向左移动一个单元格
	Ctrl+→	放下一条水平线,将光标向右移动一个单元格
	Ctrl+↑	放下一条垂直线,将光标向上移动一个单元格
	Ctrl+↓	放下一条垂直线,将光标向下移动一个单元格
	Delete	删除当前单元格、网络或网络选项
	Backspace	将光标向左移动一个单元格,删除当前单元格
	Shift+←	选择当前网络,将光标向左移动一个单元格
	Shift+→	选择当前网络,将光标向右移动一个单元格
	Shift+Home	选择当前网络,将光标置于当前行第一个单元格处
	Shift+End	选择当前网络,将光标置于当前行最后的单元格处
	Ctrl+Y	在符号和绝对编址模式之间切换
	Ctrl+T	显示每个网络的符号信息表
	F4	包含所有接点助记符类型的列表框(仅限 LAD)
	F6	包含所有线圈助记符类型的列表框(仅限 LAD)
	F9	包含所有方框助记符类型的列表框

4. 程序运行调试

(1)编译。用户程序编辑完成后,使用"PLC"菜单中的"编译"命令,或单击工具栏中的编译快捷按钮 ,对程序进行编译,经编译后,在显示屏下方的输出窗口将显示编译结果,如图 2-41 所示,同时系统会将不合理的梯形图连接合理化,并明确指出错误的网络段及错误情况,用户可以根据系统的错误提示对程序进行修改,然后再次编译,直至编译无误。

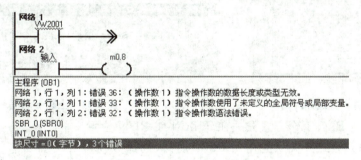

图 2-41　显示编译结果

(2)下载。用户程序编译成功后,单击标准工具栏中的下载快捷按钮 ,或选择"文件"菜单中的"下载"命令,则弹出"下载"对话框,如图 2-42 所示。选定程序块、数据块、系统块等下载内容后,将 PLC 设置为 STOP 模式,最后单击"确定"按钮,则选定的内容就下载到 PLC 存储器中了。

说明:

①数据块是可选部分,数据块不一定在每个控制系统的程序设计中都使用,使用数据块可以完成一些有特定数据处理功能的程序设计,如为变量存储器指定初始值等。如果编辑了数据块,就需要将数据块下载至 PLC 中。

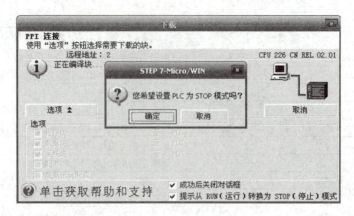

图 2-42 "下载"对话框

②参数块存放的是 CPU 组态数据,若在编程软件上没有进行 CPU 的组态,则系统以默认值进行自动配置。除非有特殊要求的输入/输出设置、掉电保持设置等,一般情况下使用默认值。

(3)上载。上载指令的功能是将 PLC 中未加密的程序或数据向上送入编程器(如 PC)。上载的方法是单击标准工具栏中的上载快捷键▲或用"文件"菜单中的"上载"命令,弹出上载内容选择对话框,如图 2-43 所示。

核实已选择希望上载的块复选框,并取消选中不希望上载的块复选框,然后单击"确认"按钮,将弹出上载提示框,如图 2-44 所示,提示选择上载的程序块、数据块、系统块将覆盖原项目中对应的内容,单击"Yes"按钮执行上载后,将编辑窗口显示相应上载的 PLC 内部程序和数据。

图 2-43 上载内容选择对话框　　　　　　　图 2-44 上载提示框

(4)运行。当 PLC 工作方式开关在 TERM 或 RUN 位置时(CPU 21X 系列方式开关只能在 TERM 位置),选择 STEP 7-Micro/WIN32 V4.0 SP9 的 PLC 菜单下的"运行/停止"命令,或单击快捷按钮 ▶ ■,都可以对 CPU 的工作模式(必须设置为 RUN 状态)进行软件设置。CPU 工作模式设置提示框如图 2-45 所示。

2-45 CPU 工作模式设置提示框

(5)监视。在"调试"菜单下选择"开始程序状态监视"命令,这时闭合触点和通电线圈内部颜色变蓝(呈阴影状态),可以对程序运行实时监控,如图 2-46 所示。当 PLC 在 RUN 模式下运行时,随着输入条件的改变、定时及计数过程的进行,每个扫描周期的输出处理阶段将对各个器件的状态进行刷新,可以动态显示各个定时器、计数器的当前值,并用阴影表示触点和线圈的通电状态,以便在线动态观察程序的运行。

(6)调试。结合程序监控运行的动态显示,分析程序运行的结果及影响程序运行的因素,然后退出 RUN 模式和监控状态,在 STOP 模式下对程序进行修改编辑,重新编译、下载、监控运行,如此反复修改调试,直至得出正确的运行结果。

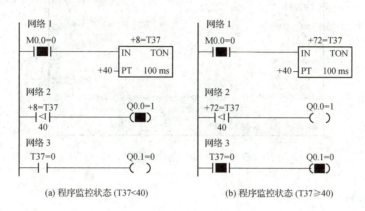

图 2-46　程序运行实时监控

5. 程序保存

完成上述操作后,可以采取以下三种方法保存程序。
(1)执行"文件"→"保存(另存为)"菜单命令。
(2)直接单击工具栏中的 ![] 快捷按钮。
(3)使用快捷键 Ctrl+S。
弹出的"另存为"对话框如图 2-47 所示。

6. 程序保密

程序保密方法有以下两种。
(1)对工程项目加密。执行"文件"→"设置密码"菜单命令,弹出"设置项目密码"对话框,如图 2-48 所示,输入密码并确认,下次打开加密项目前必须输入正确的密码。

图 2-47　"另存为"对话框

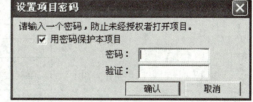

图 2-48　"设置项目密码"对话框

(2)对工程项目的 CPU 加密。所有的 S7-200 系列 CPU 都提供了密码保护系统,以便限制对某些特定的 CPU 功能的使用。单击"系统块"按钮,在弹出的"系统块"对话框中选择"密码"选项,出现 CPU 加密选项卡,如图 2-49 所示,密码限制分为 4 个等级,可根据需要进行选择,然后输入密码并单击"确认"按钮。

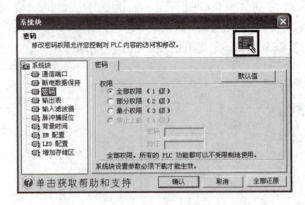

图 2-49 CPU 加密对话框

任务实施

一、设备配置

(1) 1 台 S7-200 CPU224 PLC。
(2) 1 台装有 STEP 7-Micro/WIN32 V4.0 SP9 编程软件的 PC。
(3) 1 根 PC/PPI 电缆。
(4) 连接导线若干。

二、I/O 分配及功能

I/O 分配及功能见表 2-12。

表 2-12 I/O 分配及功能

输入		输出	
编程元件地址	功　能	编程元件地址	功　能
I0.0	控制开关 SB1	Q0.0	控制灯 L1 显示
		Q0.1	控制灯 L2 显示
		Q0.2	控制灯 L3 显示
		Q0.3	控制灯 L4 显示
		Q0.4	控制灯 L5 显示
		Q0.5	控制灯 L6 显示
		Q0.6	控制灯 L7 显示
		Q0.7	控制灯 L8 显示

三、PLC 接线图

在断电情况下,连接好 PC/PPI 电缆及 PLC 外围电路接线,如图 2-50 所示。

四、编写梯形图程序

根据任务要求,编写 8 盏流水灯显示 PLC 控制梯形图(见图 2-51)程序。

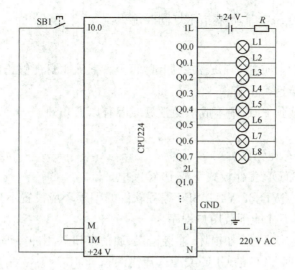

图 2-50　PLC 外围电路接线图

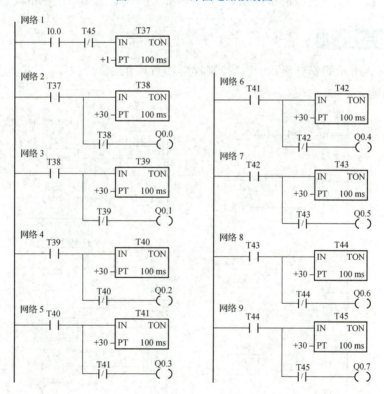

图 2-51　8 盏流水灯显示 PLC 控制梯形图

五、调试检修

1. 调试

学生在教师的现场监护下进行通电调试，验证是否符合设计要求。

(1) 编写梯形图程序，编译后下载到 CPU 224 主机中。

(2) 当闭合控制开关 SB1 时，L1～L8 指示灯间隔 3 s 依次循环点亮。

(3)断开控制开关 SB1 时,8 盏指示灯同时熄灭。

2.检修

如果出现故障,学生应独立完成检修调试,直至 8 盏流水灯能够正常工作。

(1)检查线路连接是否正确。

(2)用户程序下载到 PLC 中不成功的常见原因有以下几种。

①PLC 损坏。

②用户程序编译存在错误。

③CPU 处于非 STOP 工作模式下或 PLC 断电。

④STEP 7-Micro/WIN32 V4.0 SP9 编程软件的编程环境设置不当,如 CPU 226CN 型 PLC 需要在中文环境下才能下载用户程序。

⑤PC/PPI 电缆通信不畅,如损坏、连接错误、通信接口共用冲突等。

⑥用户程序编写时 PLC 的 CPU 类型选择错误。

⑦PG/PC 接口参数或通信参数设置不正确,如 COM 通信接口设置错误等。

思考与练习

完成图 2-52 所示的彩灯显示 PLC 控制梯形图程序的编写、编译、下载、运行和调试,并分析其控制功能。

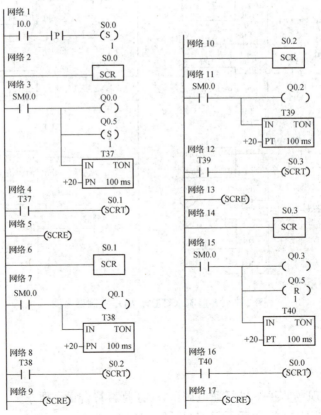

图 2-52 彩灯显示 PLC 控制梯形图

任务三 S7-200系列PLC仿真软件的使用

知识目标
熟悉S7-200系列PLC仿真软件的构成及功能；
掌握S7-200系列PLC仿真软件的使用方法。

技能目标
能够使用STEP 7-Micro/WIN32 V4.0 SP9编程软件生成仿真文件；
能够独立完成仿真文件导入、仿真属性设置、仿真操作和结果分析。

8盏流水灯显示PLC控制仿真：利用S7-200系列PLC仿真软件对"流水灯显示PLC控制梯形图"的程序进行仿真，并分析仿真结果。

根据任务要求，先在STEP 7-Micro/WIN32 V4.0 SP9编程软件中编制"流水灯显示PLC控制梯形图"程序，并生成仿真文件，然后将仿真文件导入S7-200系列PLC仿真软件中进行仿真调试。

预备知识

S7-200系列PLC仿真软件是测试PLC应用程序的工具软件，可以仿真大量的S7-200系列PLC指令，支持常用的位触点指令、定时器指令、计数器指令、比较指令、逻辑运算指令和大部分的数学运算指令等，但部分指令，如顺序控制指令、循环指令、高速计数器指令和通信指令等尚不支持。仿真软件提供了数字信号输入开关、两个模拟电位器和LED输出显示，同时还支持对TD-200文本显示器的仿真。在实验条件尚不具备的情况下，仿真软件完全可以作为学习S7-200系列PLC的一个辅助工具。

一、仿真软件介绍

仿真软件一般有英文版和汉化版两种，其汉化版窗口如图2-53所示。

1. 仿真软件窗口组件

S7-200系列PLC仿真软件窗口组件可以分为以下几个部分。

（1）标题栏：表示软件名称。

（2）菜单栏：包含程序、查看、配置、PLC、显示和帮助6个菜单。

（3）工具栏：包含快捷按钮。

(4)窗口显示区:显示虚拟 PLC、信号输入开关、扩展模块和模拟电位器。

(5)状态条:提示 S7-200 系列 PLC 仿真软件运行的状态信息。

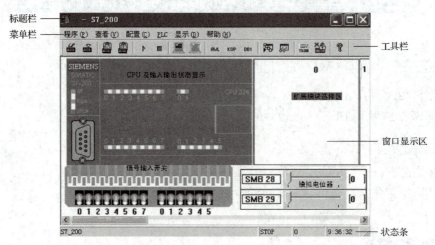

图 2-53　仿真软件汉化版窗口

2.常用菜单命令

S7-200 系列 PLC 仿真软件的常用菜单命令见表 2-13。

表 2-13　S7-200 系列 PLC 仿真软件的常用菜单命令

菜单命令	工具栏	快捷键	描　　述
删除程序		Ctrl+N	删除仿真程序
载入程序		Ctrl+A	加载仿真程序
语句表			查看仿真程序(语句表形式)
梯形图			查看仿真程序(梯形图形式)
数据块			查看数据块
打开状态表			打开状态观察窗口
TD 200 显示器			启用 TD-200 仿真,不支持数据编辑功能
CPU 类型			设置 CPU 类型

二、仿真软件的使用

S7-200 系列 PLC 仿真软件不提供源程序编辑功能,因此必须和 STEP 7-Micro/Win32 V4.0 SP9 程序编辑软件配合使用,即在 STEP 7-Micro/Win32 V4.0 SP9 中编辑好源程序后,加载到仿真软件中执行。

1.生成仿真文件

利用 STEP 7-Micro/Win32 V4.0 SP9 编程软件导出仿真文件,操作如图 2-54 所示。

(1)在 STEP 7-Micro/Win32 V4.0 SP9 中编辑好源程序,生成"8 盏流水灯显示 PLC 控制梯形图.mwp"文件。

(2)利用"文件"菜单中的"导出"命令将源程序导出扩展名为.awl 的文件,即生成仿真文件"8 盏流水灯显示 PLC 控制梯形图.awl"。

(3)如果程序中需要数据块,需要将数据块导出扩展名为.txt 或.dbl 的文件。

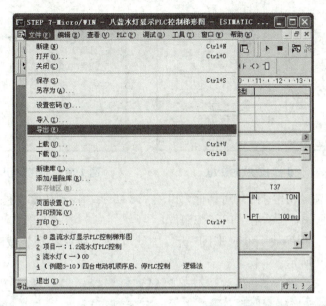

图 2-54　在 STEP 7-Micro/Win32 V4.0 SP9 编程软件中导出仿真文件

2.程序仿真

(1)启动 S7-200 系列 PLC 仿真软件。

(2)执行"配置"→"CPU 类型"菜单命令,在弹出的对话框中选择与源程序匹配的 CPU 类型,如图 2-55 所示,单击"确定"按钮完成 CPU 类型的设定。

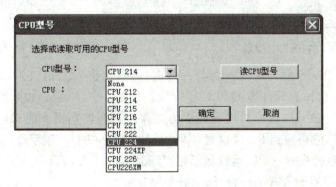

图 2-55　CPU 类型的设定

(3)模块扩展(不需要模块扩展的程序,该步骤可以省略)。模块扩展区采取分区形式,添加扩展模块的顺序为区域 0—区域 1—区域 2—……在空白处双击,弹出"扩展模块"对话框,如图 2-56 所示。其中列出了可以在仿真软件中扩展的模块,选择需要扩展的模块类型后,单击"确定"按钮。

(4)程序装载。执行"程序"→"载入程序"菜单命令,打开"装载程序"对话框,选中"全部"复选框和"Microwin V3.2,V4.0"单选按钮,如图 2-57 所示。

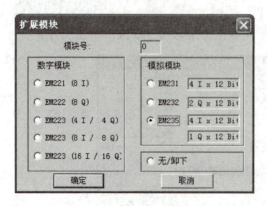

图2-56 "扩展模块"对话框

图2-57 "装载程序"对话框

单击"确定"按钮,弹出"打开"对话框,如图2-58所示。找到仿真文件,如"8盏流水灯显示PLC控制梯形图.awl",单击"打开"按钮。

加载成功后,在"程序块"和"梯形图"窗口中就可以分别观察到装载的语句表程序和梯形图程序,如图2-59所示。

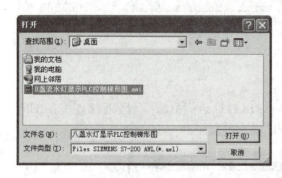

图2-58 "打开"对话框

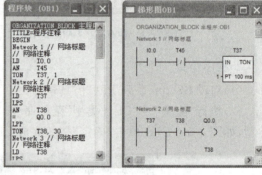

图2-59 "程序块"和"梯形图"窗口

(5)启动虚拟PLC。执行PLC→"运行/停止"菜单命令,或单击工具栏中的 ▶/■ 按钮,可以启动/停止仿真,仿真软件虚拟PLC运行状态如图2-60所示。如果用户程序中有仿真软件不支持的指令或功能,运行后出现显示仿真软件不能识别指令的对话框,即使单击"确定"按钮,CPU也不能切换到RUN模式,CPU模块左侧的RUN指示灯的状态不会变化。

①CPU处于运行模式:CPU运行指示灯变绿显示。

②信号输入:信号输入开关闭合,指示灯变绿显示。

③信号输出:信号输出指示灯变绿显示。

(6)监控仿真程序。执行"查看"→"梯形图"菜单命令,或单击工具栏中的 State Program 按钮,打开仿真程序监控窗口,如图2-61所示,可以实时监控仿真程序的运行情况。

(7)查看编程元件状态值。执行"查看"→"状态表"菜单命令,或单击工具栏中的 State Table 按钮,打开"状态表"窗口,如图2-62所示。在"地址"文本框中可以添加I、Q、V、M、T、C等需要观察的编程元件地址,在"格式"下拉列表框中选择数据显示模式,然后单击"开始"按钮,在"当前值"文本框中可以观察到按照指定格式显示的编程元件的当前数值。

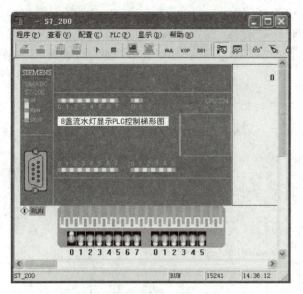

图 2-60 仿真软件运行状态

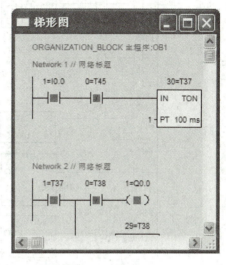

图 2-61 仿真程序监控窗口

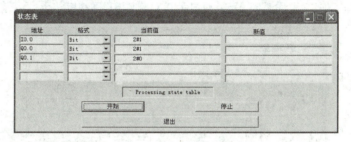

图 2-62 "状态表"窗口

一、设备配置

(1)1 台装有 STEP 7-Micro/WIN32 V4.0 SP9 编程软件与 S7-200 系列 PLC 仿真软件的 PC。

(2)流水灯显示 PLC 控制梯形图程序,如图 2-63 所示。

二、生成仿真文件

在 STEP 7-Micro/WIN32 V4.0 SP9 编程软件中,将"流水灯显示 PLC 控制梯形图"程序的 PLC 类型选项设为 CPU224,执行"文件"→"导出"菜单命令,导出并生成"流水灯显示 PLC 控制梯形图.awl"仿真文件,并保存在 PC 桌面上,如图 2-64 所示。

三、仿真文件导入

在 S7-200 系列 PLC 仿真软件中,执行"文件"→"载入程序"菜单命令,将导出并生成的梯形图程序"流水灯显示 PLC 控制梯形图.awl"导入仿真软件,导入操作界面如图 2-65 所示。

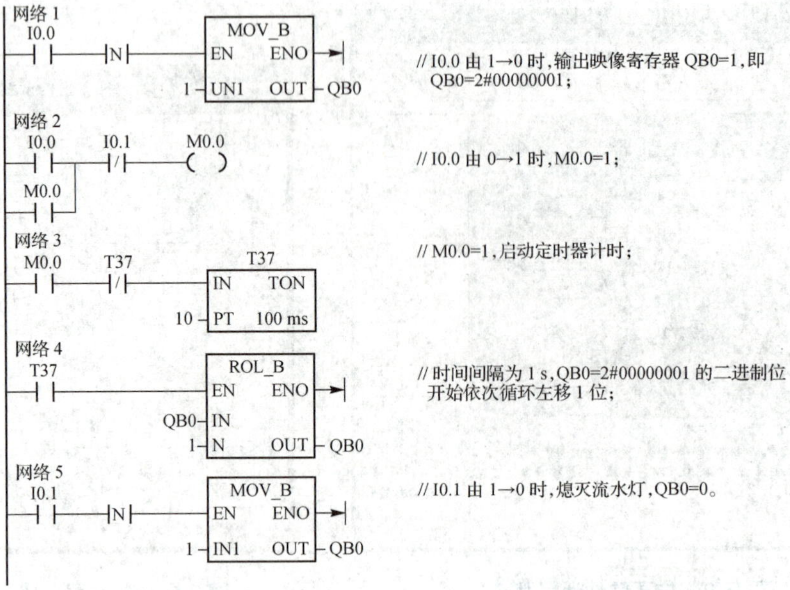

网络 1
I0.0
N
MOV_B
EN ENO
1 UN1 OUT QB0
// I0.0 由 1→0 时，输出映像寄存器 QB0=1，即 QB0=2#00000001；
网络 2
I0.0 I0.1 M0.0
M0.0
// I0.0 由 0→1 时，M0.0=1；
网络 3
M0.0 T37 T37
IN TON
10 PT 100 ms
// M0.0=1，启动定时器计时；
网络 4
T37
ROL_B
EN ENO
QB0 IN
1 N OUT QB0
// 时间间隔为 1 s，QB0=2#00000001 的二进制位开始依次循环左移 1 位；
网络 5
I0.1
N
MOV_B
EN ENO
1 IN1 OUT QB0
// I0.1 由 1→0 时，熄灭流水灯，QB0=0。

图 2-63 流水灯显示 PLC 控制梯形图程序

STEP 7-Micro/WIN - 流水灯显示PLC控制梯形图
文件(F) 编辑(E) 查看(V) PLC(P) 调试(D) 工具(T) 窗口(W) 帮助(H)
SIMATIC LAD
程序注释
网络 1 网络标题
网络注释
I0.0
N
MOV_B
EN ENO
1 IN OUT QB0
新特性
CPU 224
程序块
符号表
状态表
数据块
系统块
交叉引用
通信
向导
工具
指令
就绪
网络 1
行 1, 列 1

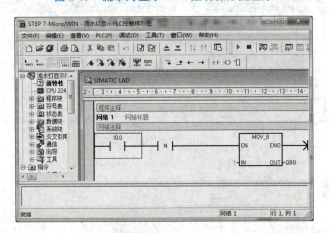

图 2-64 “流水灯显示 PLC 控制梯形图. awl”导出操作界面

STEP 7-Micro/WIN - 流水灯显示PLC控制梯形图
文件(F) 编辑(E) 查看(V) PLC(P) 调试(D) 工具(T) 窗口(W) 帮助(H)
SIMATIC LAD
程序注释
网络 1 网络标题
网络注释
I0.0
N
MOV_B
EN ENO
1 IN OUT QB0
新特性
CPU 224
程序块
符号表
状态表
数据块
系统块
交叉引用
通信
向导
工具
指令
就绪
网络 1
行 1, 列 1

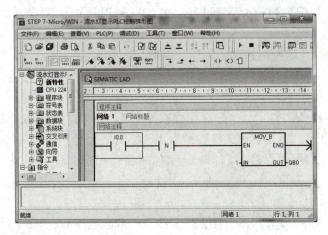

图 2-65 “流水灯显示 PLC 控制梯形图. awl”导入操作界面

四、仿真分析

(1)设置 CPU 类型。打开 S7-200 系列 PLC 仿真软件,执行"配置"→"CPU 类型"菜单命令,将虚拟 PLC 的 CPU 类型设置为与源程序匹配的 CPU 224,如图 2-66 所示。

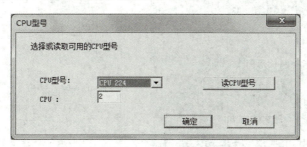

图 2-66　设置 CPU 类型

(2)装载源程序。执行"程序"→"载入程序"菜单命令,选择"流水灯显示 PLC 控制梯形图.awl"仿真文件,装载操作界面如图 2-67 所示,单击"打开"按钮即可装载源程序。

图 2-67　选择"流水灯显示 PLC 控制梯形图.awl"

(3)启动虚拟 PLC。执行 PLC→"运行"菜单命令或单击工具栏中的"运行"按钮 ▶ ,单击"是"按钮将 CPU 设为运行状态,启动后的虚拟 PLC 如图 2-68 所示。

(4)源程序仿真。将模拟输入开关 I0.0 设置为 0→1→0,源程序运行,模拟输出指示灯将会流水式显示,如图 2-69 所示。若模拟输入开关 I0.1 设置为 0→1→0,模拟输出指示灯将会停止显示。

(5)监控仿真程序。执行"查看"→"梯形图"菜单命令,或单击工具栏上的 State Program 按钮 ▦ ,打开仿真程序监控窗口,如图 2-70 所示,可以实时监控仿真程序运行情况。

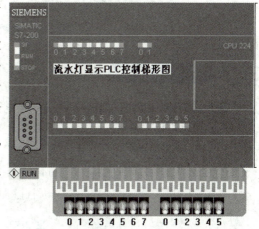

图 2-68　虚拟 PLC 启动仿真界面

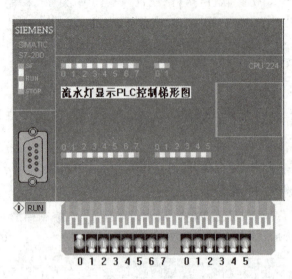

图 2-69　源程序仿真

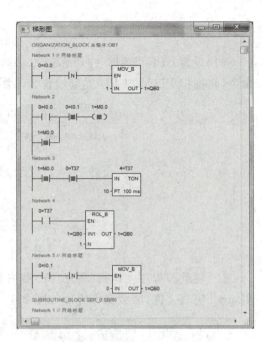

图 2-70　仿真程序监控窗口

（6）查看编程元件的状态值。执行"查看"→"状态表"菜单命令，或单击工具栏中的 State Table 按钮，打开"状态表"窗口，如图 2-71 所示。在"地址"文本框中可以添加 I0.0、I0.1、Q0.0、Q0.1、Q0.2 等需要观察的编程元件地址，在"格式"下拉列表框中选择数据显示模式，然后单击"开始"按钮，在"当前值"文本框中可以观察按照指定格式显示的编程元件的当前数值。

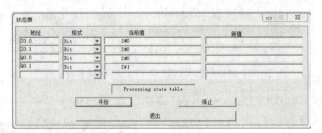

图 2-71　查看编程元件的状态值

思考与练习

带扩展模块 PLC 控制仿真：带扩展模块 PLC 的连接见图 1-23，仿真测试程序如图 2-72 所示，要求利用仿真软件实现带扩展模块 PLC 的控制功能。

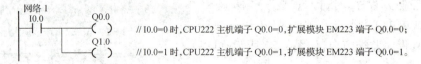

图 2-72　仿真测试程序

模块三　S7-200 系列 PLC 的指令功能及编程

> **路漫漫其修远兮,吾将上下而求索。**
>
> ——屈原《离骚》

S7-200 系列 PLC 的 SIMATIC 指令系统可以分为基本指令和功能指令两类。其中,基本指令包括逻辑指令、算术与逻辑运算指令、数据处理指令、程序控制指令等,能够满足一般应用程序的设计要求;而功能指令包括表指令、转换指令、中断指令、高速计数器与脉冲输出指令、PID 指令等,实质上就是一些功能不同的子程序。合理、正确地应用功能指令,对于优化系统结构、提高应用系统的功能、简化一些复杂问题的处理有重要的作用。

S7-200 系列 PLC 的 SIMATIC 指令系统常用编程语言有梯形图(LAD)、语句表(STL)和功能块图(FBD)三种,可以借助编程软件的指令转换功能进行理解,图 3-1~图 3-3 分别给出了同一用户程序的三种语言编写形式。

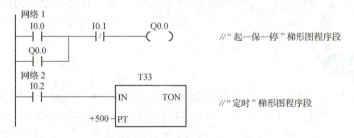

图 3-1　梯形图程序

```
网络 1
    LD    I0.0         //装入动合触点 I0.0;
    O     Q0.0         //或动合触点 Q0.0;
    AN    I0.1         //与动断触点 I0.1;
    =     Q0.0         //输出线圈 Q0.0;
网络 2
    LD    I0.2         //装入动合触点 I0.2;
    TON   T33,+500     //起动定时器 T33,延时 5 s。
```

图 3-2　语句表程序　　　　　　　图 3-3　功能块图程序

(1)梯形图程序类似于传统的继电器控制系统,直观、易懂,不同类型 PLC 的梯形图表达方式相似,在实际应用中采用梯形图编写程序较为普遍。

(2)语句表程序使用指令助记符创建控制程序,它类似于计算机的汇编语言,适合熟悉

PLC并且有逻辑编程经验的程序员编程。它是手持式编程器唯一能够使用的编程语言,具有指令简单、执行速度快等优点。

(3)功能块图程序用类似于与门、或门的功能块图来表示逻辑运算关系。功能块图指令由输入段、输出段及逻辑关系函数组成。

本模块以 S7-200 系列 PLC 的 SIMATIC 指令系统中梯形图编程语言为例,通过 12 个具体任务详细介绍基本指令与功能指令的定义、功能及梯形图的编程方法。

任务一 三人抢答器 PLC 控制

知识目标

掌握基本位逻辑操作指令的功能及应用编程;
熟悉 S7-200 系列 PLC 的结构和外部 I/O 接线方法;
熟悉 STEP 7-Micro/WIN32 V4.0 SP9 编程软件的使用方法;
熟悉三人抢答器 PLC 控制的工作原理和程序设计方法。

技能目标

练习触点、线圈、置位/复位等基本位逻辑操作指令及逻辑运算指令的使用方法,能够正确编制三人抢答器 PLC 控制程序;
能够独立完成三人抢答器 PLC 控制线路的安装;
能够按照规定进行通电调试,当出现故障时,能根据设计要求独立检修,直至系统正常工作。

任务引入

三人抢答器 PLC 控制:三人抢答器控制模块结构如图 3-4 所示,主持人配有抢答结束按钮和抢答指示灯,A、B、C 三人分别配有抢答按钮和抢答成功指示灯。当主持人起动抢答结束按钮后,抢答开始指示灯点亮,第一轮抢答开始;当一人抢答成功时,其指示灯点亮,同时抢答开始指示灯熄灭,其他人再抢答则无效;当主持人再次起动抢答结束按钮后,抢答者的抢答成功指示灯熄灭,抢答开始指示灯点亮,开始新一轮抢答。

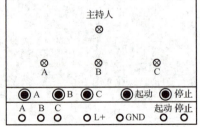

图 3-4 三人抢答器控制模块结构

任务分析

根据任务要求,主持人决定抢答开始与结束,可以采用置位/复位指令实现;三人仅能有一人成功抢答,可以采用互锁电路,如图 3-5 所示;成功抢答者必须确保抢答有效,可以采用自锁电路,也称为起-保-停电路,如图 3-6 所示。

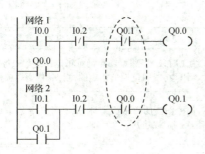

图 3-5 互锁电路图

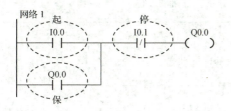

图 3-6 自锁(起-保-停)电路

 预备知识

一、基本位操作指令

基本位操作指令是 CPU 对输入/输出映像寄存器状态进行读/写操作的指令,能够实现基本的位逻辑运算和控制。其中,触点指令代表 CPU 对存储器的读操作,在用户程序中触点可以反复使用,次数不受限制;线圈指令是 CPU 对存储器的写操作,在用户程序中线圈可以多次使用,将对存储器进行重复写入,其状态不断改变,但以最后一次写入的数据为准。

1. 指令格式及功能

基本位操作指令的指令格式及功能见表 3-1。

表 3-1 基本位操作指令的指令格式及功能

指令格式	功　能
─┤ ├─ bit	动合/常开触点指令:CPU 访问触点位地址指定的存储器位数据(状态),为 1 时,触点闭合;为 0 时,触点断开
─┤/├─ bit	动断/常闭触点指令:CPU 访问触点位地址指定的存储器位数据(状态),为 0 时,触点闭合;为 1 时,触点断开
─┤N├─	负跳变触点指令:负跳变是指输入脉冲的下降沿触发使触点闭合(ON)一个周期
─┤P├─	正跳变触点指令:正跳变是指输入脉冲的上升沿触发使触点闭合(ON)一个周期
─┤NOT├─	取反指令:指对存储器位的取非操作,触点左侧为 1 时,右侧为 0,能量流不能到达右侧,输出无效;反之,触点左侧为 0 时,右侧为 1,能量流可以通过触点向右传递

续表

指令格式	功　能
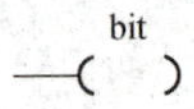 ─(bit)─	线圈指令：左侧触点逻辑运算结果为 1 时，CPU 将线圈位地址指定的过程映像寄存器位置 1；左侧触点逻辑运算结果为 0 时，CPU 将线圈位地址指定的过程映像寄存器位置 0
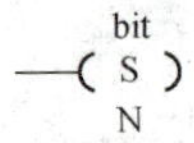 ─(bit S)─ N	置位指令：执行置位(置 1)指令时，从操作数的直接位地址 bit 或输出状态表(OUT)指定的地址参数开始的 N 个点(1~255 个)都被置位
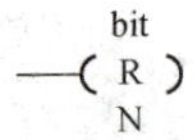 ─(bit R)─ N	复位指令：执行复位(置 0)指令时，从操作数的直接位地址 bit 或输出状态表(OUT)指定的地址参数开始的 N 个点(1~255 个)都被复位
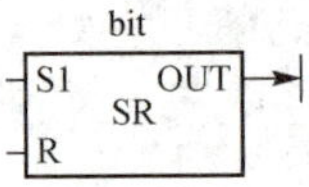 ┤S1 bit OUT├ ┤R SR ├	优先置位指令：当置位信号(S1)与复位信号(R)同时为真时，CPU 将 bit 位地址指定的存储器位置 1，可选的 OUT 表示 bit 的状态
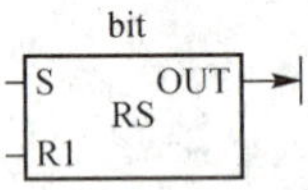 ┤S bit OUT├ ┤R1 RS ├	优先复位指令：当置位信号(S)与复位信号(R1)同时为真时，CPU 将 bit 位地址指定的存储器位置 0，可选的 OUT 表示 bit 的状态
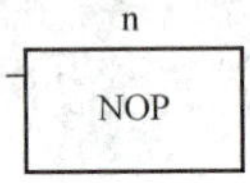 ┤ n NOP ├	空操作指令：使能输入有效时，执行空操作指令(一条空操作指令执行次数最多为 255 次)，将稍微延长扫描周期长度，不影响用户程序的执行，不会使能量流输出断开

2. 应用编程

例 3-1 动合/常开触点指令功能应用分析，程序如图 3-7 所示。

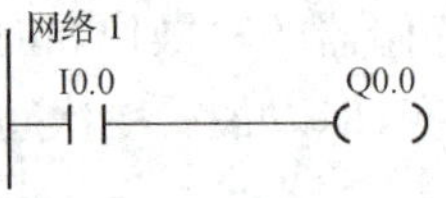

```
网络 1
   I0.0                Q0.0        // 未得电时 I0.0=0,触点断开,线圈 Q0.0=0;
───┤ ├────────────( )            // 得电时 I0.0=1,触点闭合,线圈 Q0.0=1。
```

图 3-7　动合/常开触点指令功能应用分析程序

例 3-2 动断/常闭触点指令功能应用分析，程序如图 3-8 所示。

```
网络 1
   I0.0                Q0.0        // 未得电时 I0.0=0,触点闭合,线圈 Q0.0=1;
───┤/├────────────( )            // 得电时 I0.0=1,触点断开,线圈 Q0.0=0。
```

图 3-8　动断/常闭触点指令功能应用分析程序

例 3-3 取反指令功能应用分析，程序如图 3-9 所示。

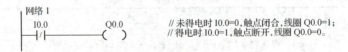

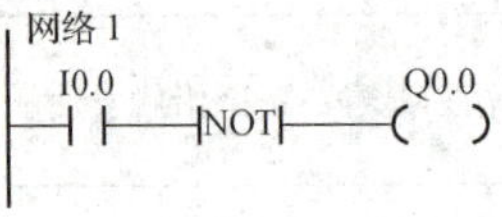

图 3-9　取反指令功能应用分析程序

例 3-4 线圈指令功能应用分析，程序如图 3-10 所示。

例 3-5 置位/复位指令功能应用分析，程序如图 3-11 所示。

例 3-6 优先置位指令功能应用分析，程序如图 3-12 所示。

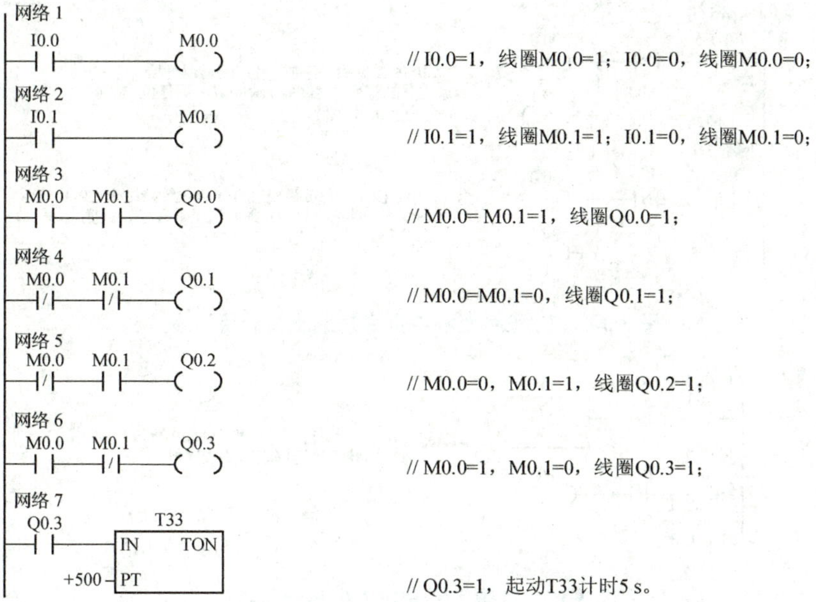

```
网络1
I0.0         M0.0
──┤├─────────( )──      // I0.0=1，线圈M0.0=1；I0.0=0，线圈M0.0=0；

网络2
I0.1         M0.1
──┤├─────────( )──      // I0.1=1，线圈M0.1=1；I0.1=0，线圈M0.1=0；

网络3
M0.0  M0.1   Q0.0
──┤├──┤├─────( )──      // M0.0=M0.1=1，线圈Q0.0=1；

网络4
M0.0  M0.1   Q0.1
──┤/├─┤/├────( )──      // M0.0=M0.1=0，线圈Q0.1=1；

网络5
M0.0  M0.1   Q0.2
──┤/├─┤├─────( )──      // M0.0=0，M0.1=1，线圈Q0.2=1；

网络6
M0.0  M0.1   Q0.3
──┤├──┤/├────( )──      // M0.0=1，M0.1=0，线圈Q0.3=1；

网络7
Q0.3       T33
──┤├──────IN  TON
         +500─PT         // Q0.3=1，起动T33计时5 s。
```

图 3-10　线圈指令功能应用分析程序

```
网络1
I0.0         Q0.0
──┤├─────────( S )──    // I0.0=1，由线圈Q0.0起始的连续3个输出映像寄
              3          存器状态位置1，即Q0.0=Q0.1=Q0.2=1；

网络2                    // I0.1=1，由线圈Q0.0起始的连续2个输出映像寄
I0.1         Q0.0        存器状态位复位，即Q0.0=Q0.1=0；
──┤├─────────( R )──
              2          // 若I0.0=I0.1=1，则Q0.0=Q0.1=0，Q0.2=1。
```

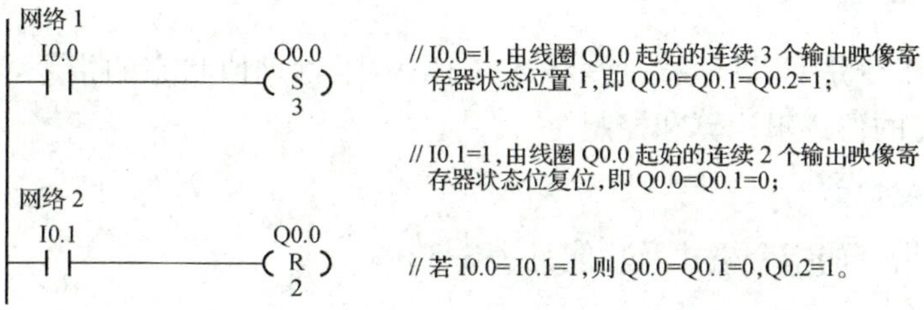

图 3-11　置位/复位指令功能应用分析程序

```
网络1
I0.0        Q0.0
──┤├──── S1 OUT ──
            SR           // I0.0=1，线圈Q0.0=1；

I0.1                     // I0.1=1，线圈Q0.0=0；
──┤├──── R               // 若I0.0=I0.1=1，则线圈Q0.0=1。
```

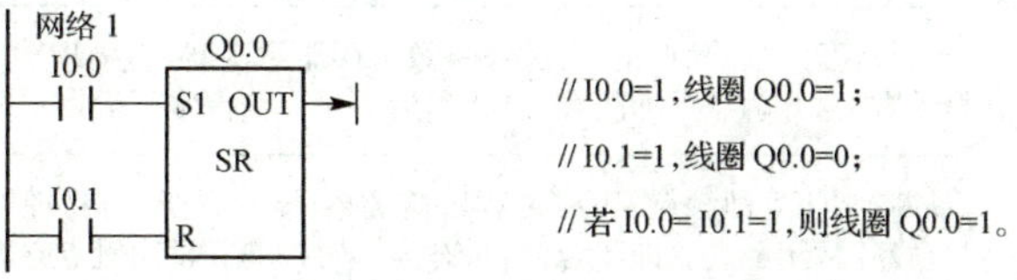

图 3-12　优先置位指令功能应用分析程序

例 3-7　优先复位指令功能应用分析，程序如图 3-13 所示。

例 3-8　负/正跳变触点指令功能应用分析，程序如图 3-14 所示。

例 3-9　空操作指令功能应用分析，程序如图 3-15 所示。

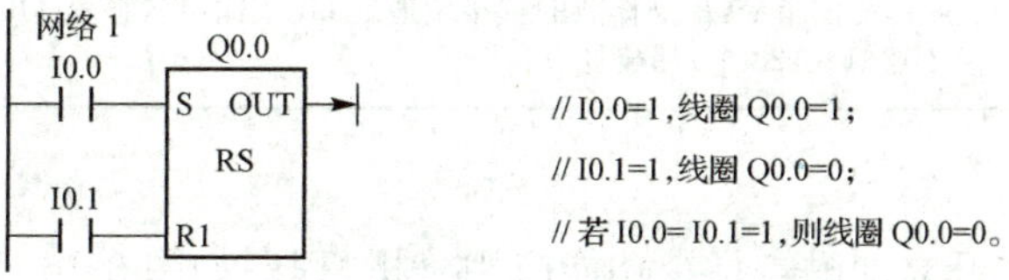

```
网络1
I0.0        Q0.0
──┤├──── S  OUT ──       // I0.0=1，线圈Q0.0=1；
            RS
                         // I0.1=1，线圈Q0.0=0；
I0.1
──┤├──── R1              // 若I0.0=I0.1=1，则线圈Q0.0=0。
```

图 3-13　优先复位指令功能应用分析程序

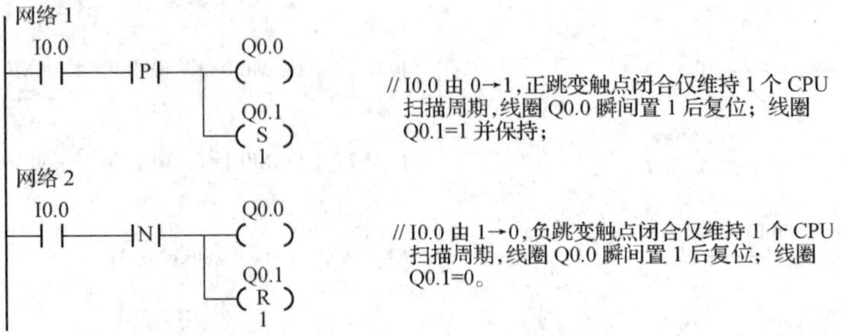

图 3-14 负/正跳变触点指令功能应用分析程序

图 3-15 空操作指令功能应用分析程序

二、立即位操作指令

立即位操作指令是 CPU 直接读写输入/输出端子物理值状态的指令,不更新映像寄存器,能够实现快速的位逻辑运算和控制。

1. 指令格式及功能

立即位操作指令的指令格式及功能见表 3-2。

表 3-2 立即位操作指令的指令格式及功能

指令格式	功　能
bit ─┤I├─	动合/常开立即触点指令:过程映像寄存器不刷新,而物理输入点立即刷新,当状态为 1 时,动合/常开触点立即闭合;当状态为 0 时,动合/常开触点立即断开
bit ─┤/I├─	动断/常闭立即触点指令:过程映像寄存器不刷新,而物理输入点不刷新,当状态为 0 时,动断/常闭触点立即闭合;当状态为 1 时,动断/常闭触点立即断开
bit ─(I)	立即输出指令:当左侧触点逻辑运算结果为 1 时,CPU 将输入新值,同时将新值写到物理输出点和相应的过程映像寄存器中
bit ─(SI) N	立即置位指令:从操作数的直接位地址 bit 或输出状态表(OUT)指定的地址参数开始的 N 个点(1~128 个)都被置位
bit ─(RI) N	立即复位指令:从操作数的直接位地址 bit 或输出状态表(OUT)指定的地址参数开始的 N 个点(1~128 个)都被复位

2. 应用编程

例 3-10　动合/常开立即触点指令功能应用分析,程序如图 3-16 所示。

例 3-11　动断/常闭立即触点指令功能应用分析,程序如图 3-17 所示。

例 3-12　立即输出指令功能应用分析,程序如图 3-18 所示。

例 3-13 立即置位/复位指令功能应用分析,程序如图 3-19 所示。

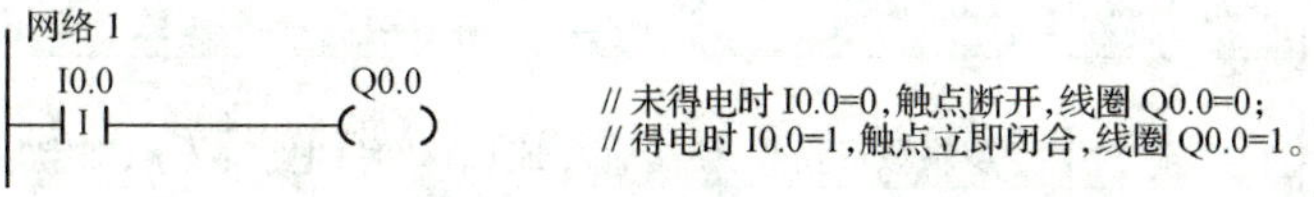

```
网络 1
  I0.0           Q0.0
──┤ I ├─────────(   )      // 未得电时 I0.0=0,触点断开,线圈 Q0.0=0;
                            // 得电时 I0.0=1,触点立即闭合,线圈 Q0.0=1。
```

图 3-16 动合/常开立即触点指令功能应用分析程序

```
网络 1
  I0.0           Q0.0
──┤/I├─────────(   )       // 未得电时 I0.0=0,触点闭合,线圈 Q0.0=1;
                            // 得电时 I0.0=1,触点立即断开,线圈 Q0.0=0。
```

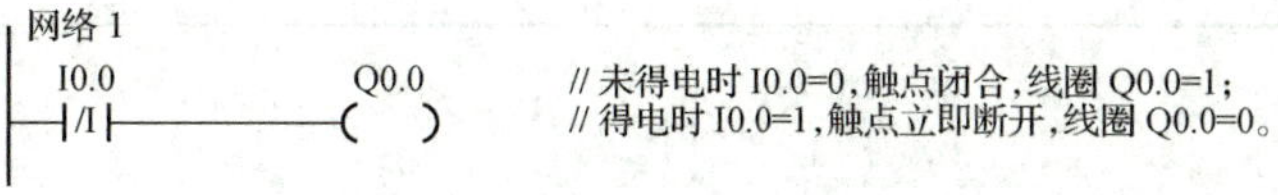

图 3-17 动断/常闭立即触点指令功能应用分析程序

```
网络 1
  I0.0           Q0.0
──┤ ├─────────(  I  )      // 未得电时 I0.0=0,触点断开,线圈 Q0.0=0;
                            // 得电时 I0.0=1,触点立即置位,线圈 Q0.0=1。
```

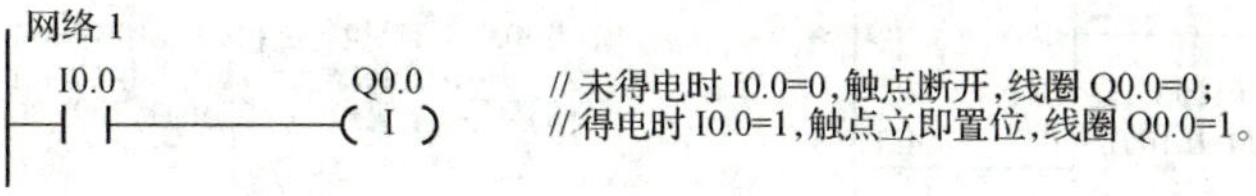

图 3-18 立即输出指令功能应用分析程序

```
网络 1
  I0.0           Q0.0
──┤ ├─────────(  SI )      // I0.0=1,使线圈立即置位,即 Q0.0=Q0.1=1;
                    2
网络 2                      // I0.1=1,使线圈立即复位,即 Q0.0=0。
  I0.1           Q0.0
──┤ ├─────────(  RI )
                    1
```

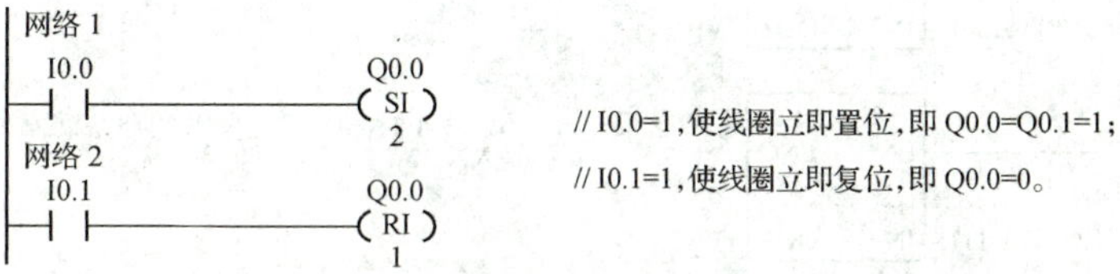

图 3-19 立即置位/复位指令功能应用分析程序

三、多位逻辑运算指令

逻辑运算是对无符号型字节(B)、字(W)和双字(DW)数据进行的逻辑处理,主要包括逻辑与、逻辑或、逻辑异或和逻辑取反等运算指令。

1. 指令格式及功能

多位逻辑运算指令的指令格式及功能见表 3-3。

表 3-3 多位逻辑运算指令的指令格式及功能

指令格式	功　　能
WAND_* EN ENO IN1 IN2 OUT	逻辑与指令:使能输入 EN 有效时,把长度一致的两个输入逻辑操作数 IN1 与 IN2 按位相与,得到一个字节(字、双字)的逻辑运算结果,送到 OUT 指定的存储器单元输出
WOR_* EN ENO IN1 IN2 OUT	逻辑或指令:使能输入 EN 有效时,把长度一致的两个输入逻辑操作数 IN1 与 IN2 按位相或,得到一个字节(字、双字)的逻辑运算结果,送到 OUT 指定的存储器单元输出
WXOR_* EN ENO IN1 IN2 OUT	逻辑异或指令:使能输入 EN 有效时,把长度一致的两个输入逻辑操作数 IN1 与 IN2 按位相异或,得到一个字节(字、双字)的逻辑运算结果,送到 OUT 指定的存储器单元输出

续表

指令格式	功　　能
INV_* EN　ENO IN2　OUT	逻辑取反指令：使能输入 EN 有效时，把字节(字、双字)的输入逻辑操作数 IN1 按位取反，得到一个字节(字、双字)的逻辑运算结果，送到 OUT 指定的存储器单元输出

2. 应用编程

例 3-14 字节或、字节异或、字节取反、字节与的操作编程程序如图 3-20 所示。

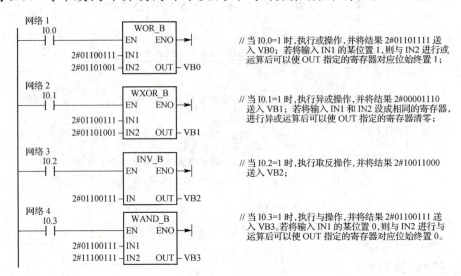

图 3-20　逻辑运算指令应用分析

 任务实施

一、设备配置

(1) 1 台 S7-200 CPU224 PLC。

(2) 1 个三人抢答器控制模块。

(3) 1 台装有 STEP 7-Micro/WIN32 V4.0 SP9 编程软件的 PC。

(4) 1 根 PC/PPI 电缆。

(5) 连接导线若干。

二、I/O 分配及功能

I/O 分配及功能见表 3-4。

表 3-4　I/O 分配及功能(任务一)

输入		输出	
编程元件地址	功　能	编程元件地址	功　能
I0.0	抢答结束按钮 SB1	Q0.0	控制抢答开始指示灯 L1 显示
I0.1	抢答按钮 SB2	Q0.1	控制成功抢答指示灯 L2 显示
I0.2	抢答按钮 SB3	Q0.2	控制成功抢答指示灯 L3 显示
I0.3	抢答按钮 SB4	Q0.3	控制成功抢答指示灯 L4 显示

三、PLC 接线图

在断电情况下，连接好 PC/PPI 电缆及 PLC 外围电路接线，如图 3-21 所示。

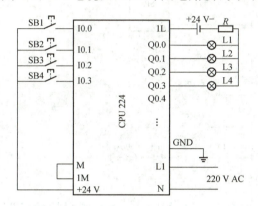

图 3-21　三人抢答器 PLC 控制外围电路接线图

四、编写梯形图程序

根据自锁、互锁电路，分别利用置位/复位指令和优先置位/复位指令编制的三人抢答器 PLC 控制梯形图程序。

(1)利用置位/复位指令实现三人抢答器 PLC 控制的梯形图程序如图 3-22 所示。

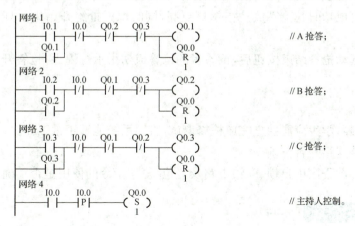

图 3-22　三人抢答器 PLC 控制梯形图程序(一)

（2）利用优先置位/复位指令实现三人抢答器 PLC 控制的梯形图程序，如图 3-23 所示。

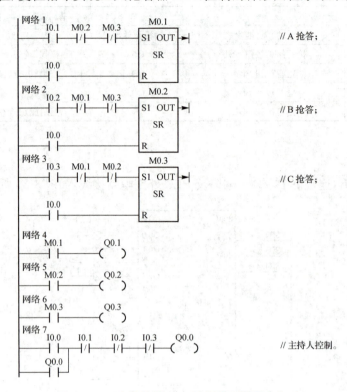

图 3-23　三人抢答器 PLC 控制梯形图程序（二）

五、调试检修

1. 调试

学生在教师的现场监护下进行通电调试，验证是否符合设计要求。

（1）编写梯形图程序，编译后将梯形图程序下载到 PLC 中。

（2）一人抢答成功时其抢答成功指示灯点亮，同时熄灭抢答开始指示灯，其他人再抢答则无效。

（3）主持人起动抢答结束按钮后，抢答者的抢答成功指示灯熄灭；抢答开始指示灯点亮，开始新一轮抢答。

2. 检修

如果出现故障，学生应能独立完成检修调试，直至系统能够正常工作。

（1）检查线路连接是否正确。

（2）检查梯形图程序中自锁、互锁电路及置位/复位指令的使用是否正确。

　思考与练习

（1）六人组抢答器 PLC 控制：设计六人组抢答器，要求在主持人宣布抢答开始前进行的抢答无效。主持人先将数码版（a～g 七段 LED "8"）显示清零，抢答仅有一人成功，数码版显示成功抢答者的号码。

（2）单输入按钮/双输出信号灯 PLC 控制：设计利用一个按钮控制两盏灯显示，要求按钮第一次按下后第一盏灯点亮；第二次按下后第二盏灯点亮，同时第一盏灯熄灭；第三次按下后两盏灯同时点亮；第四次按下后两盏灯同时熄灭。以后按此规律循环执行。

（3）电机分时起动控制：起动开关闭合，则电动机 A 起动工作；起动开关断开，则电动机 B 起动工作；停止开关闭合，则电动机 A、B 同时停止工作。

任务二　方波信号产生 PLC 控制

知识目标

掌握定时器指令的功能及应用编程；
熟悉 S7-200 系列 PLC 的结构和外部 I/O 接线方法；
熟悉 STEP 7-Micro/WIN32 V4.0 SP9 编程软件的使用方法；
熟悉方波信号产生 PLC 控制的工作原理和程序设计方法。

技能目标

练习定时器指令的基本使用方法，能够正确编制方波信号产生 PLC 控制程序；
能够独立完成方波信号产生 PLC 控制的线路安装；
能够按规定进行通电调试，当出现故障时，能根据设计要求独立检修，直至系统正常工作。

任务引入

方波信号产生 PLC 控制：产生周期为 6 s 的方波信号。

任务分析

根据任务要求，方波信号是占空比（指高电平在一个周期内所占的时间比率）为 0.5 的高低电平信号，高低电平信号可以采用 PLC 输出端口是否产生输出来获得，占空比可以采用通电延时型定时器定时通断来实现。

预备知识

一、定时器

S7-200 系列 PLC 的定时器(timer)为增型定时器，分别以 1 ms、10 ms 和 100 ms 三种时基标准为单位递增方式累加实现时间控制，定时器的定时值 $T_{定时值}=PT_{定时器初值} \times T_{时基标准}$。定时器按工作方式可分为通电延时型(on_delay timer,TON)、有记忆通电延时型(retentive on_delay timer,TONR)和断电延时型(off_ delay timer,TOF)3 种类型。

CPU22X系列PLC共有256个定时器,分别属于3种时基标准的TON(TOF)和TONR 2种工作方式,其中TOF和TON共享同一组定时器,不能重复使用。定时器的工作方式及类型的详细描述见表3-5。

表3-5 定时器的工作方式及类型的详细描述

工作方式	时基标准/ms	最大定时值/s	定时器编号
TONR	1	32.767	T0,T64
	10	327.67	T1～T4,T65～T68
	100	3 276.7	T5～T31,T69～T95
TON/TOF	1	32.767	T32,T96
	10	327.67	T33～T36,T97～T100
	100	3 276.7	T37～T63,T101～T255

二、定时器指令

1. 指令格式及功能

定时器指令的指令格式及功能见表3-6。

表3-6 定时器指令的指令格式及功能

指令格式	功　能
T××× ―IN　TON ―PT	通电延时型定时器指令:使能端(IN)输入有效时,定时器开始计时,当前值从0开始递增,大于或等于预置值(PT,为INT型字数据)时,定时器输出状态位置1(输出触点有效),当前值的最大值为32 767,达到最大值32 767时,停止计时;使能端(IN)输入无效时,定时器复位(当前值清零,输出状态位置0)
T××× ―IN　TONR ―PT	有记忆通电延时型定时器指令:使能端(IN)输入有效时,定时器开始计时,当前值加1递增,大于或等于预置值(PT,为INT型字数据)时,输出状态位置1;使能端(IN)输入无效时,当前值保持,使能端(IN)再次接通有效时,在原记忆值的基础上递增计时,达到最大值32 767时,停止计时;有记忆通电延时型(TONR)定时器采用线圈的复位指令进行复位操作,当复位线圈有效时,定时器当前值清零,输出状态位置0
T××× ―IN　TOF ―PT	断电延时型定时器指令:使能端(IN)输入有效时,定时器当前值清零,输出状态位立即置1;使能端(IN)输入无效时,定时器开始计时,当前值从0递增,当前值达到预置值(PT,为INT型字数据)时,定时器状态位置0,并停止计时,当前值保持

2. 应用编程

例3-15　通电延时型定时器指令功能应用分析,程序如图3-24所示。

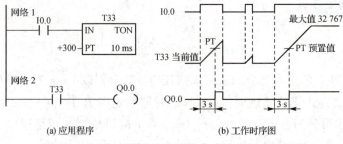

(a) 应用程序　　　　　(b) 工作时序图

图3-24 通电延时型定时器指令功能应用分析程序

(1)I0.0＝1,起动 T33 计时,当前值由 0 加 1 递增。

①当前值＜PT 值 300 时,T33＝0,线圈 Q0.0＝0。

②PT 值≤当前值＜32 767 时,至 PT 值 300 后,T33＝1,线圈 Q0.0＝1。

③当前值增至 32 767 时,当前值保持,T33＝1,线圈 Q0.0＝1。

(2)I0.0＝0,停止 T33 计时,当前值清零,T33＝0,Q0.0＝0。

例 3-16 有记忆通电延时型定时器指令功能应用分析,程序如图 3-25 所示。

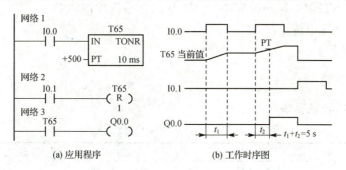

图 3-25 有记忆通电延时型定时器指令功能应用分析程序

(1)I0.0＝1,起动 T65 计时,当前值由 0 加 1 递增。

①当前值＜PT 值 500 时,T65＝0,线圈 Q0.0＝0。

②PT 值≤当前值＜32 767 时,至 PT 值后,T65＝1,线圈 Q0.0＝1。

③当前值增至 32 767 时,当前值保持,T65＝Q0.0＝1。

(2)I0.0＝0,T65 停止计时,当前值保持;如果再次使 I0.0＝1,T65 在原记忆值的基础上递增计时。

(3)I0.1＝1,停止 T65 计时,当前值清零,T65＝Q0.0＝0。

例 3-17 断电延时型定时器指令功能应用分析,程序如图 3-26 所示。

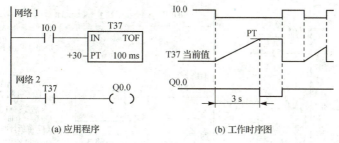

图 3-26 断电延时型定时器指令功能应用分析程序

(1)I0.0＝1,T37 停止计时,当前值清零,T37＝0,使线圈 Q0.0＝1。

(2)I0.0＝0,T37 起动计时,当前值由 0 递增。

①当前值＜PT 值 30 时,T37＝1,线圈 Q0.0＝1。

②当前值＝PT 值 30 时,T37＝0,线圈 Q0.0＝0,当前值保持。

任务实施

一、设备配置

(1) 1 台 S7-200 CPU224 PLC。

(2) 1 个彩灯显示控制模块（L1～L16）。

(3) 1 台装有 STEP 7-Micro/WIN32 V4.0 SP9 编程软件的 PC。

(4) 1 根 PC/PPI 电缆。

(5) 连接导线若干。

二、I/O 分配及功能

I/O 分配及功能见表 3-7。

表 3-7 I/O 分配及功能（二）

输 入		输 出	
编程元件地址	功 能	编程元件地址	功 能
I0.0	起动按钮 SB1	Q0.0	方波信号输出，驱动指示灯 L1 显示
I0.1	停止按钮 SB2		

三、PLC 接线图

在断电情况下，连接好 PC/PPI 电缆及 PLC 外围电路接线，如图 3-27 所示。

四、编写梯形图程序

根据任务要求编制的方波信号产生 PLC 控制梯形图程序如图 3-28 所示。

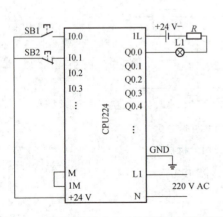

图 3-27 方波信号产生 PLC 控制外围电路接线图   图 3-28 方波信号产生 PLC 控制梯形图程序

五、调试检修

1. 调试

学生在教师的现场监护下进行通电调试，验证是否符合设计要求。

(1)编写梯形图程序,编译后将梯形图程序下载到 PLC 中。
(2)起动按钮 SB1 启动,指示灯 L1 间隔 3 s 点亮或熄灭,输出端口 Q0.0 产生周期为 6 s 的方波信号。
(3)停止按钮 SB2 启动,指示灯 L1 熄灭,停止产生方波信号。

2. 检修

如果出现故障,学生应能独立完成检修调试,直至系统能够正常工作。
(1)检查线路连接是否正确。
(2)检查梯形图程序中定时器指令的使用是否正确。

思考与练习

(1)矩形波信号产生 PLC 控制:设计输出周期为 10 s、占空比为 60% 的矩形波信号。
(2)闪烁灯 PLC 控制:控制按钮起动后,输出端口的指示灯以 0.5 s 时间间隔闪烁,10 s 后自动熄灭,也可以按下停止按钮随时熄灭指示灯。
(3)十字路口指示灯 PLC 控制:十字路口指示灯分为红灯、黄灯、绿灯三种,在起动开关闭合后南北方向红灯亮 30 s 期间,东西方向绿灯亮 25 s,再闪烁 3 s 后熄灭,黄灯亮 2 s;然后转为东西方向红灯亮 30 s 期间,南北方向绿灯亮 25 s,再闪烁 3 s 后熄灭,黄灯亮 2 s,如此循环。当夜间控制开关闭合后,东西南北方向的黄灯同时以 1 s 时间间隔闪烁。

任务三　超载报警 PLC 控制

知识目标

掌握计数器指令的功能及应用编程;
熟悉 S7-200 系列 PLC 的结构和外部 I/O 接线方法;
熟悉 STEP 7-Micro/WIN32 V4.0 SP9 编程软件的使用方法;
熟悉超载报警 PLC 控制的工作原理和程序设计方法。

技能目标

练习计数器指令的基本使用方法,能够正确编制超载报警 PLC 控制程序;
能够独立完成超载报警 PLC 控制线路的安装;
能够按规定进行通电调试,当出现故障时,能根据设计要求独立检修,直至系统正常工作。

任务引入

超载报警 PLC 控制:为了确保交通安全,客车不能超载。当乘客超过 20 人时,报警灯将闪烁,提示司机已超载。

任务分析

根据任务要求,可以在前后车门处各设置一个光电开关,用来检测是否有乘客从前门上车或从后门下车。若有乘客上车或下车,则光电开关处于闭合状态;反之,处于断开状态。利用光电开关检测的信号驱动计数器累计乘客人数。若有乘客上车,则计数器加 1 计数;若有乘客下车,则计数器减 1 计数,超载时报警灯闪烁。

 预备知识

一、计数器指令

计数器利用输入脉冲上升沿累计脉冲个数,S7-200 系列 PLC 有增计数器(count up,CTU)、增/减计数器(count up/count down,CTUD)和减计数器(count down,CTD)等 3 种计数指令。计数器的使用方法和基本结构与定时器的相似,其主要结构由预置寄存器、当前值寄存器和状态位等组成。

1. 指令格式及功能

计数器指令的指令格式及功能见表 3-8。

表 3-8 计数器指令的指令格式及功能

指令格式	功　能
C××× ―CU　CTU― ―R ―PV	增计数器指令:在 CU 端输入脉冲上升沿,计数器的当前值增 1 计数。当前值大于或等于预置值(PV)时,计数器状态位置 1。当前值累加的最大值为 32 767;当复位输入(R)有效时,计数器状态位复位(置 0),当前计数值清零
C××× ―CD　CTD― ―LD ―PV	减计数器指令:复位输入(LD)有效时,计数器把预置值(PV,必须为 INT 型数据)装入当前值存储器,计数器状态位复位(置 0);CD 端每个输入脉冲上升沿处,减计数器从预置值开始递减计数,当减计数器前值等于 0 时,计数器状态位置 1,并停止计数
C××× ―CU　CTUD― ―CD ―R ―PV	增/减计数器指令:CU 输入端用于递增计数,CD 输入端用于递减计数,指令执行时,CU/CD 端计数脉冲的上升沿使当前值增 1/减 1 计数。当前值大于或等于计数器预置值(PV,为 INT 型数据)时,计数器状态位置 1;复位输入(R)有效或执行复位指令时,计数器状态位复位(置 0),当前值清零。当前值达到计数器最大值 32 767 后,下一个 CU 输入上升沿使计数值变为最小值(−32 678),同样达到最小值(−32 678)后,下一个 CD 输入上升沿将使计数值变为最大值(32 767)

2. 应用编程

例 3-18　增计数器指令功能应用分析,程序如图 3-29 所示。

(1)I0.0 为起动控制按钮,每当 I0.0 由 0→1 时:

① 计数器 C48 开始由 0 加 1 计数;

② 计数器 C48 当前值达到预置值 4 时,线圈 Q0.0=C48=1,并且计数器 C48 当前值继续加 1 递增至最大值 32 767。

(2)I0.1=1,计数器 C48 当前值清零,线圈 Q0.0= C48=0。

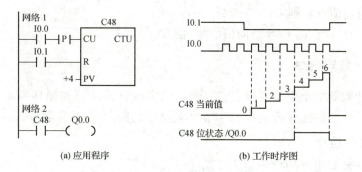

图 3-29　增计数器指令功能应用分析

例 3-19　减计数器指令功能应用分析,程序如图 3-30 所示。

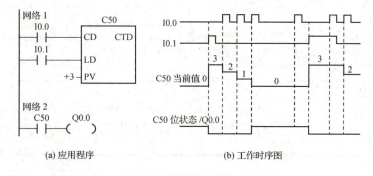

图 3-30　减计数器指令功能应用分析

(1)I0.0 为起动控制按钮,每当 I0.0 由 0→1 时:
①计数器 C50 开始由当前值 3 减 1 计数;
②计数器 C50 当前值减到 0 时,使线圈 Q0.0= C50=1,并且计数器 C50 当前值保持为 0。
(2)I0.1=1,将预置值 3 装入当前值存储器,线圈 Q0.0= C50=0。

例 3-20　增/减计数器指令功能应用分析,程序如图 3-31 所示。

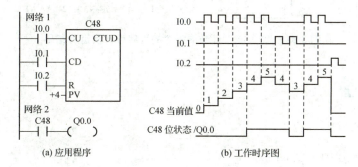

图 3-31　增/减计数器指令功能应用分析

(1)每当 I0.0 由 0→1 时:
①C48 当前值加 1 递增;
②若 C48 当前值大于或等于 4,则 Q0.0=C48=1。
(2)每当 I0.1 由 0→1 时:

①C48 当前值减 1 递减；

②若 C48 当前值<4,则 Q0.0＝C48＝0。

(3) I0.2＝1 时,计数器 C48 当前值清零,使 Q0.0＝ C48＝0。

二、增 1/减 1 计数器指令

增 1/减 1 计数器指令用于自增、自减操作,以实现累加计数和循环控制等程序的编制。增 1/减 1 计数器指令的操作数类型有字节型无符号数据、字型符号数据、双字型符号数据。

1. 指令格式及功能

增 1/减 1 计数器指令的指令格式及功能见表 3-9。

表 3-9　增 1/减 1 计数器指令的指令格式及功能

指令格式	功　能
INC_* EN　ENO IN　OUT	增 1 计数器指令:使能端输入有效时,将 IN 端输入数加 1,得到的运算结果通过 OUT 指定的存储器单元输出,即 IN+1＝OUT
DEC_* EN　ENO IN　OUT	减 1 计数器指令:使能端输入有效时,将 IN 端输入数减 1,得到的运算结果通过 OUT 指定的存储器单元输出,即 IN−1 ＝OUT

2. 应用编程

例 3-21　增 1/减 1 计数器指令的程序设计及运行结果如图 3-32 所示。

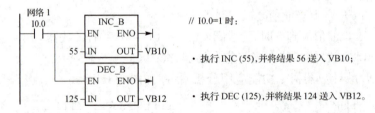

图 3-32　增 1/减 1 计数器指令的程序设计及运行结果

任务实施

一、设备配置

(1) 1 台 S7-200 CPU224 PLC。

(2) 1 个彩灯显示控制模块(L1～L16)。

(3) 1 台装有 STEP 7-Micro/WIN32 V4.0 SP9 编程软件的 PC。

(4) 1 根 PC/PPI 电缆。

(5) 连接导线若干。

二、I/O 分配及功能

I/O 分配及功能见表 3-10。

表 3-10　I/O 分配及功能（任务三）

输入		输出	
编程元件地址	功能	编程元件地址	功能
I0.0	光电开关 SB1	Q0.0	驱动报警指示灯 L1 显示
I0.1	光电开关 SB2		
I0.2	起动/停止按钮 SB3		

三、PLC 接线图

在断电情况下，连接好 PC/PPI 电缆及 PLC 外围电路接线，如图 3-33 所示。

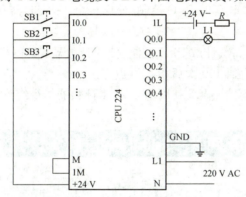

图 3-33　超载报警 PLC 控制外围电路接线图

四、编写梯形图程序

根据任务要求，编制超载报警 PLC 控制的梯形图程序，如图 3-34 所示。

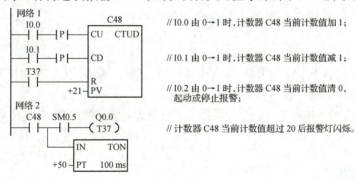

图 3-34　超载报警 PLC 控制的梯形图程序

五、调试检修

1. 调试

学生在教师的现场监护下进行通电调试，验证是否符合设计要求。

(1) 编写梯形图程序,编译后将梯形图程序下载到 PLC 中。

(2) 光电开关 SB1 每动作一次,表示有一个乘客上车,计数器自动加 1;光电开关 SB2 每动作一次,表示有一个乘客下车,计数器自动减 1。

(3) 计数器计数超过 20 后,报警指示灯 L1 闪烁 5 s。

(4) 按下 SB3 按钮,起动或停止报警。

2. 检修

如果出现故障,学生应能独立完成检修调试,直至系统能够正常工作。

(1) 检查线路连接是否正确。

(2) 检查梯形图程序中报警指示灯闪烁电路及计数器指令的使用是否正确。

思考与练习

(1) $T=T_{\times\times\times} \cdot C_{\times\times\times}$ 长延时 PLC 控制:使用一个 2 s 定时器和一个计数器,实现 8 s 延时控制。

(2) $C=C_{\times\times\times} \cdot C_{\times\times\times}$ 高次计数 PLC 控制:使用计数器 C1 和 C2 以 20×20 的累计方式记录按钮按下的次数,当达到 400 次后指示灯点亮。

(3) 超载报警器 PLC 控制:要求利用增 1/减 1 计数器指令统计乘客数量。

任务四 交通灯显示 PLC 控制

知识目标

掌握比较指令的功能及应用编程;

熟悉 S7-200 系列 PLC 的结构和外部 I/O 接线方法;

熟悉 STEP 7-Micro/WIN32 V4.0 SP9 编程软件的使用方法;

熟悉交通灯显示 PLC 控制的工作原理和程序设计方法。

技能目标

练习比较指令的基本使用方法,能够正确编制交通灯显示 PLC 控制程序;

能够独立完成交通灯显示 PLC 控制的线路安装;

能够按规定进行通电调试,当出现故障时,能根据设计要求独立检修,直至系统正常工作。

任务引入

交通灯显示 PLC 控制:交通灯显示 PLC 控制模块和控制时序如图 3-35(a)、图 3-35(b)所示。在十字路口,当某个方向绿灯点亮 20 s 后熄灭,黄灯以 2 s 周期闪烁 3 次(另一方向红灯点亮),然后红灯点亮(另一方向绿灯点亮、黄灯闪烁),如此循环。

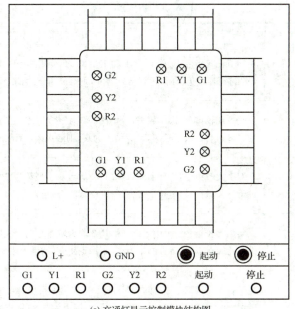

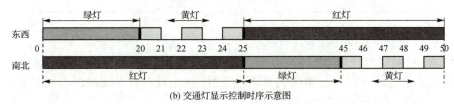

图 3-35　交通灯显示 PLC 控制模块与控制时序

 任务分析

根据任务要求，按某个方向顺序点亮绿灯、黄灯、红灯，可以采用秒计数器进行计时，通过比较计数器当前计数值驱动交通灯显示。

预备知识

一、比较运算

比较运算用于两个同类型操作数在一定条件下的比较，操作数可以是整数、实数（浮点数）、字符串，比较运算符有＝＝（等于）、＜＝（小于或等于）、＞＝（大于或等于）、＜（小于）、＞（大于）、＜＞（不等于）。在梯形图中用带参数和运算符的触点表示比较指令，比较指令的运算结果为真，则触点闭合；运算结果为假，则触点断开。在编制梯形图程序中，可以串联或并联装入比较指令。

二、比较指令

1.指令格式及功能

比较指令的指令格式及功能见表 3-11。

表 3-11 比较指令的指令格式及功能

指令格式	功　　能
IN1 —|**B|— IN2	字节比较指令：操作数 IN1 和 IN2 均为字节型无符号整数。当操作数 IN1 与 IN2 进行比较运算时，运算结果为真，则触点闭合；结果为假，则触点断开
IN1 —|**I|— IN2	整数比较指令：操作数 IN1 和 IN2 均为字节型或字型符号整数。当操作数 IN1 与 IN2 进行比较运算时，运算结果为真，则触点闭合；结果为假，则触点断开
IN1 —|**D|— IN2	双字比较指令：操作数 IN1 和 IN2 均为双字型符号整数。当操作数 IN1 与 IN2 进行比较运算时，运算结果为真，则触点闭合；结果为假，则触点断开
IN1 —|**R|— IN2	实数比较指令：操作数 IN1 和 IN2 均为双字型符号实数。当操作数 IN1 与 IN2 进行比较运算时，运算结果为真，则触点闭合；结果为假，则触点断开
IN1 —|**S|— IN2	字符串比较指令：操作数 IN1 和 IN2 均为字符串。当操作数 IN1 与 IN2 进行比较运算时，运算结果为真，则触点闭合；结果为假，则触点断开

2. 应用编程

例 3-22 电动机顺序起/停 PLC 控制：起动控制开关起动后，电动机 A 开始工作，3 s 后电动机 B 开始工作，再过 3 s 后电动机 C 开始工作；停止控制开关起动时电动机全部停止工作。利用比较指令设计的梯形图程序如图 3-36 所示。

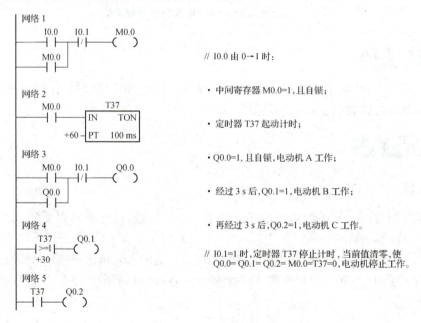

图 3-36 电动机顺序起/停 PLC 控制梯形图程序

例 3-23 物品寄存进出记录 PLC 控制：超市物品寄存柜最多可以存放 36 件物品，当物品数为 1≤n<8 时，指示灯 L1 点亮；当物品数为 8≤n<12 时，指示灯 L2 点亮；当物品数为

$12 \leq n < 16$ 时,指示灯 L3 点亮;当物品数为 $16 \leq n < 24$ 时,指示灯 L4 点亮;当物品数为 $24 \leq n < 32$ 时,指示灯 L5 点亮;当物品多于 32 件时,指示灯 L6 点亮。利用比较指令设计的梯形图程序如图 3-37 所示。

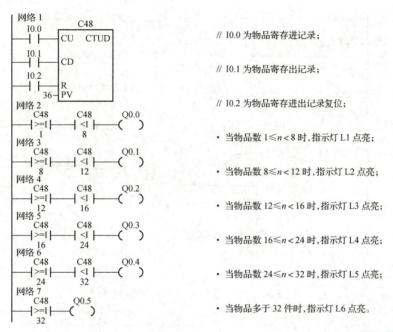

图 3-37　物品寄存进出记录 PLC 控制梯形图程序

例 3-24　流水灯 PLC 控制:利用 PLC 的 QB0 端口连接 8 盏彩灯,使其每隔 1 s 亮 1 盏并循环,要求按下停止按钮后所有灯均熄灭,按下起动按钮后重新开始循环点亮显示。利用比较指令设计的梯形图程序如图 3-38 所示。

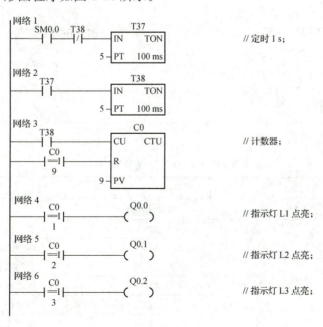

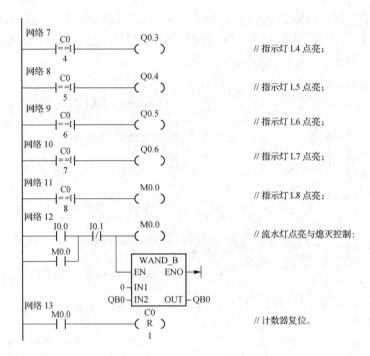

图 3-38 流水灯 PLC 控制梯形图程序

 任务实施

一、设备配置

(1)1 台 S7-200 CPU224 PLC。

(2)1 个交通灯显示控制模块。

(3)1 台装有 STEP 7-Micro/WIN32 V4.0 SP9 编程软件的 PC。

(4)1 根 PC/PPI 电缆。

(5)连接导线若干。

二、I/O 分配及功能

I/O 分配及功能见表 3-12。

表 3-12 I/O 分配及功能(任务四)

输入		输出	
编程元件地址	功　能	编程元件地址	功　能
I0.0	起停开关 SB1	Q0.0	驱动东西红灯(2 只)显示
		Q0.1	驱动东西黄灯(2 只)显示
		Q0.2	驱动东西绿灯(2 只)显示
		Q0.3	驱动南北红灯(2 只)显示
		Q0.4	驱动南北黄灯(2 只)显示
		Q0.5	驱动南北绿灯(2 只)显示

三、PLC 接线图

在断电情况下,连接好 PC/PPI 电缆及 PLC 外围电路接线,如图 3-39 所示。

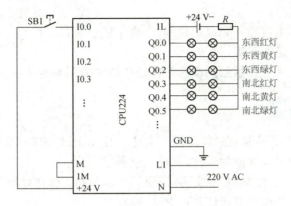

图 3-39　交通灯显示 PLC 控制外围电路接线图

四、编写梯形图程序

根据任务要求,编制的交通灯显示 PLC 控制的梯形图程序,如图 3-40 所示。

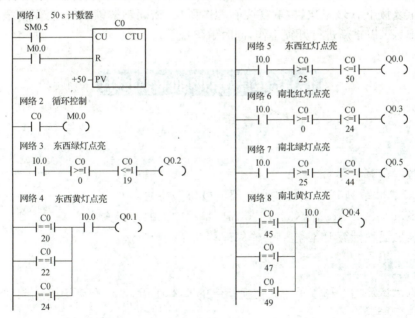

图 3-40　交通灯显示 PLC 控制梯形图程序

五、调试检修

1. 调试

学生在教师的现场监护下进行通电调试,验证是否符合设计要求。

(1)编写梯形图程序,编译后将梯形图程序下载到 PLC 中。

（2）开关 SB1 起动后，观察交通灯工作状态，其时序为：某个方向绿灯点亮 20 s 后熄灭，然后黄灯以 2 s 周期闪烁 3 次（另一方向红灯点亮），最后红灯点亮（另一方向绿灯点亮，黄灯闪烁），如此循环。

2．检修

如果出现故障，学生应独立完成检修调试，直至能够正常工作。
（1）检查线路连接是否正确。
（2）检查梯形图程序中计数器的设计及比较指令的使用是否正确。

 思考与练习

（1）交通灯显示 PLC 控制：在"任务四　交通灯显示 PLC 控制"基础上增加黄灯闪烁次数，要求黄灯闪烁次数由 3 次改为 5 次，其他控制要求不变。
（2）交通灯显示 PLC 控制：要求交通灯显示 PLC 控制工作在以下三种状态。
①自动。依照"任务四　交通灯显示 PLC 控制"执行。
②急行。某个方向急行，急行开关闭合，绿灯点亮（另一方向红灯点亮），待急行结束后，急行开关断开，急行方向黄灯闪烁 3 次，恢复到自动状态。
③夜间。夜间开关闭合，各方向黄灯持续以 1 s 为周期亮灭。
（3）密码锁 PLC 控制：密码锁 PLC 控制配有 SB1～SB4 四个按键，按下 SB1 进行开锁工作；要求先重复按下 SB2 三次，再重复按下 SB3 两次，密码锁解锁成功，否则警报器报警；按下复位键 SB4，可以重新进行开锁工作，同时解除报警。

任务五　梯形面积计算

知识目标

掌握数学运算指令的功能及应用编程；
熟悉 S7-200 系列 PLC 的结构和外部 I/O 接线方法；
熟悉 STEP 7-Micro/WIN32 V4.0 SP9 编程软件的使用方法；
熟悉梯形面积计算 PLC 控制工作原理和程序设计方法。

技能目标

练习算术运算指令和数学函数变换指令的基本使用方法，能够正确编制梯形面积计算 PLC 控制程序；
能够独立完成梯形面积计算 PLC 控制的线路安装；
能够按规定进行通电调试，当出现故障时，能根据设计要求独立检修，直至系统正常工作。

 任务引入

梯形图面积计算：已知梯形上底为 $a=3$ cm；下底为 $b=4$ cm；一斜边为 $c=4$ cm，且与下

底夹角为 $\theta=30°$。试求该梯形图面积 S。

  任务分析

根据任务要求，梯形面积 $S=(a+b)h/2$，其中 $h=c\cdot\sin\theta/2$，可以通过数学运算指令完成，对运算结果可以使用编程软件在线查看。

  预备知识

一、算术运算指令

算术运算指令是 CPU 对输入/输出映像寄存器状态进行读写操作的指令，能够实现基本的位逻辑运算和控制。使能输入 EN 有效，且运算结果无错时，能量流输出位 ENO=1，否则 ENO=0（出错或无效）。

1. 指令格式及功能

算术运算指令的指令格式及功能见表 3-13。

表 3-13 算术运算指令的指令格式及功能

指令格式	功　　能
ADD_* EN　ENO IN1 IN2　OUT	加法运算指令：使能输入 EN 有效时，输入数据 IN1 和 IN2，执行 IN1+IN2 运算，结果送入 OUT 指定的存储单元，即 IN1→OUT，OUT+IN2=OUT
SUB_* EN　ENO IN1 IN2　OUT	减法运算指令：使能输入 EN 有效时，输入数据 IN1 和 IN2，执行 IN1−IN2 运算，结果送入 OUT 指定的存储单元，即 IN1→OUT，OUT−IN2=OUT
MUL_* EN　ENO IN1 IN2　OUT	乘法运算指令：使能输入 EN 有效时，输入数据 IN1 和 IN2，执行 IN1×IN2 运算，结果送入 OUT 指定的存储单元，即 IN1→OUT，OUT×IN2=OUT
DIV_* EN　ENO IN1 IN2　OUT	除法运算指令：使能输入 EN 有效时，输入数据 IN1 和 IN2，执行 IN1÷IN2 运算，结果送入 OUT 指定的存储单元，即 IN1→OUT，OUT÷IN2=OUT
MUL EN　ENO IN1 IN2　OUT	16 位整数乘法运算指令：使能输入 EN 有效时，16 位输入数据 IN1 和 IN2，执行 IN1×IN2 运算，结果为 32 位双整数，将结果送入 OUT 指定的存储单元，即 IN1→OUT，OUT×IN2=OUT
DIV EN　ENO IN1 IN2　OUT	16 位整数除法运算指令：使能输入 EN 有效时，16 位输入数据 IN1 和 IN2，执行 IN1÷IN2 运算，结果为 32 位双整数，将结果送入 OUT 指定的存储单元，低 16 位是商，高 16 位是余数，即 IN1→OUT，OUT÷IN2=OUT

注 1：操作数类型"*"：分别为 I(INT，单字长符号整数)、D(DINT，双字长符号整数)、R(REAL，双字长符号实数)。
注 2：影响特殊寄存器标志位：SM1.0（当 SM1.1=0 无效时，用来指示运算结果为 0）、SM1.1（用来指示溢出错误和非法值）、SM1.2（当 SM1.1=0 无效时，用来指示运算结果为负值）。

2. 应用编程

例 3-25 加/减运算指令应用程序如图 3-41 所示。

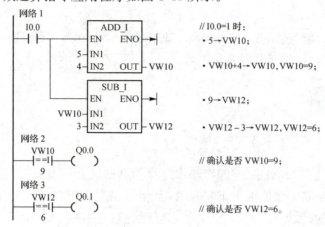

图 3-41 加/减运算指令应用程序

例 3-26 乘/除运算指令应用程序如图 3-42 所示。

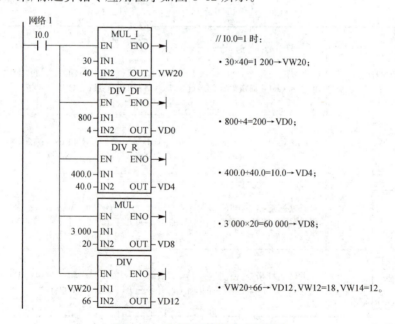

图 3-42 乘/除运算指令应用程序

二、数学函数变换指令

数学函数变换指令包括平方根、自然对数、指数、三角函数等几个常用的函数指令。

1. 指令格式及功能

数学函数变换指令的指令格式及功能见表 3-14。

表 3-14 数学函数变换指令的指令格式及功能

指令格式	功　能
SQRT EN　ENO IN　OUT	平方根指令：对一个双字长(32位)的实数 IN(IN 如果小于0，为非法操作数)开方，得到32位的实数结果，通过 OUT 指定的存储器单元输出
LN EN　ENO IN　OUT	自然对数指令：对一个双字长(32位)实数 IN(IN 如果小于0，为非法操作数)取自然对数，得到32位的实数结果，通过 OUT 指定的存储器单元输出
EXP EN　ENO IN　OUT	指数指令：对一个双字长(32位)实数 IN 的值取以 e 为底的指数，得到32位的实数结果，通过 OUT 指定的存储器单元输出
SIN EN　ENO IN　OUT	正弦函数指令：对一个双字长(32位)的实数弧度值 IN 取正弦，得到32位的实数结果，通过 OUT 指定的存储器单元输出
COS EN　ENO IN　OUT	余弦函数指令：对一个双字长(32位)的实数弧度值 IN 取余弦，得到32位的实数结果，通过 OUT 指定的存储器单元输出
TAN EN　ENO IN　OUT	正切函数指令：对一个双字长(32位)的实数弧度值 IN 取正切，得到32位的实数结果，通过 OUT 指定的存储器单元输出

2. 应用编程

例 3-27　求 4.0 的平方根，结果送入地址 VD0 中。程序设计及运行结果如图 3-43 所示。

图 3-43　平方根程序设计及运行结果

例 3-28　求以 10 为底，150 的常用对数，结果送入地址 VD20 中(应用对数的换底公式求解 lg150＝ln150/ln10)。程序设计及运行结果如图 3-44 所示。

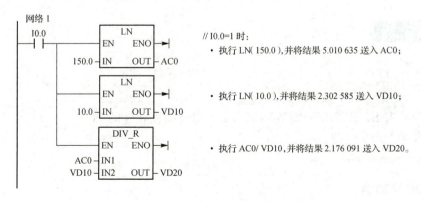

图 3-44　常用对数程序设计及运行结果

例 3-29　求 5^3，结果送入地址 VD20 中（应用自然对数求解 $y^x = e^{x\ln y}$）。程序设计及运行结果如图 3-45 所示。

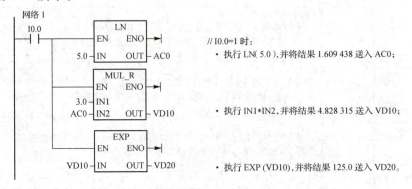

图 3-45　指数程序设计及运行结果

例 3-30　求 65°的正切值、余弦值和正弦值。程序设计及运行结果如图 3-46 所示。

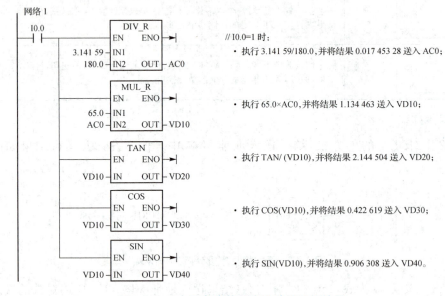

图 3-46　三角函数变换程序设计及运行结果

任务实施

一、设备配置

(1) 1 台 S7-200 CPU224 PLC。
(2) 1 台装有 STEP 7-Micro/WIN32 V4.0 SP9 编程软件的 PC。
(3) 1 根 PC/PPI 电缆。
(4) 连接导线若干。

二、I/O 分配及功能

I/O 分配及功能见表 3-15。

表 3-15　I/O 分配及功能(任务五)

输　入	
编程元件地址	功　能
I0.0	起动按钮 SB1

三、PLC 接线图

在断电情况下,连接好 PC/PPI 电缆及 PLC 外围电路接线,如图 3-47 所示。

四、编写梯形图程序

根据任务要求,梯形面积 $S=(a+b)h/2=(a+b)c\sin\theta/2$,编制梯形面积计算的 PLC 控制梯形图程序,如图 3-48 所示。

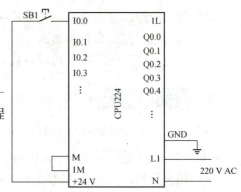

图 3-47　PLC 外围电路接线图

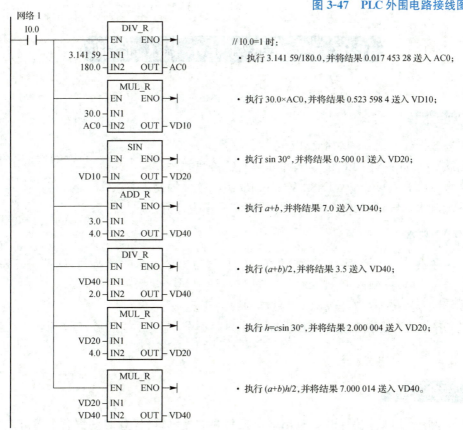

图 3-48　梯形图面积计算的 PLC 控制梯形图程序

五、调试检修

1. 调试

学生在教师的现场监护下进行通电调试,验证是否符合设计要求。

(1)编写梯形图程序,编译后将梯形图程序下载到 PLC 中。

(2)按下起动按钮 I0.0 起动系统后,使用编程软件在线监视运算结果。

2. 检修

如果出现故障,学生应独立完成检修调试,直至能够正常工作。

(1)检查线路连接是否正确。

(2)检查梯形图程序中三角函数指令与算术运算指令的使用是否正确。

思考与练习

(1)三角形面积计算:已知三角形边 $a=6$ cm,$b=4$ cm,$c=4$ cm,试求该三角形面积 $S=\sqrt{p(p-a)(p-b)(p-c)}$,其中 $p=(a+b+c)/2$。

(2)圆锥体积计算:已知圆锥高为 $h=6$ cm,底面圆半径为 $r=4$ cm,试求该圆锥体积 $V=\pi r^2 h/3$。

任务六　流水灯显示 PLC 控制

知识目标

掌握数据处理指令的功能及应用编程;

熟悉 S7-200 系列 PLC 的结构和外部 I/O 接线方法;

熟悉 STEP 7-Micro/WIN32 V4.0 SP9 编程软件的使用方法;

熟悉流水灯显示 PLC 控制的工作原理和程序设计方法。

技能目标

练习数据传送指令、字节交换/填充指令与移位指令的基本使用方法,能够正确编制流水灯显示 PLC 控制程序;

能够独立完成流水灯显示 PLC 控制的线路安装;

能够按规定进行通电调试,当出现故障时,能根据设计要求独立检修,直至系统正常工作。

任务引入

流水灯显示 PLC 控制:PLC 输出端口控制 8 盏指示灯(任意时刻仅有 1 盏灯点亮),按下起动按钮后指示灯以 1 s 为时间间隔向左依次循环点亮;按下停止按钮后指示灯熄灭。

任务分析

根据任务要求,采用移位指令实现 8 盏流水灯控制功能,即将 2#00000001 初始化值赋给输出端口 QB0,通过依次移位逐个点亮输出端口 QB0 的 8 盏灯。

预备知识

一、数据传送指令

数据传送指令有字节、字、双字和实数的单个传送指令,还有以字节、字、双字为单位的数据块成组传送指令,用来完成各存储器单元之间数据的传送和复制。

1. 指令格式及功能

数据传送指令的指令格式及功能见表 3-16。

表 3-16　数据传送指令的指令格式及功能

指令格式	功　　能
MOV_* EN　ENO IN　OUT	单数据传送指令:使能输入 EN 有效时,把一个单字节无符号数(B)、单字长(W)或双字长符号数(DW)的输入操作数 IN 送到 OUT 指定的存储器单元输出
BLKMOV_* EN　ENO IN N　OUT	数据块传送指令:使能输入 EN 有效时,把从输入存储单元地址 IN 开始的 N（1～255)字节(字、双字)操作数传送到以输出存储单元地址 OUT 开始的 N 字节(字、双字)的存储区中

2. 应用编程

例 3-31　单数据传送指令操作编程,运行程序如图 3-49 所示。

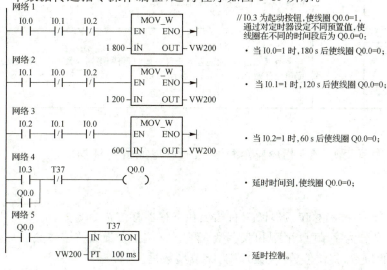

图 3-49　单数据传送指令操作程序

例 3-32　数据块传送指令操作编程,运行程序如图 3-50 所示。

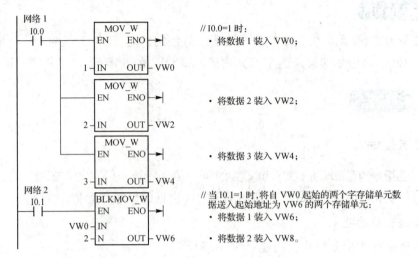

图 3-50　数据块传送指令操作程序

二、字节交换/填充指令

字节交换指令用来实现 16 位字型整数的高、低字节内容的交换,字节填充指令用于实现 16 位字型整数在指定存储器区域的填充。

1. 指令格式及功能

字节交换/填充指令的指令格式及功能见表 3-17。

表 3-17　字节交换/填充指令的指令格式及功能

指令格式	功　能
SWAP EN　ENO IN	字节交换指令:使能输入 EN 有效时,将字型输入整数 IN 的高、低字节交换的结果输出到 OUT 指定的存储器单元
FILL_N EN　ENO IN N　OUT	字节填充指令:使能输入 EN 有效时,将字型输入数据 IN 填充到从输出 OUT 指定单元开始 N(1~255)字存储单元

2. 应用编程

例 3-33　字节交换/填充指令操作编程,运行程序如图 3-51 所示。

三、移位指令

移位指令分为左/右移位、循环左/右移位和寄存器移位指令 3 类,前两类移位指令按移位数据的长度又分为字节型、字型和双字型 3 种。移位指令最大移位位数 $N \leqslant$ 数据类型(B、W、DW)对应的位数,移位位数(次数) N 为字节型数据。

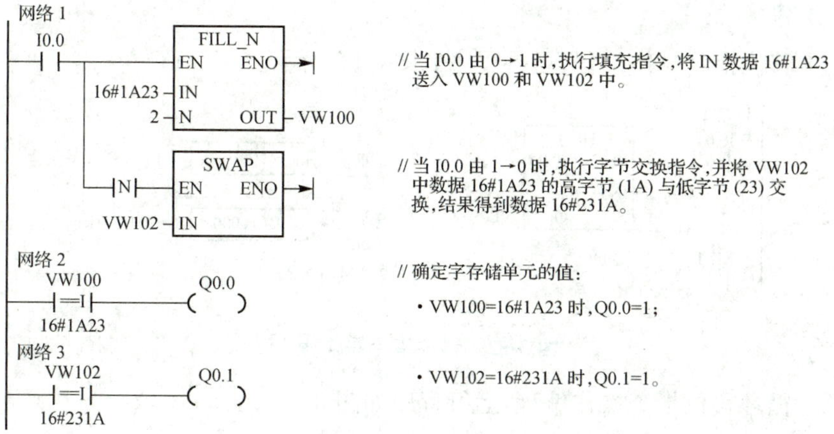

```
网络1
  I0.0         FILL_N
  ─┤├──────────┤EN  ENO├─      // 当 I0.0 由 0→1 时,执行填充指令,将 IN 数据 16#1A23
   16#1A23 ──┤IN         │        送入 VW100 和 VW102 中。
        2 ──┤N   OUT├─VW100

                SWAP
          ─┤N├──┤EN  ENO├─      // 当 I0.0 由 1→0 时,执行字节交换指令,并将 VW102
          VW102─┤IN     │         中数据 16#1A23 的高字节(1A)与低字节(23)交
                                  换,结果得到数据 16#231A。

网络2                          // 确定字存储单元的值:
  VW100      Q0.0
  ─┤==├──────( )                • VW100=16#1A23 时,Q0.0=1;
  16#1A23

网络3
  VW102      Q0.1
  ─┤==├──────( )                • VW102=16#231A 时,Q0.1=1。
  16#231A
```

图 3-51　字节交换/填充指令操作程序

1. 指令格式及功能

移位指令的指令格式及功能见表 3-18。

表 3-18　移位指令的指令格式及功能

指令格式	功　　能
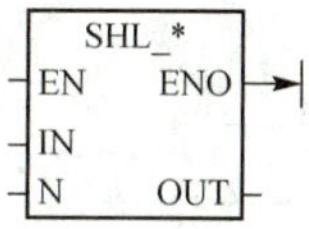 SHL_* ─┤EN ENO├─ 　─┤IN 　─┤N OUT├─	左移位指令:使能输入 EN 有效时,将输入的字节、字或双字 IN 左移 N 位(右端补零),然后将结果输出到 OUT 指定的存储单元中,最后一次移出位保存在 SM1.1 中
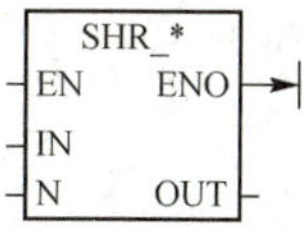 SHR_* ─┤EN ENO├─ 　─┤IN 　─┤N OUT├─	右移位指令:使能输入 EN 有效时,将输入的字节、字或双字 IN 右移 N 位(左端补零),然后将结果输出到 OUT 指定的存储单元中,最后一次移出位保存在 SM1.1 中
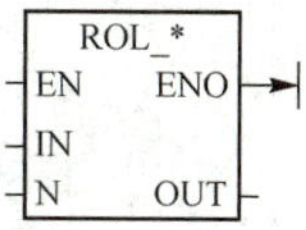 ROL_* ─┤EN ENO├─ 　─┤IN 　─┤N OUT├─	循环左移位指令:使能输入 EN 有效时,将输入的字节、字或双字 IN 循环左移 N 位后,然后将结果输出到 OUT 指定的存储单元中,最后一次移出位保存在 SM1.1 中
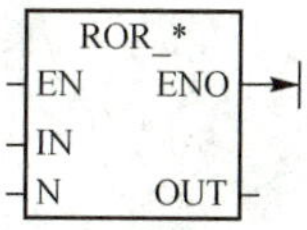 ROR_* ─┤EN ENO├─ 　─┤IN 　─┤N OUT├─	循环右移位指令:使能输入 EN 有效时,将输入的字节、字或双字 IN 循环右移 N 位,然后将结果输出到 OUT 指定的存储单元中,最后一次移出位保存在 SM1.1 中
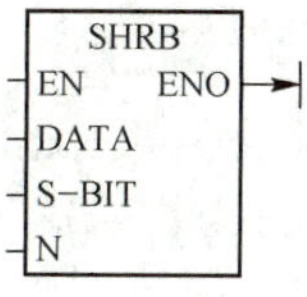 SHRB ─┤EN ENO├─ 　─┤DATA 　─┤S-BIT 　─┤N	寄存器移位指令:DATA 为数值输入,指令执行时将该位的值移入移位寄存器。S-BIT 为寄存器的最低位。N 为移位寄存器的长度(最大为 64 位)和移位方向。N 为正值时为左移位(由低位到高位),DATA 值从 S-BIT 位移入,移出位存入 SM1.1;N 为负值时为右移位(由高位到低位),S-BIT 移到 SM1.1,另一端补充 DATA 移入位的值。每次使能输入 EN 有效时,整个移位寄存器移动 1 位

2. 应用编程

例 3-34　移位指令操作编程，运行程序如图 3-52 所示。

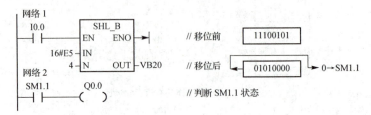

图 3-52　移位指令操作程序

例 3-35　循环移位指令操作编程，运行程序如图 3-53 所示。

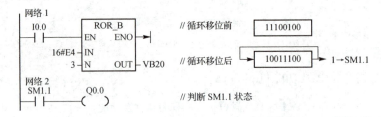

图 3-53　循环移位指令操作程序

例 3-36　寄存器移位指令操作编程，运行程序如图 3-54 所示。

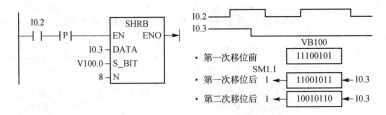

图 3-54　寄存器移位指令操作程序

 任务实施

一、设备配置

(1) 1 台 S7-200 CPU226 PLC。
(2) 1 个彩灯显示控制模块（L1~L16）。
(3) 1 台装有 STEP 7-Micro/WIN32 V4.0 SP9 编程软件的 PC。
(4) 1 根 PC/PPI 电缆。
(5) 连接导线若干。

二、I/O 分配及功能

I/O 分配及功能见表 3-19。

表 3-19 I/O 分配及功能(任务六)

输入		输出	
编程元件地址	功能	编程元件地址	功能
I0.0	起动按钮 SB1	Q0.0	驱动指示灯 L1 显示
		Q0.1	驱动指示灯 L2 显示
		Q0.2	驱动指示灯 L3 显示
		Q0.3	驱动指示灯 L4 显示
I0.1	停止按钮 SB2	Q0.4	驱动指示灯 L5 显示
		Q0.5	驱动指示灯 L6 显示
		Q0.6	驱动指示灯 L7 显示
		Q0.7	驱动指示灯 L8 显示

三、PLC 接线图

在断电情况下,连接好 PC/PPI 电缆及 PLC 外围电路接线,如图 3-55 所示。

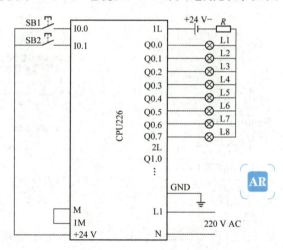

图 3-55 PLC 外围电路接线图

四、编写梯形图程序

根据任务要求,分别利用循环移位指令和寄存器移位指令编制流水灯显示 PLC 控制的梯形图程序,如图 3-56 和图 3-57 所示。

(1)利用循环移位指令实现流水灯显示 PLC 控制的梯形图程序。
(2)利用寄存器移位指令实现流水灯控制。

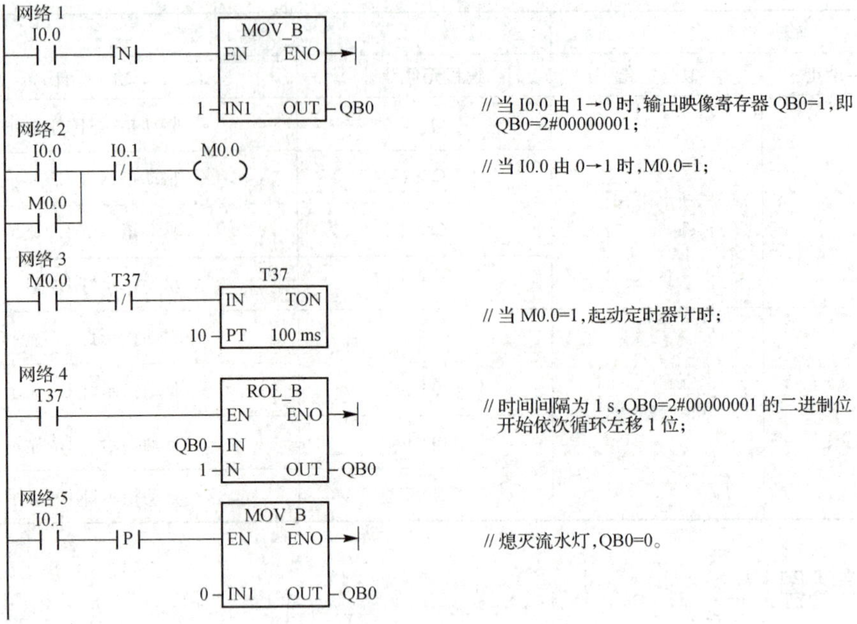

图 3-56　流水灯显示 PLC 控制梯形图程序（一）

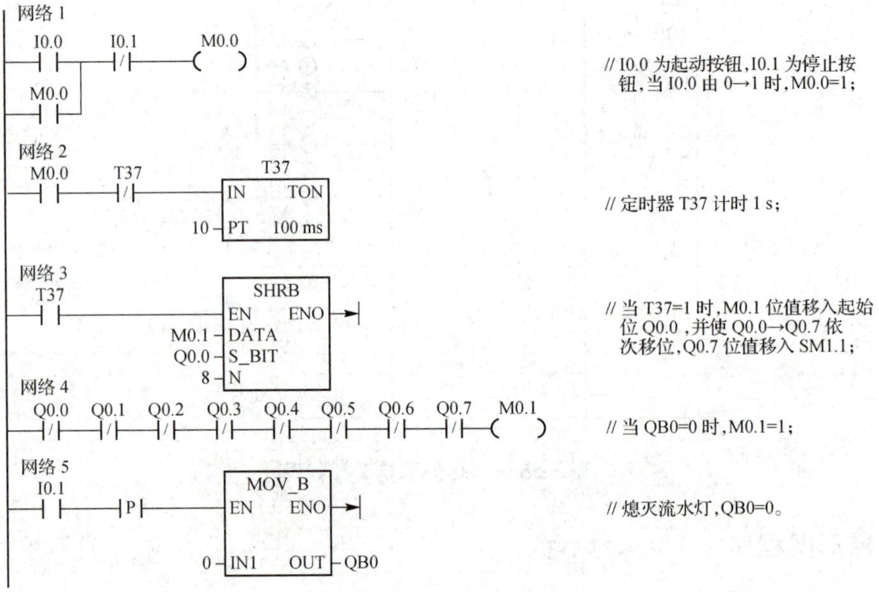

图 3-57　流水灯显示 PLC 控制梯形图程序（二）

五、调试检修

1. 调试

学生在教师的现场监护下进行通电调试，验证是否符合设计要求。

（1）编写梯形图程序，编译后将梯形图程序下载到 PLC 中。

(2)按下起动按钮 SB1,输出端口 QB0 指示灯 L1~L8 间隔 1 s 依次循环点亮;按下停止按钮 SB2,输出端口 QB0 指示灯 L1~L8 全部熄灭。

2. 检修

如果出现故障,学生应独立完成检修调试,直至系统能够正常工作。
(1)检查线路连接是否正确。
(2)检查梯形图程序中移位指令及数据传送指令的使用是否正确。

思考与练习

(1)8 盏流水灯 PLC 控制:PLC 输出端口控制 8 盏指示灯 L1~L8(任意时刻仅有 1 盏灯点亮)。起动开关闭合后,指示灯间隔 1 s 自 L1 到 L8 依次循环点亮;起动开关断开后,指示灯间隔 1 s 自 L8 到 L1 依次循环点亮。按下停止开关后,指示灯熄灭。

(2)流水灯 PLC 控制:PLC 输出端口控制指示灯 L1~L12。按下起动按钮后,指示灯间隔 1 s 自 L1 到 L12 依次循环点亮(任意时刻仅有一盏灯点亮);按下停止按钮后,指示灯熄灭。

任务七 S＝1＋2＋3＋…＋100 求和

知识目标

掌握循环指令的功能及应用编程;
熟悉 S7-200 系列 PLC 的结构和外部 I/O 接线方法;
熟悉 STEP 7-Micro/WIN32 V4.0 SP9 编程软件的使用方法;
熟悉 S＝1＋2＋3＋…＋100 求和 PLC 控制的工作原理和程序设计方法。

技能目标

练习循环指令的基本使用方法,能够正确编制 S＝1＋2＋3＋…＋100 求和 PLC 控制程序;
能够独立完成 S＝1＋2＋3＋…＋100 求和 PLC 控制的线路安装;
能够按规定进行通电调试,当出现故障时,能根据设计要求独立检修,直至系统正常工作。

任务引入

$S＝1＋2＋3＋…＋100$ 求和 PLC 控制:利用循环控制指令完成 $S＝1＋2＋3＋…＋100$ 求和。

任务分析

根据任务要求,采用 $S_n = S_{n-1} + a_n$ 计算公式实现 $S＝1＋2＋3＋…＋100$ 求和(其中, $a_n = a_{n-1} + 1, n$ 为 $1\sim100, S_0 = a_0 = 0$),重复加 1 由循环控制指令完成,输出端口 Q0.0、

Q0.1 连接的指示灯显示状态分别确定求和结果和循环计数器次数累计是否正确。

一、系统控制指令

系统控制指令主要包括暂停、结束、看门狗复位等指令。

1. 指令格式及功能

系统控制指令的指令格式及功能见表 3-20。

表 3-20 系统控制指令的指令格式及功能

指令格式	功 能
——(STOP)	暂停指令：使能输入 EN 有效时，立即终止程序的执行。指令执行的结果是 CPU 的工作模式由 RUN 方式切换到 STOP 方式。如果 CPU 在中断程序中执行 STOP 指令，则该中断程序立即终止，并且忽略所有挂起的中断，继续扫描程序的剩余部分，在扫描的最后，将 CPU 工作模式由 RUN 方式切换到 STOP 方式
——(END)	结束指令：梯形图结束指令直接连在左侧电源母线时，为无条件结束指令(MEND)；梯形图结束指令不直接连在左侧母线时，为条件结束指令(END)。条件结束指令在使能输入 EN 有效时，终止用户程序的执行，并返回主程序的第一条指令处继续执行(循环扫描工作方式)。无条件结束指令执行时(指令直接连在左侧母线，使能输入 EN 为有效)，立即终止用户程序的执行，返回主程序的第一条指令执行。结束指令只能在主程序中使用，不能在主程序和中断服务程序中使用。STEP 7-Micro/WIN32 V4.0 SP9 编程软件在主程序的结尾自动生成无条件结束指令(MEND)，用户不得输入无条件结束指令，否则编译出错
——(WDR)	看门狗复位指令：使能输入 EN 有效时，看门狗定时器复位。在没有看门狗错误的情况下(扫描周期小于 300 ms)，可以增加一次扫描允许的时间。若使能输入 EN 无效，则看门狗定时器定时时间(300 ms)到，程序将终止当前指令的执行，返回第一条指令重新执行。 注意：使用 WDR 指令时，要防止过度延迟扫描完成时间，否则在终止本扫描之前，下列操作过程将被禁止(不予执行)：通信(自由端口方式除外)、I/O 更新(立即 I/O 除外)、强制更新、SM 更新(SM0,SM5~SM29 不能被更新)、运行时间诊断、中断程序中的 STOP 指令。当扫描时间超过 25 s 时，10 ms 和 100 ms 定时器将不能正常计时

2. 应用编程

例 3-37 暂停指令功能应用分析，程序如图 3-58 所示。

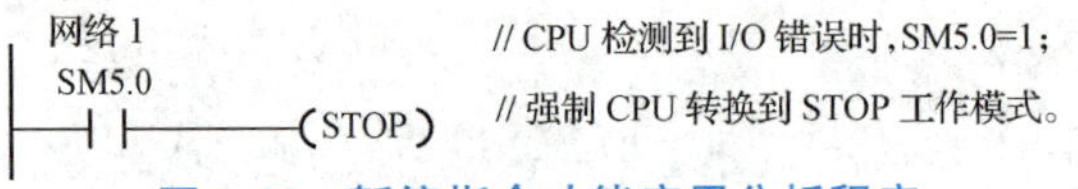

```
网络 1
   SM5.0                    // CPU 检测到 I/O 错误时,SM5.0=1;
   ─┤ ├──────(STOP)          // 强制 CPU 转换到 STOP 工作模式。
```

图 3-58 暂停指令功能应用分析程序

例 3-38 结束指令功能应用分析，程序如图 3-59 所示。

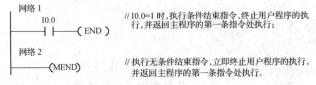

图 3-59 结束指令功能应用分析程序

例 3-39 看门狗复位指令功能应用分析，程序如图 3-60 所示。

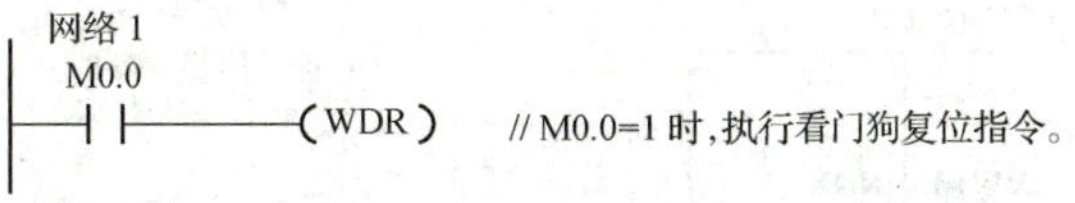

```
网络 1
  M0.0
───┤ ├───( WDR )    // M0.0=1 时，执行看门狗复位指令。
```

图 3-60　看门狗复位指令功能应用分析程序

二、跳转与循环控制指令

跳转与循环控制指令用于控制程序的执行顺序，跳转控制指令可以实现程序跳转到指定位置执行，从而避开无须执行的程序段，循环控制指令可以实现程序段的重复执行。

1. 指令格式及功能

跳转与循环控制指令的指令格式及功能见表 3-21。

表 3-21　跳转与循环控制指令的指令格式及功能

指令格式	功　能
─(JMP) 　n 　n ─[LBL]	跳转控制指令：跳转指令（JMP）和跳转标号指令（LBL）配合实现程序的跳转。使能输入 EN 有效时，它使程序跳转到指定标号 n（0～255）处执行（在同一程序内）。使能输入 EN 无效时，程序顺序执行
┌──────┐ │ FOR │ ┤EN　ENO├ │　　　　│ ┤INDX │ ┤INIT　│ ┤FINAL │ └──────┘ ─(NEXT)	循环控制指令：程序循环控制结构用于描述一段程序的重复循环执行，由 FOR 和 NEXT 指令构成程序的循环体；FOR 指令标记循环的开始，NEXT 为循环的结束指令。FOR 指令为指令盒格式，主要参数有使能输入 EN、当前值计数器 INDX、循环次数初始值 INIT、循环计数终值 FINAL。 工作原理：使能输入 EN 有效，循环体开始执行，执行到 NEXT 指令时返回，循环次数为（FINAL－INIT）+1；每执行一次循环体，当前值计数器 INDX 增 1，当 INDX 达到终值 FINAL+1 时，循环结束；使能输入无效时，循环体程序不执行；FOR/NEXT 指令必须成对使用，循环可以嵌套，最多为 8 层

2. 应用编程

例 3-40 跳转控制指令功能应用分析，程序如图 3-61 所示。

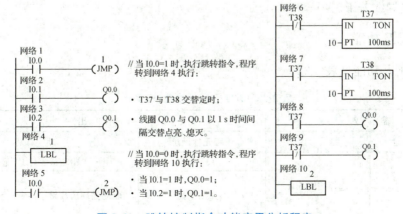

图 3-61　跳转控制指令功能应用分析程序

例 3-41 循环嵌套：利用循环控制指令实现循环嵌套功能程序如图 3-62 所示。

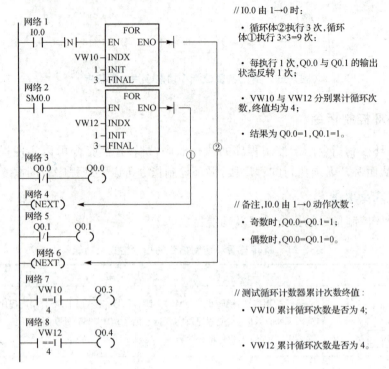

图 3-62 循环控制指令功能应用分析程序

任务实施

一、设备配置

(1) 1 台 S7-200 CPU224 PLC。

(2) 1 个彩灯显示控制模块(L1~L16)。

(3) 1 台装有 STEP 7-Micro/WIN32 V4.0 SP9 编程软件的 PC。

(4) 1 根 PC/PPI 电缆。

(5) 连接导线若干。

二、I/O 分配及功能

I/O 分配及功能见表 3-22。

表 3-22 I/O 分配及功能(任务七)

输入		输出	
编程元件地址	描述	编程元件地址	功能
I0.0	起停按钮 SB1	Q0.0	驱动指示灯 L1 显示
		Q0.1	驱动循环次数累计检测指示灯 L2 显示

三、PLC 接线图

在断电情况下，连接好 PC/PPI 电缆及 PLC 外围电路接线，如图 3-63 所示。

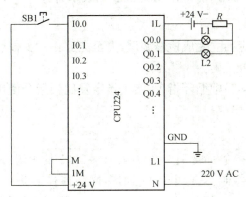

图 3-63　$S=1+2+3+\cdots+100$ 求和 PLC 控制外围电路接线图

四、编写梯形图程序

根据任务要求，编制 $S=1+2+3+\cdots+100$ 求和 PLC 控制的梯形图程序，如图 3-64 所示。

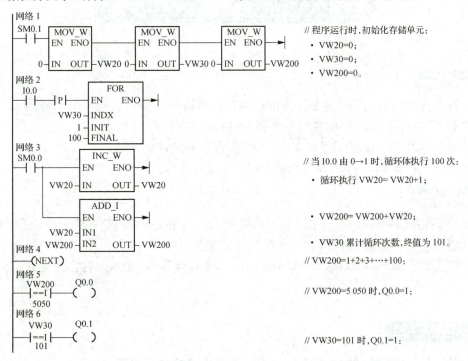

图 3-64　$S=1+2+3+\cdots+100$ 求和 PLC 控制梯形图程序

五、调试检修

1. 调试

学生在教师的现场监护下进行通电调试，验证是否符合设计要求。

(1) 编写梯形图程序,编译后将梯形图程序下载到 PLC 中。

(2) 起动起停按钮 SB1,完成 $S=1+2+3+\cdots+100$ 求和运算,且 S 值存入寄存器 VW200 中;同时,若 Q0.0 输出端口指示灯点亮,则表示寄存器 VW200＝S＝5 050。

2. 检修

如果出现故障,学生应独立完成检修调试,直至能够正常工作。

(1) 检查线路连接是否正确。

(2) 检查梯形图程序编写中循环指令、增 1 指令及比较指令使用是否正确。

思考与练习

(1) 求 $n!$。利用循环指令完成 $5!=5\times4\times3\times2\times1$ 的求解。

(2) 电动机起停 PLC 控制:三台电动机 M1～M3,具有手动和自动两种起停方式,由切换工作方式开关控制。手动起停时,三台电动机 M1～M3 分别使用各自的起停按钮控制起停状态。自动起停时,按下起动按钮,三台电动机 M1～M3 顺序间隔 5 s 起动;按下停止按钮,三台电动机 M1～M3 同时停止。

任务八　花式喷泉 PLC 控制

知识目标

掌握子程序指令和顺序控制指令的功能及应用编程;

熟悉 S7-200 系列 PLC 的结构和外部 I/O 接线方法;

熟悉 STEP 7-Micro/WIN32 V4.0 SP9 编程软件的使用方法;

熟悉花式喷泉 PLC 控制的工作原理和程序设计方法。

技能目标

练习子程序指令和顺序控制指令的基本使用方法,能够正确编制花式喷泉 PLC 控制程序;

能够独立完成花式喷泉 PLC 控制的线路安装;

能够按规定进行通电调试,当出现故障时,能根据设计要求独立检修,直至系统正常工作。

任务引入

花式喷泉 PLC 控制:喷水池有 1～4 号 4 种喷水花样的喷水管,分别由 M1～M4 4 台电动机驱动,通过工作方式 A、B、C 或 D 选择开关可以选择喷水管的喷水方式,其中的单步/连续开关为 1＝单步、0＝连续,其他为单一功能开关。花式喷泉控制模块如图 3-65 所示。

(1) 水池控制电源接通后,先由选择开关和单步/连续开关设定喷水工作方式,然后按下起动按钮,喷水装置开始工作;按下停止按钮,则停止喷水。

(2) 单步/连续开关在单步位置时,喷水池只循环运行一次;在连续位置时,喷水池反复循环运行。

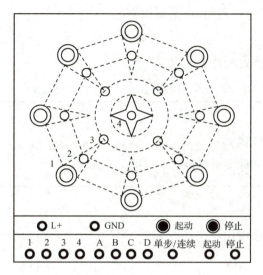

图 3-65　花式喷泉控制模块结构图

(3)方式选择开关用于选择 1～4 号喷水管的喷水方式。喷水管的喷水花样方式选择如下。

①当选择工作方式 A,按下起动按钮时,4 号管喷水,延时 2 s,3 号管喷水,再延时 2 s,2 号管喷水,再延时 2 s,1 号管喷水,然后一起喷水 10 s,即为一个循环。

②当选择工作方式 B,按下起动按钮时,1 号管喷水,延时 2 s,2 号管喷水,再延时 2 s,3 号管喷水,再延时 2 s,4 号管喷水,然后一起喷水 10 s,即为一个循环。

③当选择工作方式 C,按下起动按钮时,1、3 号管同时喷水,延时 2 s 后,2、4 号管同时喷水 2 s,1、3 号管停止喷水;交替运行 5 次后,1～4 号管再全部喷水 10 s,即为一个循环。

④当选择工作方式 D,按下起动按钮时,1～4 号管按 1—2—3—4 的顺序分别延时 2 s 喷水,然后一起喷水 10 s 后,1、2、3 和 4 号管按顺序分别延时 2 s 停水,再等待 1 s,按 4—3—2—1 的顺序分别延时 2 s 喷水,然后再一起喷水 10 s,即为一个循环。

不论在什么方式下工作,只要按下停止按钮,喷水管立即停止工作。

 任务分析

根据任务要求,采用"主-子"程序设计结构,4 种喷水管由选择开关确定 4 种不同的工作方式,可以将喷水管 4 种不同的工作方式设计成子程序,分别从主程序中的选择开关选择执行。在每种工作方式下,1～4 号喷水管采取分步工作方式,可以利用顺序控制指令实现。

 预备知识

一、子程序指令

子程序有调用和返回两大类指令,子程序返回又分为条件返回和无条件返回。子程序调用指令用在主程序或其他子程序中,子程序的无条件返回指令在子程序的最后网络段。梯形图指令系统能够自动生成子程序的无条件返回指令,用户无须输入。

通常将具有特定功能且多次使用的程序段作为子程序。子程序可以多次调用,也可以嵌套(最多 8 层),还可以递归调用(自己调用自己)。

1. 指令格式及功能

子程序指令的指令格式及功能见表 3-23。

表 3-23 子程序指令的指令格式及功能

指令格式	功　　能
─┤SBR_*├─ 　EN ──(RET)	子程序指令:子程序 SBR_* 的编号 * 从 0 开始自动向上生成,RET 指令为无条件返回。使能输入 EN 有效时,执行 SBR_* 子程序

2. 应用编程

例 3-42　子程序指令应用程序如图 3-66 所示。

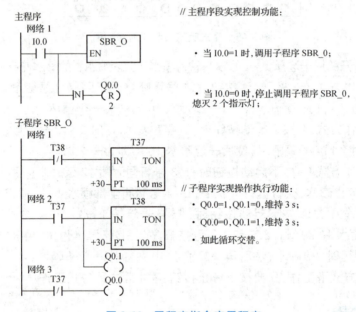

图 3-66　子程序指令应用程序

二、顺序控制指令

顺序控制是常用的程序设计方法,利用 3 条 SCR 指令描述程序顺序控制的步进状态,将程序的执行分成各个程序步,每步由进入条件、程序处理、转换条件和程序结束 4 部分组成。

1. 指令格式及功能

顺序控制指令的指令格式及功能见表 3-24。

表 3-24 顺序控制指令的指令格式及功能

指令格式	功　　能
n ──┤SCR├	顺序步开始指令:顺序控制继电器位 SX.Y=1 时,执行该程序步

指令格式	功能
—(SCRE)	顺序步结束指令:顺序步的处理程序在 LSCR 和 SCRE 之间
n —(SCRT)	顺序步转移指令:当使能输入 EN 有效时,将本顺序步的顺序控制继电器位清零,将下一步顺序控制继电器位置 1

2. 应用编程

例 3-43 红绿灯顺序显示 PLC 控制:梯形图程序编制如图 3-67 所示,当 I0.0 =1 时,起动 S0.0,执行程序的第一步,输出点 Q0.0 置 1(点亮红灯)、Q0.1 置 0(熄灭绿灯),同时起动定时器 T37 计时;经过 2 s 后,步进转移指令使得 S0.1 置 1、S0.0 置 0,程序进入第二步,输出点 Q0.1 置 1(点亮绿灯)、Q0.0 置 0(熄灭红灯),同时起动定时器 T38 计时;经过 2 s 后,步进转移指令使得 S0.0 置 1、S0.1 置 0,程序进入第一步执行,如此循环工作;当 I0.0 = 0 时,红绿灯同时熄灭。

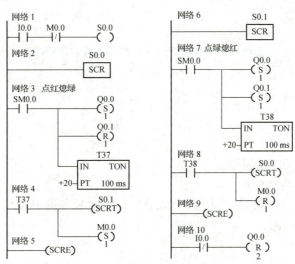

图 3-67 红绿灯顺序显示 PLC 控制梯形图程序

例 3-44 小车往返运行 PLC 控制:程序流程图与程序编制分别如图 3-68 和图 3-69 所示,按下起动按钮后小车从左往右运行,当碰到右限位 SQ2 行程开关后,停止 3 s,接着左行;当碰到左限位 SQ1 行程开关后停止,并等待再次起动。

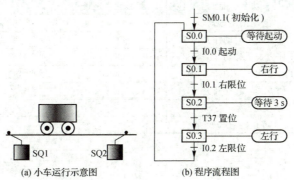

图 3-68 小车运行及程序流程图

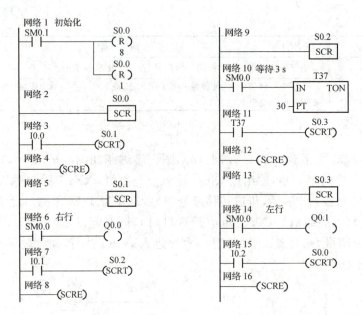

图 3-69　小车往返运行 PLC 控制梯形图程序

 任务实施

一、设备配置

(1)1 台 S7-200 CPU224 PLC。

(2)1 个花式喷泉控制模块。

(3)1 台装有 STEP 7-Micro/WIN32 V4.0 SP9 编程软件的 PC。

(4)1 根 PC/PPI 电缆。

(5)连接导线若干。

二、I/O 分配及功能

I/O 分配及功能见表 3-25。

表 3-25　I/O 分配及功能(任务八)

输入		输出	
编程元件地址	功　能	编程元件地址	功　能
I0.0	起动按钮 SB0	Q0.1	1 号喷头喷水开关接触器 KM1
I0.1	工作方式 1 起动开关 SB1	Q0.2	2 号喷头喷水开关接触器 KM2
I0.2	工作方式 2 起动开关 SB2	Q0.3	3 号喷头喷水开关接触器 KM3
I0.3	工作方式 3 起动开关 SB3	Q0.4	4 号喷头喷水开关接触器 KM4
I0.4	工作方式 4 起动开关 SB4		
I0.5	单步/连续开关 SB5		
I0.6	停止按钮 SB6		

三、PLC 接线图

在断电情况下,连接好 PC/PPI 电缆及 PLC 外围电路接线,如图 3-70 所示。

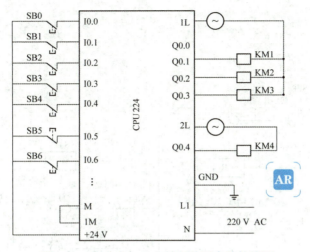

图 3-70　花式喷泉 PLC 控制外围电路接线图

四、编写梯形图程序

根据任务要求，编制花式喷泉 PLC 控制的梯形图程序，如图 3-71 所示。

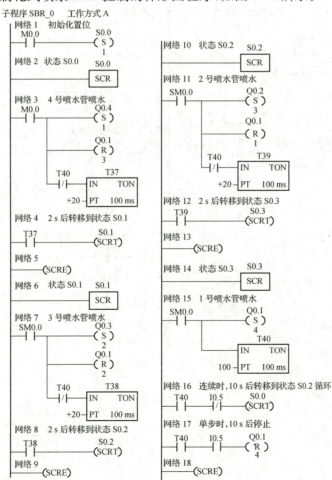

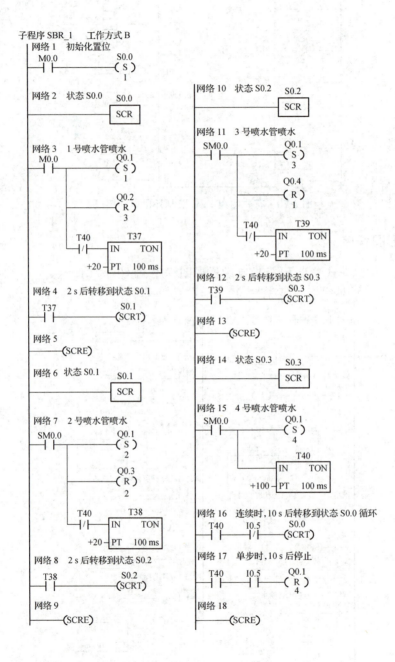

子程序 SBR_2　工作方式 C

网络 1　初始化置位
```
M0.0              S0.0
—| |—           —( S )
                   1
```

网络 2　状态 S0.0
```
        S0.0
      —(SCR)—
```

网络 3　1、3 号喷水管喷水
```
SM0.0             Q0.1
—| |—           —( S )
                   1
                  Q0.3
                —( S )
                   1
                  Q0.2
                —( R )
                   1
                  Q0.4
                —( R )
                   1

T38   T40        T37
—|/|—| |—    IN    TON
           +20—PT  100 ms
```

网络 4　2 s 后转移到状态 S0.1
```
T37              S0.1
—| |—          —(SCRT)
```

网络 5
```
              —(SCRE)
```

网络 6　状态 S0.1
```
        S0.1
      —(SCR)—
```

网络 7　2、4 号喷水管喷水
```
SM0.0             Q0.1
—| |—           —( R )
                   1
                  Q0.3
                —( R )
                   1
                  Q0.2
                —( S )
                   1
                  Q0.4
                —( S )
                   1

S0.1  T40        T38
—| |—|/|—    IN    TON
           +20—PT  100 ms
```

网络 8　计数
```
T38                 C0
—| |—          CU    CTU
C0
—| |—          R

               +5—PV
```

网络 9　交替 5 次后转向状态 S0.2
```
C0              S0.2
—| |—         —(SCRT)
```

网络 10　2 s 后转移到状态 S0.0
```
T38             S0.0
—| |—         —(SCRT)
```

网络 11
```
              —(SCRE)
```

网络 12　状态 S0.2
```
        S0.2
      —(SCR)—
```

网络 13　1~4 号喷水管喷水
```
SM0.0             Q0.1
—| |—           —( S )
                   4

                  T40
               IN    TON
         +100—PT  100 ms
```

网络 14　连续时,10 s 后转移到状态 S0.0 循环
```
T40   I0.5       S0.0
—| |—|/|—    —(SCRT)
```

网络 15　单步时,10 s 后停止
```
T40   I0.5       Q0.1
—| |—| |—      —( R )
                   4
```

网络 16
```
              —(SCRE)
```

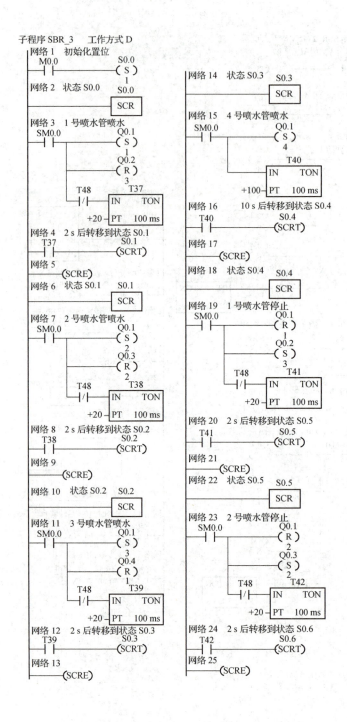

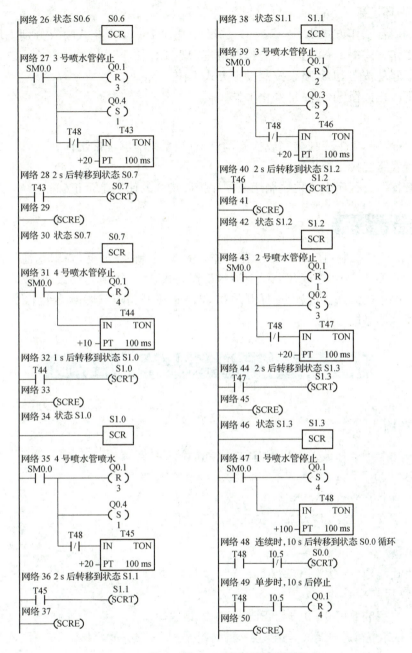

图 3-71 花式喷泉 PLC 控制的梯形图程序

五、调试检修

1. 调试

学生在教师的现场监护下进行通电调试,验证是否符合设计要求。

(1)编写梯形图程序,编译后将梯形图程序下载到 PLC 中。

(2)设置单步/连续开关。在单步位置时,花式喷泉只循环运行一次;在连续位置时,花式喷泉反复循环运行。

（3）分别闭合工作方式 A、B、C 或 D，选择开关 SB1～SB4，花式喷泉分别工作于 4 种方式下，每种工作方式中 1～4 号喷水管按照设定顺序工作。

（4）按下起动按钮 SB0，喷泉按照设定方式工作。

（5）按下停止按钮 SB6，喷泉停止工作。

2．检修

如果出现故障，学生应独立完成检修调试，直至系统能够正常工作。

（1）检查线路连接是否正确。

（2）检查梯形图程序中子程序调用及顺序控制指令的使用是否正确。

思考与练习

花式喷泉 PLC 控制：在"任务八　花式喷泉 PLC 控制"基础上，要求水池控制电源接通后，先由选择开关和单步/连续开关设定喷水工作方式，然后按下起动按钮，喷水装置开始工作；无须按下停止按钮，就可以由选择开关和单步/连续开关随意切换喷水工作方式；按下停止按钮后，喷水池立即停止工作。

任务九　数字 0～9 显示 PLC 控制

知识目标

掌握表功能指令和数据编码/译码指令的功能及应用编程；

熟悉 S7-200 系列 PLC 的结构和外部 I/O 接线方法；

熟悉 STEP 7-Micro/WIN32 V4.0 SP9 编程软件的使用方法；

熟悉数字 0～9 显示 PLC 控制的工作原理和程序设计方法。

技能目标

练习表功能指令和数据编码/译码指令的基本使用方法，能够正确编制数字 0～9 显示 PLC 控制程序；

能够独立完成数字 0～9 显示 PLC 控制线路的安装；

能够按规定进行通电调试，当出现故障时，能根据设计要求独立检修，直至系统正常工作。

数字 0～9 显示 PLC 控制：如图 3-72 所示，利用八段码显示控制模块中的 a～g 七段 LED"8"显示数字 0～9。

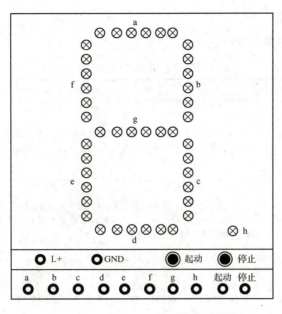

图 3-72 八段码显示控制模块结构图

根据任务要求,将数字 0~9 存放在表地址为 VW0 的表中,采用 I_B 指令进行数据类型转换,由七段码译码指令 SEG 经 QB0 驱动 a~g 七段 LED"8",实现数字 0~9 的显示,可以通过定时器来完成数字间隔 3 s 的顺序显示。

一、表功能指令

表功能指令用来建立、存储和查询字型数据的数据表,数据表的组成和数据存储格式见表 3-26。

表 3-26 数据表的组成和数据存储格式

单元地址	单元内容	说明
VW200	0005	TL=5,最多可填 5 个数,VW200 为表首地址
VW202	0004	EC=4,实际在表中存 4 个数据
VW204	2325	数据 0
VW206	5678	数据 1
VW208	9872	数据 2
VW210	3562	数据 3
VW212	××××	无效数据(指 VW212 中的数据不是表中实际数据)

注 1:表地址。表地址是指表的第 1 个字地址,即表的首地址。

注 2:表定义。表定义是指由表地址和第 2 个字地址单元分别存放的 2 个表参数来定义最大填表数据个数(TL)和实际填表数据个数(EC)。

注 3:存储数据。存储数据从表的第 3 个字地址开始,最多能存储 100 个数据(数据 0~数据 99)。

1. 指令格式及功能

表功能指令的指令格式及功能见表3-27。

表3-27 表功能指令的指令格式及功能

指令格式	功　　能
AD_T_TBL EN　ENO DATA TBL	填表指令：当使能输入EN有效时，将DATA(填表数据或其地址)指定的数据添加到表TBL(表首地址)中最后一个数据后面，并且实际填表数EC自动加1
F_IFO EN　ENO TBL　DATA	表取指令(先入先出)：当使能输入EN有效时，从TBL指明的表中移出第一个字型数据，并将该数据输出到DATA，剩余数据依次向上移一个字型数据存储位，表的实际填表数EC值自动减1
L_IFO EN　ENO TBL　DATA	表取指令(后入先出)：当使能输入EN有效时，从TBL指明的表中移出最后一个数据，剩余数据的位置不变，并将该数据输出到DATA，表的实际填表数EC值自动减1
TBL_FIND EN　ENO TBL PTN INDX CMD	查表指令：从数据表的第1个数据开始查找符合条件的数据。其中，TBL是表格首地址，用于指明被访问的表格；PIN是用于描述查表条件时进行比较的数据；CMD是比较运算的编码，它是1个1~4的数值，分别对应代表运算符 =、<>、<、>；INDX是指定表中符合查找条件的数据，当使能输入EN有效时，从INDX开始搜索表TBL中符合条件PTN和CMD的数据，并将查找结果存放在INDX指定的存储器单元中

注1：执行查表指令前，应先对INDX内容进行清零。
注2：当使能输入EN有效时，从数据表的第1个数据(数据0)开始查找符合条件的数据，若没有发现符合条件的数据，则INDX值等于TL。
注3：若找到一个符合条件的数据，则将该数据在表中的地址位置装入INDX中，如数据3的INDX=4。
注4：若找到一个符合条件的数据后，想继续向下查找，必须先将INDX加1，然后重新激活表查找指令，从表中符合条件的数据的下一个数据开始查找。

2. 应用编程

例3-45 将(VW100)=1234填入表3-26中，程序如图3-73所示，执行结果见表3-28。

表3-28 数据的执行结果1

操作数	单元地址	填表前内容	填表后内容	注　释
DATA	VW100	1234	1234	待填表数据
TBL	VW200	0005	0005	最大填表数TL
	VW202	0004	0005	实际填表数EC
	VW204	2325	2325	数据0
	VW206	5678	5678	数据1
	VW208	9872	9872	数据2
	VW210	3562	3562	数据3
	VW212	××××	1234	数据4

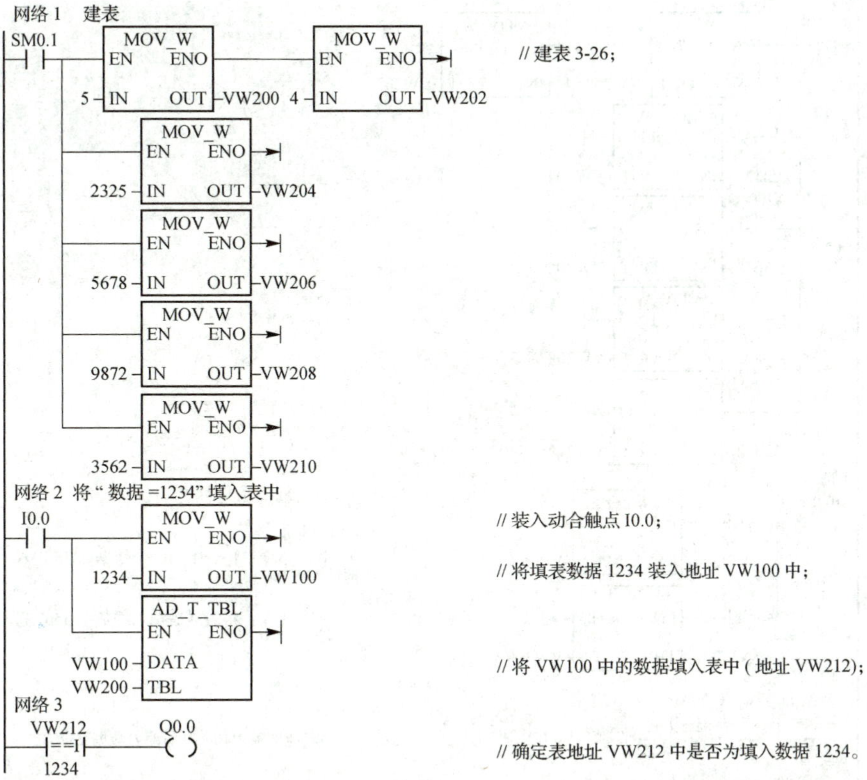

```
网络1  建表
SM0.1   MOV_W           MOV_W
─┤├──── EN  ENO ─────── EN  ENO ──
      5─IN  OUT─VW200  4─IN  OUT─VW202    //建表3-26；

        MOV_W
        EN  ENO ──
   2325─IN  OUT─VW204

        MOV_W
        EN  ENO ──
   5678─IN  OUT─VW206

        MOV_W
        EN  ENO ──
   9872─IN  OUT─VW208

        MOV_W
        EN  ENO ──
   3562─IN  OUT─VW210

网络2  将"数据=1234"填入表中
I0.0    MOV_W
─┤├──── EN  ENO ──                        //装入动合触点I0.0；
   1234─IN  OUT─VW100                     //将填表数据1234装入地址VW100中；

        AD_T_TBL
        EN  ENO ──
  VW100─DATA
  VW200─TBL                               //将VW100中的数据填入表中(地址VW212);

网络3
VW212    Q0.0
─┤==I├───( )─                             //确定表地址VW212中是否为填入数据1234。
  1234
```

图3-73 填表指令程序

例3-46 利用表取指令从表3-26中取数据,分别送入VW300和VW400中,程序如图3-74所示,执行结果见表3-29。

表3-29 数据的执行结果2

操作数	单元地址	执行前内容	执行FIFO	执行LIFO	注　释
DATA	VW400	空	2325	2325	FIFO输出的数据
	VW300	空	空	3562	LIFO输出的数据
TBL	VW200	0005	0005	0005	TL=5最大填表数不变化
	VW202	0004	0003	0002	EC值由4变为3再变为2
	VW204	2325	5678	5678	数据0
	VW206	5678	9872	9872	数据1
	VW208	9872	3562	××××	无效数据
	VW210	3562	××××	××××	无效数据
	VW212	××××	××××	××××	无效数据

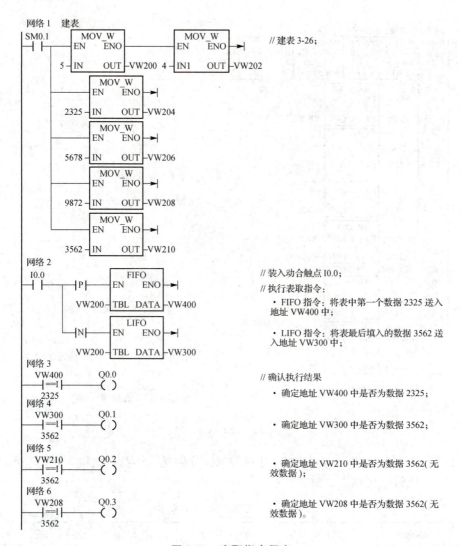

图 3-74 表取指令程序

例 3-47 利用查表指令从表 3-26 中找出等于 3562 的数据在表中的位置,程序如图 3-75 所示,执行结果见表 3-30。

表 3-30 数据的执行结果 3

操作数	单元地址	执行前内容	执行后内容	注　释
PIN	VW300	3562	3562	用来比较的数据
INDX	AC0	0	4	符合查表条件的数据位置
CMD	无	1	1	1表示为与查找数据相等
TBL	VW200	0005	0005	TL＝5
	VW202	0004	0004	EC＝4
	VW204	2325	2325	数据0
	VW206	5678	5678	数据1
	VW208	9872	9872	数据2
	VW210	3562	3562	数据3
	VW212	××××	××××	无效数据

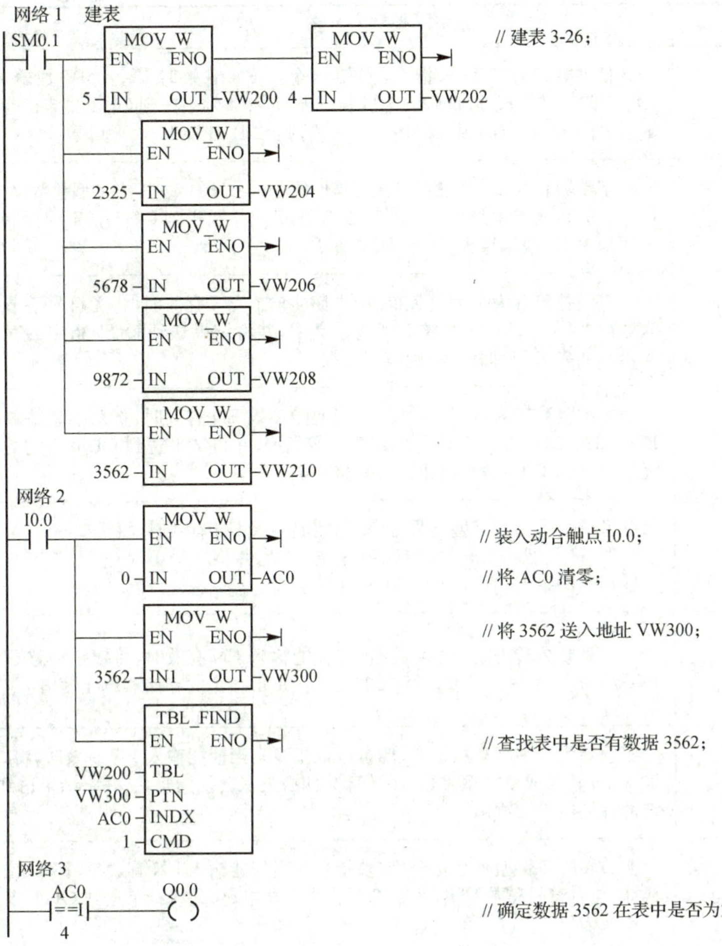

```
网络1   建表
SM0.1    MOV_W           MOV_W
─┤├──── EN   ENO ─────── EN   ENO ─    // 建表 3-26；
         5─IN  OUT─VW200  4─IN  OUT─VW202

         MOV_W
        EN   ENO
      2325─IN  OUT─VW204

         MOV_W
        EN   ENO
      5678─IN  OUT─VW206

         MOV_W
        EN   ENO
      9872─IN  OUT─VW208

         MOV_W
        EN   ENO
      3562─IN  OUT─VW210

网络2
I0.0    MOV_W
─┤├──── EN   ENO                       // 装入动合触点 I0.0；
         0─IN  OUT─AC0                 // 将 AC0 清零；

         MOV_W
        EN   ENO
      3562─IN1 OUT─VW300                // 将 3562 送入地址 VW300；

         TBL_FIND
        EN   ENO
      VW200─TBL                          // 查找表中是否有数据 3562；
      VW300─PTN
        AC0─INDX
          1─CMD

网络3
  AC0   Q0.0
──┤==├──( )                              // 确定数据 3562 在表中是否为第 4 个数据（数据3）。
    4
```

图 3-75　查表指令程序

二、数据类型转换指令

数据类型转换指令是对操作数的数据类型进行转换，并输出到指定的目标地址中去的指令。转换指令包括 BCD 码与整数之间的转换指令、字节与整数之间的转换指令、整数与双整数之间的转换指令、双整数与实数之间的转换指令等。

1. 指令格式及功能

数据类型转换指令的指令格式及功能见表 3-31。

表 3-31　数据类型转换指令的指令格式及功能

指令格式	功　　能
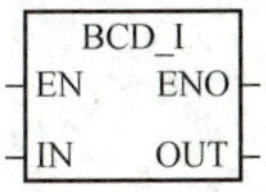 BCD_I ─EN ENO─ ─IN OUT─	BCD 码转为实数指令：当使能输入 EN 有效时，将 BCD 码的十进制值输入数据 IN(0～9 999)转换成十六进制实数类型，并将结果送到 OUT 指定的存储器单元输出。若 IN 指定的源数据格式不正确，则 SM1.6 置 1

续表

指令格式	功 能
I_BCD EN ENO IN OUT	字型整数转为BCD码指令：当使能输入EN有效时，将字型整数输入数据IN(0~9 999)转换成BCD码的十进制值类型，并将结果送到OUT指定的存储器单元输出。若IN指定的源数据格式不正确，则SM1.6置1
I_B EN ENO IN OUT	字型整数转为字节型整数指令：当使能输入EN有效时，将字型整数输入数据IN(0~255)转换成无符号字节型整数类型，并将结果送到OUT指定的存储器单元输出。如果IN数据溢出，则SM1.6置1
B_I EN ENO IN OUT	字节型整数转为字型整数指令：当使能输入EN有效时，将无符号字节型整数输入数据IN(0~255)转换成字型整数类型，并将结果送到OUT指定的存储器单元输出。如果IN数据溢出，则编译错误
DI_I EN ENO IN OUT	双字型整数转为字型整数指令：当使能输入EN有效时，将双字型整数输入数据IN(-32 768~32 767)转换成字型整数类型，并将结果送到OUT指定的存储器单元输出。如果IN数据溢出，则编译错误
I_DI EN ENO IN OUT	字型整数转为双字型整数指令：当使能输入EN有效时，将字型整数输入数据IN(-32 768~32 767)转换成双字型整数类型，并将结果送到OUT指定的存储器单元输出。如果IN数据溢出，则SM1.1置1
DI_R EN ENO IN OUT	双字型整数转为字型整数指令：当使能输入EN有效时，将双字型整数输入数据IN转换成字型整数类型，并将结果送到OUT指定的存储器单元输出
ROUND EN ENO IN OUT	实数转为双字型整数指令(四舍五入指令)：当使能输入EN有效时，将32位实数输入IN转换成双字型整数，小数部分四舍五入转换为整数，并将结果送到OUT指定的存储器单元输出
TRUNC EN ENO IN OUT	实数转为双字型整数指令(取整指令)：当使能输入EN有效时，将32位实数转换成32位有符号整数输出，小数部分舍去直接取整，并将结果送到OUT指定的存储器单元输出

2. 应用编程

例3-48 BCD码与整数之间的转换应用，程序如图3-76所示。

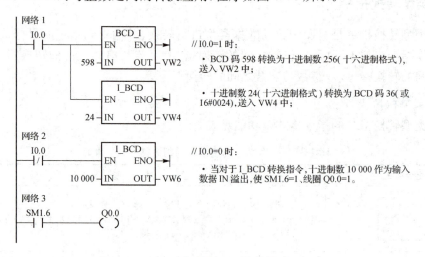

图3-76 BCD码与整数之间的转换应用程序

例 3-49 字节型整数与字型整数之间的转换应用，程序如图 3-77 所示。

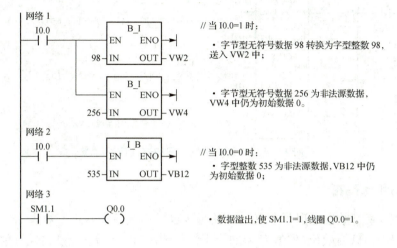

图 3-77 字节型整数与字型整数之间的转换应用程序

例 3-50 字型整数与双字型整数之间的转换应用，程序如图 3-78 所示。

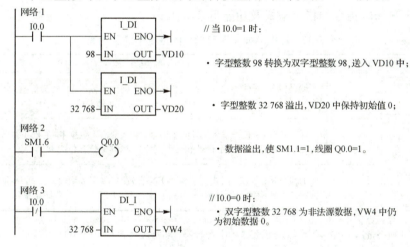

图 3-78 字型整数与双字型整数之间的转换应用程序

例 3-51 把英寸转换成厘米（其中，VW30＝101，1 英寸＝2.54 厘米），程序如图 3-79 所示。

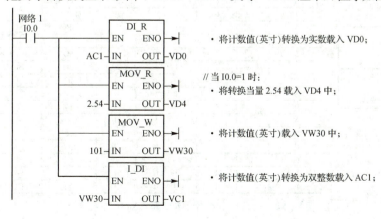

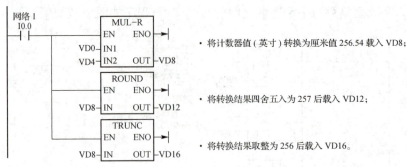

图 3-79 英寸与厘米单位之间的转换应用程序

三、数据编码和译码指令

在 PLC 中，字型数据可以是 16 位二进制数，也可用 2 位十六进制数表示。编码过程就是把字型数据中最低有效位(位值为 1)的位号进行编码，而译码过程是将执行数据所表示的位号所对应的指定单元的字型数据的位置 1。

1. 指令格式及功能

数据编码和译码指令的指令格式及功能见表 3-32。

表 3-32 数据编码和译码指令的指令格式及功能

指令格式	功 能
ENCO EN ENO IN OUT	编码指令：当使能输入 EN 有效时，将字型输入数据 IN 的最低有效位(值为 1 的位)的位号输入 OUT 所指定的字节存储器单元低 4 位
DECO EN ENO IN OUT	译码指令：当使能输入 EN 有效时，将字节型输入数据 IN 的低 4 位所表示的位号对 OUT 所指定的字存储器单元对应位置1，其他位复位为 0
SEG EN ENO IN OUT	七段显示译码指令：当使能输入 EN 有效时，将字节型输入数据 IN 的低 4 位有效数字产生相应的七段显示码，并将其输出到 OUT 指定的存储器单元

注 1：七段显示数码管 g、f、e、d、c、b、a 的位置关系和数字 0~9、字母 A~F 与七段显示的对应关系如图 3-80 所示。
注 2：每段置 1 时亮，置 0 时暗。例如，要显示数据 0 时，七段码管明暗规则依次是 (011 1111)₂ (g 管暗，其余各管亮)，将高位补 0 后为 (0011 1111)₂，即 0 的七段译码为 (3F)₁₆。

十六进制数	×	g	f	e	d	c	b	a	七段编码值	显示码值
0	×	0	1	1	1	1	1	1	3F	0
1	×	0	0	0	0	1	1	0	06	1
2	×	1	0	1	1	0	1	1	5B	2
3	×	1	0	0	1	1	1	1	4F	3
4	×	1	1	0	0	1	1	0	66	4
5	×	1	1	0	1	1	0	1	6D	5
6	×	1	1	1	1	1	0	1	7D	6
7	×	0	0	0	0	1	1	1	07	7
8	×	1	1	1	1	1	1	1	7F	8
9	×	1	1	0	0	1	1	1	67	9
A	×	1	1	1	0	1	1	1	77	A
B	×	1	1	1	1	1	0	0	7C	b
C	×	0	1	1	1	0	0	1	39	C
D	×	1	0	1	1	1	1	0	5E	d
E	×	1	1	1	1	0	0	1	79	E
F	×	1	1	1	0	0	0	1	71	F

图 3-80 七段码和数字、字母显示对应关系图

2. 应用编程

例 3-52 数据编码指令的应用程序如图 3-81 所示。

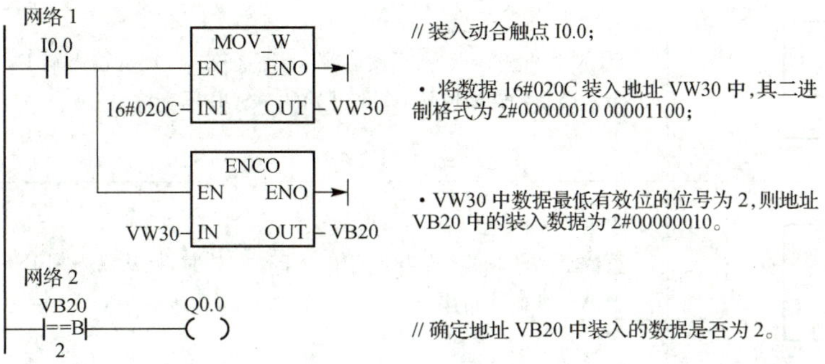

网络 1
```
I0.0  —| |—  MOV_W
              EN   ENO
       16#020C—IN1  OUT —VW30
```
// 装入动合触点 I0.0；
· 将数据 16#020C 装入地址 VW30 中，其二进制格式为 2#00000010 00001100；

```
              ENCO
              EN   ENO
       VW30—IN   OUT —VB20
```
· VW30 中数据最低有效位的位号为 2，则地址 VB20 中的装入数据为 2#00000010。

网络 2
```
VB20
—|==B|—( Q0.0 )
  2
```
// 确定地址 VB20 中装入的数据是否为 2。

图 3-81 数据编码指令应用程序

例 3-53 数据译码指令的应用程序如图 3-82 所示。

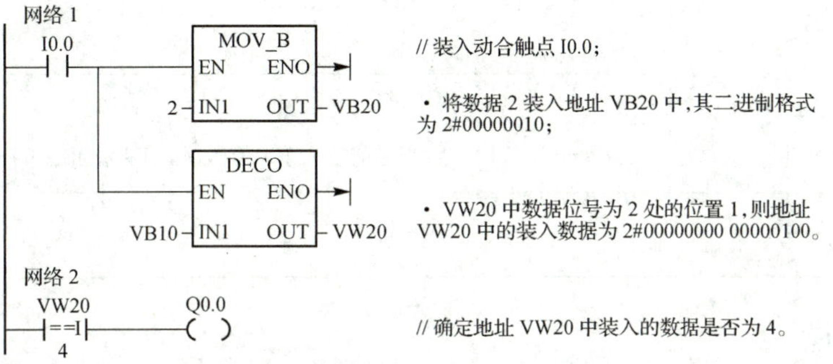

网络 1
```
I0.0  —| |—  MOV_B
              EN   ENO
          2—IN1  OUT —VB20
```
// 装入动合触点 I0.0；
· 将数据 2 装入地址 VB20 中，其二进制格式为 2#00000010；

```
              DECO
              EN   ENO
       VB10—IN   OUT —VW20
```
· VW20 中数据位号为 2 处的位置 1，则地址 VW20 中的装入数据为 2#00000000 00000100。

网络 2
```
VW20
—|==I|—( Q0.0 )
  4
```
// 确定地址 VW20 中装入的数据是否为 4。

图 3-82 数据译码指令应用程序

例 3-54 七段码显示 PLC 控制：编写显示数字 5 的段代码程序，并用 QB0（QB0.0～QB0.6 分别接七段显示数码管 a～g 段）驱动段码显示，显示实现程序如图 3-83 所示。

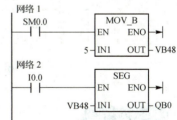

图 3-83 数字 5 七段码显示实现程序

四、字符串转换指令

字符串转换指令是将标准字符编码 ASCII 码字符串与十六进制数、整数、双整数及实数进行转换。

1. 指令格式及功能

字符串转换指令的指令格式及功能见表 3-33。

表 3-33 字符串转换指令的指令格式及功能

指令格式	功 能
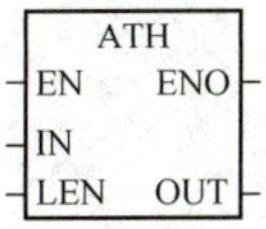 ATH EN ENO IN LEN OUT	ASCII 至 HEX 指令：当使能输入 EN 有效时，把从输入端 IN 开始，长度为 LEN 的 ASCII 码字符串转换成从 OUT 开始的十六进制数

135

续表

指令格式	功　能
HTA EN　ENO IN LEN　OUT	HEX 至 ASCII 指令：当使能输入 EN 有效时，把从输入端 IN 开始、长度为 LEN 的十六进制数转换成从 OUT 开始的 ASCII 码字符串
ITA EN　ENO IN LEN　OUT	整数至 ASCII 指令：当使能输入 EN 有效时，把从输入端 IN 开始的整数转换成一个 ASCII 码字符串
DTA EN　ENO IN LEN　OUT	双整数至 ASCII 指令：当使能输入 EN 有效时，把从输入端 IN 开始的双字型整数转换成一个 ASCII 码字符串
RTA EN　ENO IN LEN　OUT	实数至 ASCII 指令：当使能输入 EN 有效时，把从输入端 IN 开始的实数转换成一个 ASCII 码字符串

2. 应用编程

例 3-55　编程将 VD100 中存储的 ASCII 代码转换成十六进制数。已知(VB100)=33，(VB101)=32，(VB102)=21，(VB103)=25。程序设计如图 3-84 所示。

图 3-84　字符串转换指令程序设计

一、设备配置

(1) 1 台 S7-200 CPU226 PLC。
(2) 1 个八段码显示控制模块。
(3) 1 台装有 STEP 7-Micro/WIN32 V4.0 SP9 编程软件的 PC。
(4) 1 根 PC/PPI 电缆。
(5) 连接导线若干。

二、I/O 分配及功能

I/O 分配及功能见表 3-34。

表 3-34 I/O 分配及功能(任务九)

输入		输出	
编程元件地址	功能	编程元件地址	功能
I0.0	起停开关 SB1	Q0.0	驱动七段 LED"8"a 段 L1 显示
		Q0.1	驱动七段 LED"8"b 段 L2 显示
		Q0.2	驱动七段 LED"8"c 段 L3 显示
		Q0.3	驱动七段 LED"8"d 段 L4 显示
		Q0.4	驱动七段 LED"8"e 段 L5 显示
		Q0.5	驱动七段 LED"8"f 段 L6 显示
		Q0.6	驱动七段 LED"8"g 段 L7 显示

三、PLC 接线图

在断电情况下,连接好 PC/PPI 电缆及 PLC 外围电路接线,如图 3-85 所示。

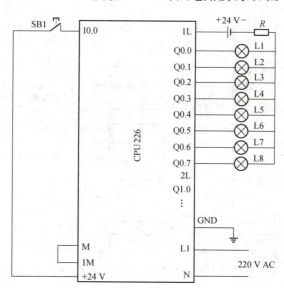

图 3-85 数字 0~9 显示 PLC 控制外围电路接线图

四、编写梯形图程序

根据任务要求,编制数字 0~9 显示 PLC 控制的梯形图程序,如图 3-86 所示。

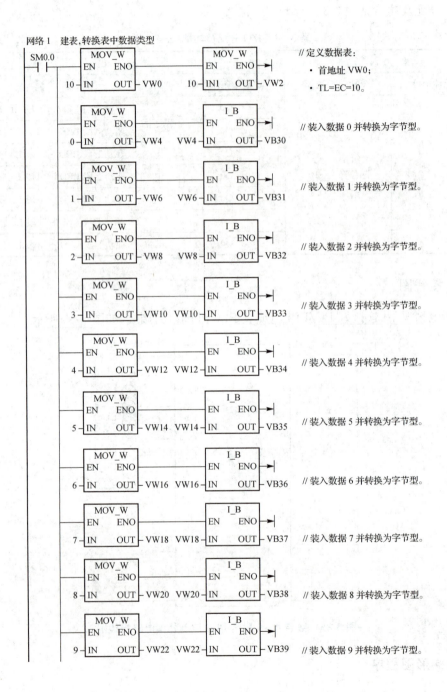

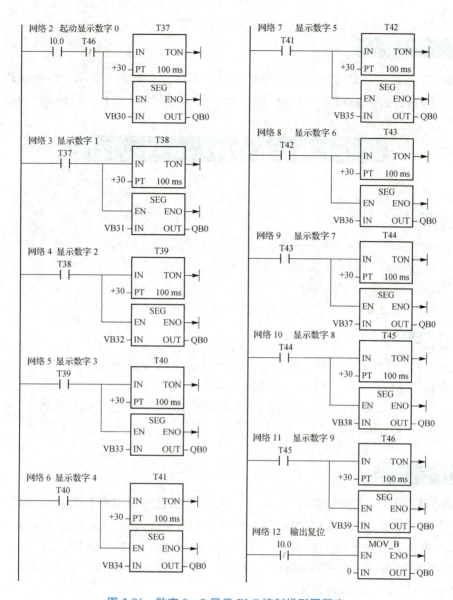

图 3-86 数字 0～9 显示 PLC 控制梯形图程序

五、调试检修

1. 调试

学生在教师的现场监护下进行通电调试,验证是否符合设计要求。

(1) 编写梯形图程序,编译后将梯形图程序下载到 PLC 中。

(2) 起停按钮 SB1 闭合时,QB.0 输出端口连接的 a～g 七段 LED"8"依次循环显示数字 0～9。

2. 检修

如果出现故障,学生应独立完成检修调试,直至能够正常工作。

(1) 检查线路连接是否正确。

(2) 检查梯形图程序中七段码译码指令和定时器指令时序的使用是否正确。

思考与练习

(1) 数字 0~F 显示 PLC 控制：要求使用七段 LED "8" 依次循环显示十六进制数 0~F。
(2) 创建数据表：利用填表指令和数据传送指令，分别创建格式如表 3-26 所示的数据表。

任务十　艺术彩灯显示 PLC 控制

知识目标

掌握中断指令的功能及应用编程；
熟悉 S7-200 系列 PLC 的结构和外部 I/O 接线方法；
熟悉 STEP 7-Micro/WIN32 V4.0 SP9 编程软件的使用方法；
熟悉艺术彩灯显示 PLC 控制的工作原理和程序设计方法。

技能目标

练习中断指令的基本使用方法，能正确编制艺术彩灯显示 PLC 控制程序；
能够独立完成艺术彩灯显示 PLC 控制线路的安装；
能够按规定进行通电调试，当出现故障时，能根据设计要求独立检修，直至系统正常工作。

 任务引入

艺术彩灯显示 PLC 控制：采用 A、B、C、D、E、F、G 和 H 八段发光 LED 模拟"米"字形艺术彩灯，如图 3-87 所示为艺术彩灯显示控制模块结构图，每段发光 LED 对应 PLC 一个输出端子，由 PLC 控制八段发光 LED 的显示。当按下起动按钮，彩灯按 ABCDEFGH—A—B—C—D—E—F—G—H—ABCDEFGH—H—G—F—E—D—C—B—A 间隔 1 s 顺序循环执行。按下停止按钮，八段发光 LED 均熄灭。

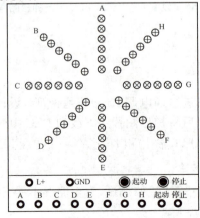

图 3-87　艺术彩灯显示控制模块结构图

任务分析

根据任务要求,采用以下解决方案。

(1)"米"字形艺术彩灯由 A、B、C、D、E、F、G、H 八段发光 LED 构成,对应 PLC 八个输出端子 QB0。

(2)使用 MD0 寄存器的高 18 位(M0.7~M0.0,M1.7~M1.0,M2.7 和 M2.6)存放艺术彩灯(ABCDEFGH—A—B—C—D—E—F—G—H—ABCDEFGH—H—G—F—E—D—C—B—A)18 种显示状态值,并赋初值为 16♯8000 0000,利用右移位指令实现显示状态的转换,则 MD0 寄存器状态与输出端子输出(有效值为 1)的对应关系见表 3-35。其中,M2.5 状态位给 MD0 寄存器再次赋初值 16♯8000 0000,实现循环控制。

表 3-35 MD0 寄存器状态与输出端子输出的对应关系

寄存器状态	输出端子							
	A(Q0.0)	B(Q0.1)	C(Q0.2)	D(Q0.3)	E(Q0.4)	F(Q0.5)	G(Q0.6)	H(Q0.7)
M0.7	1	1	1	1	1	1	1	1
M0.6	1	0	0	0	0	0	0	0
M0.5	0	1	0	0	0	0	0	0
M0.4	0	0	1	0	0	0	0	0
M0.3	0	0	0	1	0	0	0	0
M0.2	0	0	0	0	1	0	0	0
M0.1	0	0	0	0	0	1	0	0
M0.0	0	0	0	0	0	0	1	0
M1.7	0	0	0	0	0	0	0	1
M1.6	1	1	1	1	1	1	1	1
M1.5	0	0	0	0	0	0	0	1
M1.4	0	0	0	0	0	0	1	0
M1.3	0	0	0	0	0	1	0	0
M1.2	0	0	0	0	1	0	0	0
M1.1	0	0	0	1	0	0	0	0
M1.0	0	0	1	0	0	0	0	0
M2.7	0	1	0	0	0	0	0	0
M2.6	1	0	0	0	0	0	0	0
M2.5	1	0	0	0	0	0	0	0
⋮	*	*	*	*	*	*	*	*

注1:输出端子输出由 MD0 寄存器对应的状态位驱动,如当 M0.7=1 时,Q0.0~Q0.7=1。

注2:依次给出 M0.7~M2.6 的输出端子输出,将同名输出端子输出合并,如 Q0.0=1,条件是 M0.7=1,或 M0.6=1,或 M1.6=1,或 M2.6=1。

注3:18 种显示状态转换时间间隔1 s,使用定时中断0实现。

预备知识

一、中断的概念

中断是 CPU 实时处理和实时控制中不可缺少的一项技术,即当控制系统执行正常程序时,系统中出现了某些急需处理的异常情况或特殊请求(中断源),CPU 暂时中断现行程序,自动保存逻辑堆栈、累加器和某些特殊标志寄存器位等断点数据(保护现场),而去对随机发生的更紧迫事件进行处理(执行中断服务程序)。当该事件处理完毕后,CPU 自动恢复这些单元保存起来的断点数据(恢复现场),回到原来程序被中断的地方继续执行(中断返回)。中断执行流程图如图 3-88 所示。

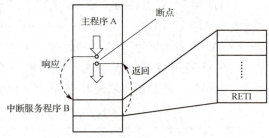

图 3-88 中断执行流程图

S7-200 CPU 最多有 32 个中断源,每个中断源都分配一个编号用于识别,称为中断事件号。这些中断源大致分为 3 类:通信中断,输入/输出中断和时间中断。它们具有不同的优先级,不同优先级的中断事件按照优先级由高到低执行,同等优先级的中断事件按照中断申请先后执行。中断事件描述见表 3-36。

表 3-36 中断事件描述

中断号	中断描述	优先级分组	优先级
8	通信口 0:字符接收	通信(最高)	0
9	通信口 0:发送完成		0
23	通信口 0:报文接收完成		0
22	通信口 1:报文接收完成		1
25	通信口 1:字符接收		1
26	通信口 1:发送完成		1
19	PTO 0 脉冲输出完成	输入/输出(中等)	0
20	PTO 1 脉冲输出完成		1
0	I0.0 的上升沿		2
2	I0.1 的上升沿		3
4	I0.2 的上升沿		4
6	I0.3 的上升沿		5
1	I0.0 的下降沿		6
3	I0.1 的下降沿		7
5	I0.2 的下降沿		8
7	I0.3 的下降沿		9
12	HSC0 CV=PV(当前值=设置值)		10
27	HSC0 方向改变		11
28	HSC0 外部复位		12
13	HSC1 CV=PV(当前值=设置值)		13

续表

中断号	中断描述	优先级分组	优先级
14	HSC1 方向改变	输入/输出（中等）	12
15	HSC1 外部复位		15
16	HSC2 CV=PV(当前值=设置值)		16
17	HSC2 方向改变		17
18	HSC2 外部复位		18
32	HSC3 CV=PV(当前值=设置值)		19
29	HSC2 CV=PV(当前值=设置值)		20
30	HSC2 方向改变		21
31	HSC2 外部复位		22
33	HSC5 CV=PV(当前值=设置值)		23
10	定时中断 0(增量为 1 ms,时间值 5～255 写入 SMB34)	定时（最低）	0
11	定时中断 1(增量为 1 ms,时间值 5～255 写入 SMB35)		1
21	定时器中断 0(1 ms 通电和断电延时定时器 T32 的 CT=PT)		2
22	定时器中断 1(1 ms 通电和断电延时定时器 T96 的 CT=PT)		3

二、中断指令

1. 指令格式及功能

中断指令有 2 条，指令格式及功能见表 3-37。

表 3-37　中断指令的指令格式及功能

指令格式	功　　能
——(ENI)	开中断指令：当使能输入 EN 有效时，允许全局所有中断事件中断
——(DISI)	关中断指令：当使能输入 EN 有效时，关闭全局所有被连接的中断事件
ATCH EN　ENO INT EVNT	中断连接指令：当使能输入 EN 有效时，把一个中断事件 EVNT 和一个中断程序 INT 联系起来，并允许这一中断事件
DTCH EN　ENO EVNT	中断分离指令：当使能输入 EN 有效时，切断一个中断事件和所有中断程序的联系，并禁止该中断事件

注1：当 PLC 进入正常运行 RUN 模式时，CPU 禁止所有中断，但可以在 RUN 状态下执行中断允许指令 ENI，允许所有中断。

注2：多个中断事件可以调用一个中断程序，但一个中断事件不能同时连接调用多个中断程序。

注3：中断服务程序不允许嵌套，禁止使用指令 DISI、ENI、CALL、HDEF、FOR/NEXT、LSCR、SCRE、SCRT、END。

2. 应用编程

例 3-56　中断方式方波信号产生 PLC 控制：定时器中断产生时间为 2 s 的中断，开中断后响应中断事件 21，通过执行中断服务程序 INT_0，实现 Q0.0 输出端口输出周期为 6 s 的方波信号，梯形图程序如图 3-89 所示。

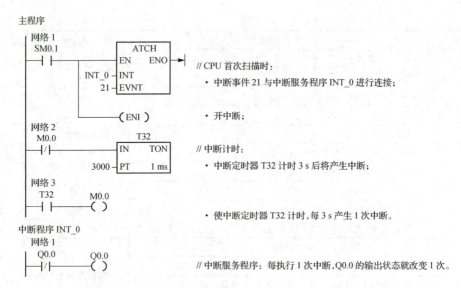

图 3-89　中断方式方波信号产生 PLC 控制梯形图程序

 任务实施

一、设备配置

(1) 1 台 S7-200 CPU226 PLC。

(2) 1 个艺术彩灯显示控制模块。

(3) 1 台装有 STEP 7-Micro/WIN32 V4.0 SP9 编程软件的 PC。

(4) 1 根 PC/PPI 电缆。

(5) 连接导线若干。

二、I/O 分配及功能

I/O 分配及功能见表 3-38。

表 3-38　I/O 分配及功能(任务十)

输 入		输 出	
编程元件地址	功　能	编程元件地址	功　能
I0.0	起动按钮 SB0	Q0.0	驱动指示灯 L1 显示
		Q0.1	驱动指示灯 L2 显示
		Q0.2	驱动指示灯 L3 显示
		Q0.3	驱动指示灯 L4 显示
I0.1	停止按钮 SB1	Q0.4	驱动指示灯 L5 显示
		Q0.5	驱动指示灯 L6 显示
		Q0.6	驱动指示灯 L7 显示
		Q0.7	驱动指示灯 L8 显示

三、PLC 接线图

在断电情况下，连接好 PC/PPI 电缆及 PLC 外围电路接线，如图 3-90 所示。

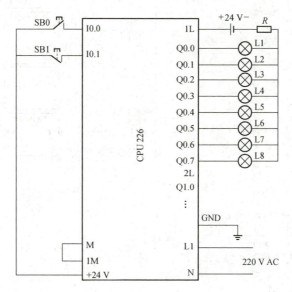

图 3-90　艺术彩灯显示 PLC 控制外围电路接线图

四、编写梯形图程序

根据任务要求，编制"米"字形艺术彩灯显示 PLC 控制的梯形图程序，如图 3-91 所示。

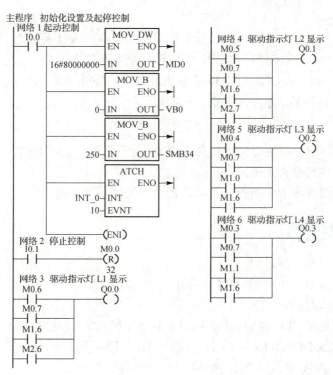

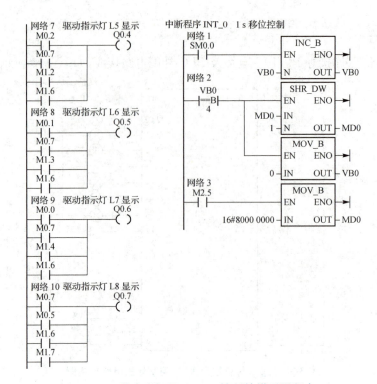

图 3-91　艺术彩灯显示 PLC 控制的梯形图程序

五、调试检修

1. 调试

学生在教师的现场监护下进行通电调试,验证是否符合设计要求。

（1）编写梯形图程序,编译后将梯形图程序下载到 PLC 中。

（2）按下按钮 SB0 后,Q0.0～DQ0.7 输出端口"米"字形彩灯 L1～L8 按照任务要求点亮显示;按下按钮 SB1 后,"米"字形彩灯全部熄灭。

2. 检修

如果出现故障,学生应独立完成检修调试,直至系统能够正常工作。

（1）检查线路连接是否正确。

（2）检查梯形图程序中中断指令及移位指令的使用是否正确。

思考与练习

（1）简述中断及其处理过程。

（2）艺术彩灯显示 PLC 控制:在"任务十　艺术彩灯显示 PLC 控制"基础上,要求彩灯按反方向顺序显示,时间间隔为 4 s。

（3）艺术彩灯显示 PLC 控制:要求利用定时器中断方式实现"米"字形艺术彩灯显示控制,并且彩灯按 ABCDEFGH—AB—BC—CD—DE—EF—FG—GH—ABCDEFGH—HG—GF—FE—ED—DC—CB—BA 顺序循环执行,时间间隔为 1 s。

(4)彩灯显示 PLC 控制:利用定时器中断方式编写彩灯显示 PLC 控制程序,要求当 I0.0 输入上升沿时,实现 Q0.0 输出端口指示灯间隔 1 s 交替点亮熄灭,当 I0.0 输入下降沿时,实现 Q0.0 输出端口指示灯熄灭。

(5)五相步进电机 PLC 控制:五相步进电机的五相为 A、B、C、D、E,要求当按下起动按钮后,五相按 A—B—C—D—E—A—AB—BC—CD—DE—EA—AB—ABC—BC—BCD—CD—CDE—DE—DEA—EA—EAB—ABC—BCD—CDE—DEA 顺序自动通电并循环,各相通电间隔时间为 2 s。当按下停止按钮后,五相全部断电。

任务十一　步进电动机起停运行 PLC 控制

知识目标

掌握高速计数器指令与高速脉冲输出指令的功能及应用编程;
熟悉 S7-200 系列 PLC 的结构和外部 I/O 接线方法;
熟悉 STEP 7-Micro/WIN32 V4.0 SP9 编程软件的使用方法;
熟悉步进电动机起停运行 PLC 控制的工作原理和程序设计方法。

技能目标

练习高速计数器指令与高速脉冲输出指令的基本使用方法,能够正确编制步进电动机起停运行 PLC 控制程序;
能够独立完成步进电动机起停运行 PLC 控制的线路安装;
能够按规定进行通电调试,当出现故障时,能根据设计要求独立检修,直至系统正常工作。

任务引入

步进电动机起停运行 PLC 控制:步进电动机运行控制过程如图 3-92 所示,从 A 点到 B 点为加速阶段,从 B 点到 C 点为恒速阶段,从 C 点到 D 点为减速阶段。

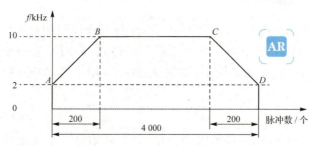

图 3-92　步进电动机运行控制过程

任务分析

根据任务要求,PLC 需要输出一定数量的多串脉冲来控制步进电动机运行,可以采用高速脉冲发生器为 Q0.0,并且确定 PTO 为三段脉冲管线(AB 段、BC 段和 CD 段)。

(1)三段 PTO 脉冲序列。三段 PTO 脉冲序列为:$A \rightarrow B$ 阶段,约 200 个脉冲,其初始频率为 2 kHz,周期为 500 μs,最终频率为 10 kHz,周期为 200 μs;$B \rightarrow C$ 阶段,约 3 600 个脉冲,其初始频率与最终频率均为 10 kHz,周期为 100 μs;$C \rightarrow D$ 阶段,约 200 个脉冲,其初始频率为 10 kHz,周期为 100 μs,最终频率为 2 kHz,周期为 500 μs。

(2)脉冲的周期增量 Δ。设每段最终脉冲周期为 T_f,初始周期为 T_i,每个脉冲的周期增量为 Δ,脉冲数为 P,脉冲的周期增量可以表示为 $\Delta = (T_f - T_i)/P$,则三段 PTO 脉冲序列的脉冲周期增量 Δ 分别为 $-2\ \mu s$、$0\ \mu s$ 和 $2\ \mu s$。

(3)PTO 控制包络表。设包络表的表地址为 VB200,建立的 PTO 控制包络表见表 3-39。

表 3-39 PTO 控制包络表

内存地址	参数存放地址空间	名　称	参 数 值	说　　明
VB200	VB200	表地址	3	段总数
VB201	VW201	段 1	500 μs	初始周期
VB203	VW203		$-2\ \mu s$	每个脉冲的周期增量 Δ
VB205	VDW205		200	脉冲数
VB209	VW209	段 2	100 μs	初始周期
VB211	VW211		0 μs	每个脉冲的周期增量 Δ
VB213	VDW213		3 600	脉冲数
VB217	VW217	段 3	100 μs	初始周期
VB219	VW219		2 μs	每个脉冲的周期增量 Δ
VB221	VDW221		200	脉冲数

 **预备知识**

一、高速计数器指令及应用

高速计数器(high speed counter,HSC)用来累计比 PLC 扫描频率高得多的脉冲输入(最高计数频率为 30 kHz),它有 0~11 十二种工作模式,利用产生的中断事件完成预定的操作,在现代自动控制的精确定位控制领域有重要的应用价值,如距离检测、电动机转数检测等。

1.高速计数器类别

不同型号的 PLC 主机,高速计数器的数量不同,使用时每个高速计数器都有地址编号(HCn 或 HSCn),其中 HC(或 HSC)表示该编程元件是高速计数器,n 为地址编号。每个高速计数器包含两方面的信息:计数器位和计数器当前值。高速计数器的当前值为双字长的符号整数,且为只读值。

S7-200 系列中 CPU22X 的高速计数器数量与地址编号见表 3-40。

表 3-40　CPU22X 的高速计数器数量与地址编号

主　　机	CPU221	CPU222	CPU224	CPU226
可用 HSC 数量	4	4	6	6
HSC 地址	HSC0、HSC3～HSC5	HSC0、HSC3～HSC5	HSC0～HSC5	HSC0～HSC5

2.高速计数器的计数方式

(1)内部方向输入信号的单相加/减计数器(工作模式 0～2),如图 3-93 所示。高速计数器控制字节的第 3 位控制加计数或减计数。该位为 1 时为加计数,为 0 时为减计数。

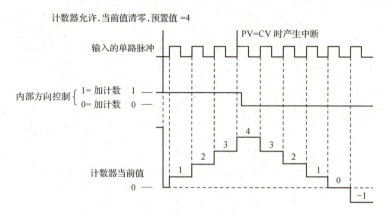

图 3-93　内部方向输入信号的单相加/减计数

(2)外部方向输入信号的单相加/减计数器(工作模式 3～5),如图 3-94 所示。方向控制位的输入信号为 1 时为加计数,为 0 时为减计数。

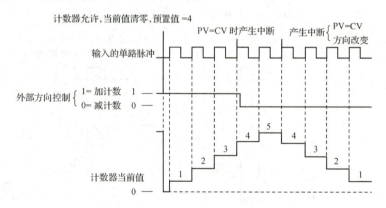

图 3-94　外部方向输入信号的单相加/减计数

(3)有加计数时钟脉冲和减计数时钟脉冲输入的双相计数器(工作模式 6～8),如图 3-95 所示。若加计数器脉冲和减计数器脉冲的上升沿出现的时间间隔不到 0.3 ms,高速计数器会认为这两个事件是同时发生的,其当前值不变,也不会有计数方向变化的指示;反之,高速计数器就能够捕捉到每个独立事件。

(4)A/B 相正交计数器(工作模式 9～11),它的两路计数器脉冲的相位互差 90°,正转时,A 相时钟脉冲比 B 相时钟脉冲超前 90°,反转时,A 相时钟脉冲比 B 相时钟脉冲滞后 90°,可实现正转时加计数,反转时减计数。在这种计数方式下,可以选择 1×模式(单倍频,1

个时钟脉冲计数 1 次)和 4×模式(4 倍频,1 个时钟脉冲计数 4 次),如图 3-96 和图 3-97 所示。

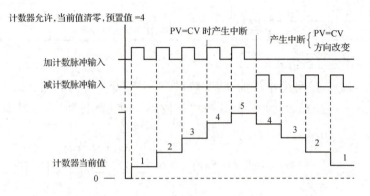

图 3-95　两路输入的双相计数

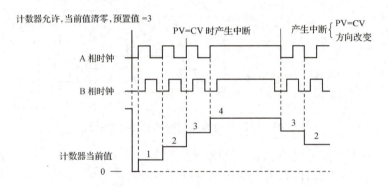

图 3-96　A/B 相正交计数器的 1×模式

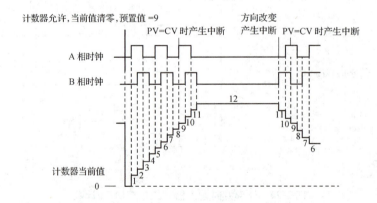

图 3-97　A/B 相正交计数器的 4×模式

3. 高速计数器工作模式及外部输入端子

高速计数器工作模式有 12 种,见表 3-41,它可以分为 4 类,每类又可分为 3 种。其中,高速计数器 HSC1 和 HSC2 有工作模式 0～11,高速计数值 HSC0 和 HSC4 有工作模式 0、1、3、4、6、7、8、9、10,HSC3 和 HSC5 只有工作模式 0。此外,高速计数器给定了固定的输入端子。

表 3-41　高速计数器 HSC0～HSC5 工作模式及外部输入端子

HSC 工作模式	功能说明	HSC 编号及其对应端子			
		占用的输入端子及功能			
	HSC0	I0.0	I0.1	I0.2	×
	HSC4	I0.3	I0.4	I0.5	×
	HSC1	I0.6	I0.7	I1.0	I1.1
	HSC2	I1.2	I1.3	I1.4	I1.5
	HSC3	I0.1	×	×	×
	HSC5	I0.4	×	×	×
0	单路脉冲输入的内部方向控制加/减计数 SM37.3=0,减计数 SM37.3=1,加计数	脉冲输入端	×	×	×
1			×	复位端	×
2			×	复位端	起动
3	单路脉冲输入的外部方向控制加/减计数 方向控制端=0,减计数 方向控制端=1,加计数	脉冲输入端	方向控制端	×	×
4				复位端	×
5				复位端	起动
6	两路脉冲输入的单相加/减计数 加计数端有脉冲输入,加计数 减计数端有脉冲输入,减计数	加计数脉冲输入端	减计数脉冲输入端	×	×
7				复位端	×
8				复位端	起动
9	两路脉冲输入的双相正交计数 A 相脉冲超前 B 相脉冲,加计数 A 相脉冲滞后 B 相脉冲,减计数	A 相脉冲输入端	B 相脉冲输入端	×	×
10				复位端	×
11				复位端	起动

注 1：表中×表示没有。

注 2：选用某个高速计数器在某种工作方式工作后，其输入端固定，如 HSC1 选择工作模式 11，就必须使用 I0.6 为 A 相脉冲输入端，I0.7 为 B 相脉冲输入端，I1.0 为复位端，I1.1 为起动端。

4. 指令格式及功能

高速计数器指令有两条，分别为高速计数器定义指令 HDEF 和高速计数器指令 HSC，其指令格式及功能见表 3-42。

表 3-42　高速计数器指令的指令格式及功能

指令格式	功　能
HDEF EN　ENO HSC MODE	高速计数器定义指令：当使能输入 EN 有效时，为指定的高速计数器分配一种工作方式
HSC EN　ENO N	高速计数器指令：当使能输入 EN 有效时，根据高速计数器的特殊存储器位的状态，并按照 HDEF 指令指定的模式，设置高速计数器并控制其工作

5. 特殊功能存储器

每个高速计数器都有固定的特殊功能存储器与之配合，完成计数功能。这些特殊功能存储器包括状态字节寄存器、控制字节寄存器、当前值双字寄存器和预置值双字寄存器，见表 3-43。

表 3-43　高速计数器特殊功能存储器

HSC0	HSC1	HSC2	HSC3	HSC4	HSC5	描　述
状态字节寄存器							
SM36.5	SM46.5	SM56.5	SM136.5	SM146.5	SM156.5	当前计数方向：0＝减计数；1＝加计数
SM36.6	SM46.6	SM56.6	SM136.6	SM146.6	SM156.6	0＝当前值不等于预置值；1＝等于
SM36.7	SM46.7	SM56.7	SM136.7	SM146.7	SM156.7	0＝当前值不大于预置值；1＝大于
控制字节寄存器							
HSC0	HSC1	HSC2	HSC3	HSC4	HSC5	描　述
SM37.0	SM47.0	SM57.0	—	SM147.0	—	0 表示复位信号高电平有效；1＝低电平有效
—	SM47.1	SM57.1	—	—	—	0＝启动信号高电平有效；1＝低电平有效
SM37.2	SM47.2	SM57.2	—	SM147.2	—	0＝2×计数速率；1＝1×计数速率
SM37.3	SM47.3	SM57.3	SM137.3	SM147.3	SM157.3	0＝减计数；1＝加计数
SM37.4	SM47.4	SM57.4	SM137.4	SM147.4	SM157.4	写入计数方向：0＝不更新；1＝更新
SM37.5	SM47.5	SM57.5	SM137.5	SM147.5	SM157.5	写入预置值：0＝不更新；1＝更新
SM37.6	SM47.6	SM57.6	SM137.6	SM147.6	SM157.6	写入当前值：0＝不更新；1＝更新
SM37.7	SM47.7	SM57.7	SM137.7	SM147.7	SM157.7	HSC 允许：0＝禁止；1＝允许
当前值双字、预置值双字寄存器							
HSC0	HSC1	HSC2	HSC3	HSC4	HSC5	描　述
SMD38	SMD48	SMD58	SMD138	SMD148	SMD158	新的当前值
SMD42	SMD52	SMD62	SMD142	SMD152	SMD162	新的预置值

注 1：未列出的寄存器位或出现"—"的均为保留位。

注 2：在执行高速计数器的中断服务程序时，状态位才有效，通过监视高速计数器状态可以响应正在进行的操作所引起的事件产生的中断。

注 3：定义高速计数器及其计数模式，才能对高速计数器的动态参数进行编程。在执行 HDEF 指令前未定义控制字节，计数器工作于默认模式：复位输入和起动输入是高电平有效，正交计数速率为输入时钟频率的 2 倍。执行 HDEF 指令后不能改变计数器设置，除非 CPU 进入停止状态。

注 4：高速计数器均有一个有符号双字型整数（32 位）的预置值和当前值，可以对当前值直接进行读操作，写操作必须通过 HSC 指令来实现。

例 3-57　将 HSC1 定义为工作模式 11，控制字节（SMB47）＝（F8）$_{16}$，预置值（SMD52）＝50，当前值（CV）等于预置值（PV），响应中断事件。因此，用中断事件 13 连接中断服务程序 INT_0，并使用主程序调用。其实现的程序段如图 3-98 所示。

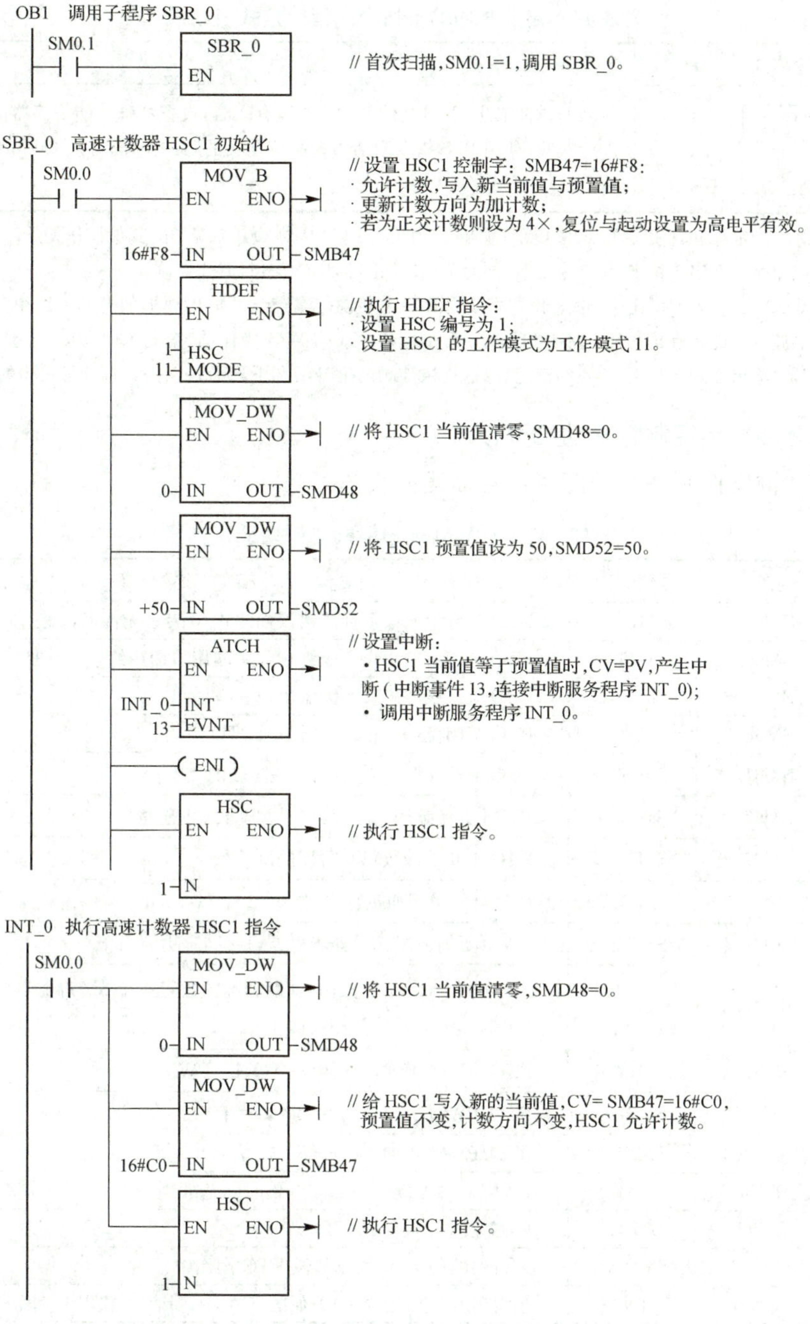

```
OB1  调用子程序 SBR_0
   SM0.1        SBR_0
   ─┤├────────── EN            // 首次扫描,SM0.1=1,调用 SBR_0。

SBR_0  高速计数器 HSC1 初始化
   SM0.0        MOV_B
   ─┤├────────── EN    ENO     // 设置 HSC1 控制字:SMB47=16#F8:
                                ·允许计数,写入新当前值与预置值;
                                ·更新计数方向为加计数;
         16#F8 ─ IN   OUT ─ SMB47   ·若为正交计数则设为 4×,复位与起动设置为高电平有效。

                HDEF
                EN    ENO        // 执行 HDEF 指令:
                                 ·设置 HSC 编号为 1;
             1─ HSC              ·设置 HSC1 的工作模式为工作模式 11。
            11─ MODE

                MOV_DW
                EN    ENO        // 将 HSC1 当前值清零,SMD48=0。
             0─ IN   OUT ─ SMD48

                MOV_DW
                EN    ENO        // 将 HSC1 预置值设为 50,SMD52=50。
           +50─ IN   OUT ─ SMD52

                ATCH
                EN    ENO        // 设置中断:
                                 ·HSC1 当前值等于预置值时,CV=PV,产生中
         INT_0─ INT              断(中断事件 13,连接中断服务程序 INT_0);
            13─ EVNT             ·调用中断服务程序 INT_0。

                ─( ENI )

                HSC
                EN    ENO        // 执行 HSC1 指令。
             1─ N
```

INT_0 执行高速计数器 HSC1 指令

```
   SM0.0        MOV_DW
   ─┤├────────── EN    ENO     // 将 HSC1 当前值清零,SMD48=0。
             0─ IN   OUT ─ SMD48

                MOV_DW
                EN    ENO        // 给 HSC1 写入新的当前值,CV= SMB47=16#C0,
                                  预置值不变,计数方向不变,HSC1 允许计数。
         16#C0─ IN   OUT ─ SMB47

                HSC
                EN    ENO        // 执行 HSC1 指令。
             1─ N
```

图 3-98 高速计数器指令实现程序

二、高速脉冲输出指令及应用

高速脉冲(high speed pulse,HSP)输出功能是指在 S7-200 系列 PLC 的 Q0.0 或 Q0.1 输出端产生高速脉冲,用来驱动诸如步进电机一类的负载,实现高速输出和精确控制。

1. 高速脉冲输出指令的指令格式及功能

高速脉冲输出指令的指令格式及功能见表 3-44。

表 3-44　高速脉冲输出指令的指令格式及功能

指令格式	功　能
PLS EN　ENO Q0.X	高速脉冲输出指令：当使能输入 EN 有效时，设置特殊功能寄存器位(SM)对 PLC 进行检测，利用 PLS 指令激活由控制位定义的脉冲操作，并从 Q0.X 端输出高速脉冲 PTO 或 PWM

注1：操作数 X 指定脉冲输出端子，0 为 Q0.0 输出，1 为 Q0.1 输出，对 Q0.X 端子的其他操作无效。
注2：PTO 或 PWM 输出均由 PLS 指令激活，同时 PTO 输出可以采用中断方式控制。
注3：使用 Q0.0/Q0.1 作为高速脉冲输出端时，其原始状态将决定高速脉冲输出波形的开始和结束是高电平还是低电平，为避免输出波形可能存在的短暂的不连续，一方面在起动 PTO/PWM 操作前，应对 Q0.0/Q0.1 复位清零；另一方面要求 PTO/PWM 输出必须至少有 10% 的额定负载（提供陡峭的上升沿和下降沿），以完成打开与关闭的顺利转换。

2. 高速脉冲输出控制特殊功能寄存器

高速脉冲输出控制特殊功能寄存器描述见表 3-45。

表 3-45　PTO/PWM 输出控制特殊功能寄存器

分　类	Q0.0	Q0.1	描　述
状态字节	SM66.4	SM76.4	PTO 包络由于增量计算错误而终止：0 表示无错误，1 表示有错误
	SM66.5	SM76.5	PTO 包络由于用户命令终止：0=非用户命令终止，1=是用户命令终止
	SM66.6	SM76.6	PTO 流水线溢出：0=无溢出，1=有溢出
	SM66.7	SM76.7	PTO 空闲位：0=正在运行，1=PTO 空闲
控制字节	SM67.0	SM77.0	PTO/PWM 更新周期值：1=写新的周期值
	SM67.1	SM77.1	PWM 更新脉冲宽度值：1=写新的脉冲宽度
	SM67.2	SM77.2	PTO 更新脉冲数：1=写新的脉冲数
	SM67.3	SM77.3	PTO/PWM 基准时间单位：0=1 μs，1=1 ms
	SM67.4	SM77.4	PWM 更新方式：0=异步更新，1=同步更新
	SM67.5	SM77.5	PTO 操作：0=单段操作（周期和脉冲数存在于 SM 存储器中），1=多段操作（包络表存在于 V 存储器区中）
	SM67.6	SM77.6	PTO/PWM 模式选择：0=PTO，1=PWM
	SM67.7	SM77.7	PTO/PWM 有效位：0=无效，1=有效
其他存储器	SMW68	SMW78	PTO/PWM 周期值(2~65 535 倍时间基准)
	SMB70	SMB80	PWM 脉冲宽度(2~65 535 倍时间基准)
	SMB72	SMB82	PTO 脉冲计数值($1 \sim 2^{32}-1$)
	SMB166	SMB176	运行中的包络（仅用于多段 PTO 操作中）
	SMW168	SMW178	包络起始位置，用从 V0 开始的字节偏移量表示（仅用于多段 PTO 操作中）

注1：所有控制位、周期、脉冲宽度和脉冲计数值的默认值均为 0。
注2：向 PTO/PWM 控制字允许位 SM67.7 或 SM77.7 写入 0 后，执行 PLS 指令将禁止 PTO/PWM 波形的生成。

3. PTO 的使用

PTO 提供生成指定脉冲数目的方波脉冲序列，时间基准为 μs/ms。

(1) 周期、脉冲数及脉冲序列的完成

①周期范围。周期为 50~65 535 μs 或 2~65 535 ms。若指定的周期少于两个单位时间，则周期默认为两个时间单位。如果指定周期为奇数，就会引起占空比的一些失真。

②脉冲数范围。脉冲数为1～4 294 967 295。若指定脉冲计数为0,则脉冲计数默认为1。

③脉冲序列的完成。状态字节(SM66.7或SM76.7)内的PTO空闲位用来指示编程脉冲序列的完成。另外,也可在脉冲序列完成时起动中断服务程序。如果使用多段操作,将在包络表完成时起动中断服务程序。

(2)种类与特点。PTO功能允许脉冲序列的排队,采用单段序列和多段序列输出。当激活脉冲序列完成时,新脉冲序列输出立即开始,可以实现后续输出脉冲序列的连续性。

①单段序列。在单段序列中,需要为下一个脉冲序列更新特殊功能寄存器(SM位置),并再次执行PLS指令,其属性将被保留在序列内,直至上一个脉冲序列完成。序列内每次只能存储一条脉冲序列属性,通过重复存储新的脉冲序列属性,可以实现多个脉冲串的输出。

在PTO以单段序列输出时,各段脉冲串采用不同的时间基准,或执行PLS指令捕捉到新的脉冲序列前起动的脉冲序列已经完成,都会造成脉冲串之间的不平滑转换。

②多段序列。在多段序列中,V存储器区建有存放各个脉冲序列段参数的包络表,当执行PLS指令时,CPU自动从包络表中顺序读取各脉冲序列段的参数,并进行脉冲串的输出。包络表中每个脉冲序列段参数由周期值(2字节)、周期增量值Δ(2字节)和脉冲计数值(4字节)组成,其格式见表3-46。

表3-46　包络表中每个脉冲序列段参数组成

V内存地址	名　称	说　　明
VB_n	表地址	段数目(1～255);0会生成非致命性错误,无PTO输出生成
VB_{n+1}	段1	初始周期时间(2～65 535个时间基准单位)
VB_{n+3}		每个脉冲的周期增量(带符号数值)(−32 768～32 767个时间基准单位)
VB_{n+5}		脉冲数(1～4 294 967 295)
VB_{n+9}	段2	初始周期时间(2～65 535个时间基准单位)
VB_{n+11}		每个脉冲的周期增量(带符号数值)(−32 768～32 767个时间基准单位)
VB_{n+13}		脉冲数(1～4 294 967 295)
⋮	⋮	⋮

注1:表地址VB_n为包络表首地址,定义表中脉冲序列段的个数,用从V_0开始的字节偏移量n表示,其装载在SMW168或SMW178中。

注2:V内存地址是相对于表地址VB_n的字节偏移量,如VB_{n+1}相对于表地址VB_n的字节偏移量为1,其存放数据初始周期时间占用VB_{n+1}和VB_{n+2}两字节存储单元。

注3:脉冲序列段必须采用统一时间基准,且参数在执行期间不能改变。

注4:单段序列的PTO输出脉冲序列会造成脉冲串之间的不平滑转换,且编程较复杂,一般采用多段序列PTO输出脉冲序列。

例3-58　PTO输出PLC控制:从PLC的Q0.0端子输出PTO脉冲串,先输出周期为500 ms的6个脉冲,然后输出周期为1 000 ms的6个脉冲,最后输出周期为500 ms的6个脉冲。以上过程重复执行。

使用I0.0上升沿起动PTO脉冲串输出,使用I0.1上升沿停止PTO脉冲串输出,并编写子程序完成PTO的初始化操作,编写中断服务程序完成输出PTO脉冲串周期的改变。

PTO 输出 PLC 控制程序如图 3-99 所示。

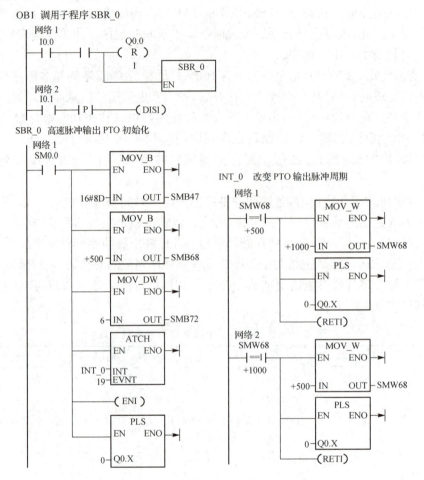

图 3-99　PTO 输出 PLC 控制的梯形图程序

4. PWM 的使用

PWM 功能提供占空比可调的脉冲输出序列，通过控制脉宽和脉冲的周期实现控制任务，时间基准为 $\mu s/ms$。

(1) 周期、脉冲数及脉冲序列的完成。

① 周期范围。周期为 50~65 535 μs 或 2~65 535 ms。如果指定的周期小于两个单位时间，周期被默认为两个单位时间。

② 脉冲宽度时间范围。脉冲宽度时间范围为 0~65 535 μs 或 0~65 535 ms。当脉冲宽度指定数值大于或等于周期数值时，波形的占空比为 100%，输出被连续打开；当脉冲宽度为 0 时，波形的占空比为 0，输出被关闭。

(2) 波形改变方法。

① 同步更新。若不要求改变时间基准(周期)，则可以进行同步更新。进行同步更新时，波形特征的变化发生在周期边缘，提供平滑转换。

② 异步更新。若要求改变 PWM 生成器的时间基准，则应使用异步更新。异步更新会瞬间关闭 PWM 生成器，使 PWM 波形异步，可能造成控制设备暂时不稳。

典型的 PWM 操作是使脉冲宽度不断变化但周期时间保持不变,即不要求时间基准的改变。因此,建议使用同步 PWM 更新,选择可用于所有周期的时间基准。

例 3-59 PWM 输出 PLC 控制:从 PLC 的 Q0.0 端子输出 PWM 波形,脉冲宽度初始值为 0.1 s,周期固定为 1 s,其脉宽每周期递增 0.1 s,当脉宽达到 0.9 s 时,改为每周期递减 0.1 s,直至为 0。以上过程重复执行。

由于每个周期均有操作,因而需要将 Q0.0 与 I0.0 相连,利用输入中断方式编写两个中断服务程序,分别实现脉宽递增和递减,编写子程序完成 PWM 的初始化操作,并由主程序调用执行。

编制 PWM 输出 PLC 控制程序,如图 3-100 所示。

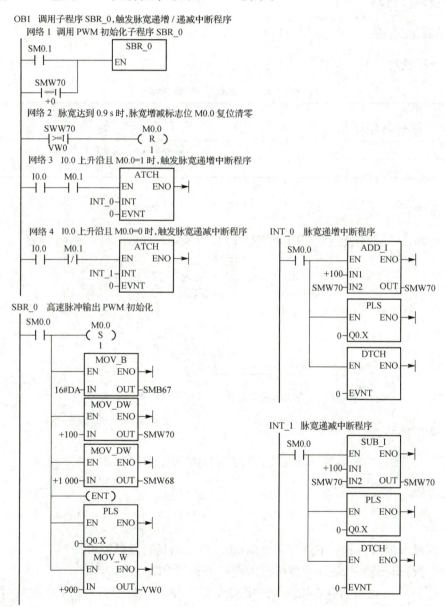

图 3-100　PWM 输出 PLC 控制的梯形图程序

任务实施

一、设备配置

(1)1 台 S7-200 CPU226 PLC。
(2)1 个步进电动机运行控制模块。
(3)1 台装有 STEP 7-Micro/WIN32 V4.0 SP9 编程软件的 PC。
(4)1 根 PC/PPI 电缆。
(5)连接导线若干。

二、I/O 分配及功能

I/O 分配及功能见表 3-47。

表 3-47 I/O 分配及功能(任务十一)

编程元件地址	功　　能
输　　出	
Q0.0	步进电动机运行交流接触器 KM1
Q1.0	步进电动机运行停止显示指示灯 L1

三、PLC 接线图

在断电情况下,连接好 PC/PPI 电缆及 PLC 外围电路接线,如图 3-101 所示。

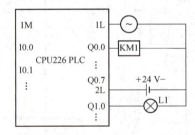

图 3-101 步进电动机起停 PLC 控制外围电路接线图

四、编写梯形图程序

根据任务要求,编制步进电动机 PTO 控制的梯形图程序,如图 3-102 所示。

五、调试检修

1. 调试

学生在教师的现场监护下进行通电调试,验证是否符合设计要求。
(1)编写梯形图程序,编译后将梯形图程序下载到 PLC 中。
(2)观察 Q0.0 输出端口连接的步进电动机是否为起动加速运行,然后匀速运行,最后减速停止。

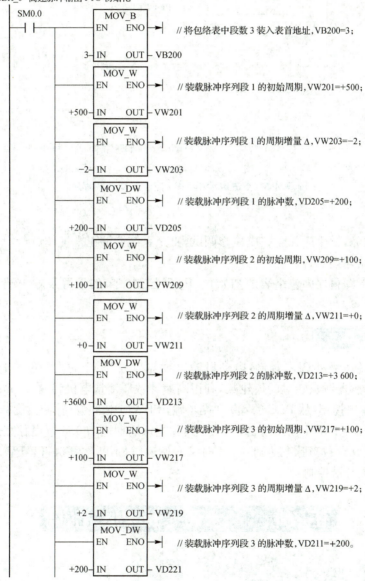

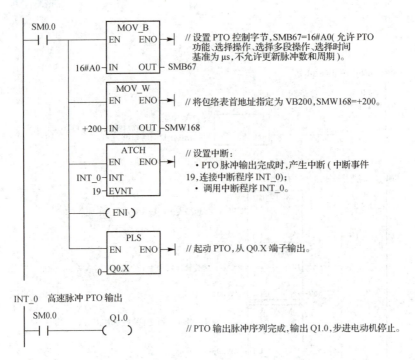

图 3-102 步进电动机 PTO 控制的梯形图程序

2. 检修

如果出现故障,学生应独立完成检修调试,直至系统能够正常工作。

(1) 检查线路连接是否正确。

(2) 检查梯形图程序中包络表的初始化、PTO 控制字节的设置及输出端子的使用是否正确。

 思考与练习

(1) 电动机转速测量 PLC 控制:电动机输出轴与齿数为 12 的齿轮刚性连接,电动机旋转时通过齿轮传感器测量转过的齿轮数,利用高速计数器测量电机转速(r/min)。

(2) PWM 输出控制:从 PLC 的 Q0.0 端子输出 PWM 脉冲波,脉冲宽度初始值为 0.5 s,周期固定为 5 s。当 PWM 脉冲输出起动后,其脉宽每周期递增 0.5 s,当脉宽达到 4.5 s 时,改为每周期递减 0.5 s,当脉宽达到 0.5 s 时又开始递增,不断重复执行。PWM 脉冲输出的停止由 I0.2 的上升沿控制。

任务十二 水箱水位 PLC 控制

知识目标

掌握 PID 指令的功能及应用编程;

熟悉 S7-200 系列 PLC 的结构和外部 I/O 接线方法;

熟悉 STEP 7-Micro/WIN32 V4.0 SP9 编程软件的使用方法；
熟悉水箱水位 PLC 控制的工作原理和程序设计方法。

 技能目标

练习 PID 指令的基本使用方法，能够正确编制水箱水位 PLC 控制程序；
能够独立完成水箱水位 PLC 控制的线路安装；
能够按规定进行通电调试，当出现故障时，能根据设计要求独立检修，直至系统正常工作。

任务引入

水箱水位 PLC 控制：如图 3-103 所示，被控对象为保持一定压力的供水水箱，给定量为满水位的 75%，控制量为对水箱注水的调速电动机的速度，调节量是其水位（单极性信号），由水位计检测后经 A/D 转换送入 PLC，PLC 执行 PID 指令后以单极性信号经 D/A 转换送出，以控制电动机的调速，使水箱水位实现恒定水位控制。

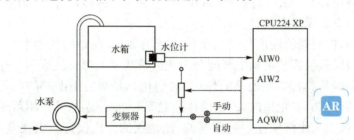

图 3-103　水箱水位 PLC 控制图

 任务分析

根据任务要求，选定 PI 控制方式并给定参数值见表 3-48，并且系统运行后先由手动控制电动机，直到水位上升达到 75% 时，通过输入点 I0.0 的置位切换自动状态。

表 3-48　PI 控制方式给定参数值表

偏移地址	域	设 定 值
VD104	设定值 SP_n	0.75
VD112	增益 K_C	0.25
VD116	采样时间 T_S	0.1
VD120	积分时间 T_I	30.0
VD124	微分时间 T_D	0.0

 预备知识

在工程实际应用中，当被控对象的结构和参数不能完全掌握，或得不到精确的数学模型，而控制理论的其他技术难以采用时，系统控制器的结构和参数必须依靠经验和现场调试来确定,这时应用 PID 控制技术最方便。典型 PID 回路控制系统如图 3-104 所示。

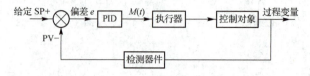

图 3-104 典型 PID 回路控制系统

PID 控制又称 PID 调节,是根据系统的误差,利用比例、积分、微分计算出控制量实现控制的。

比例控制是一种最简单的控制方式。其控制器的输出与输入误差信号成比例关系。当仅有比例控制时,系统输出存在稳态误差。

在积分控制中,控制器的输出与输入误差信号的积分成正比关系。对一个自动控制系统来说,若在进入稳态后存在稳态误差,则这个控制系统有稳态误差,简称其为有差系统。为了消除稳态误差,在控制器中必须引入积分项。积分项对误差的改变取决于时间的积分,随着时间的增加,积分项会增大。这样,即使误差很小,积分项也会随着时间的增加而加大,它增大控制器的输出,使稳态误差进一步减小,直至为零。因此,比例+积分(PI)控制器,可以使系统在进入稳态后无稳态误差。

在微分控制中,控制器的输出与输入误差信号的微分(误差的变化率)成正比关系。自动控制系统在克服误差的调节过程中可能会出现振荡甚至失稳。其原因是存在的较大惯性组件(环节)或滞后组件具有抑制误差的作用,其变化总是落后于误差的变化。其解决的办法是使抑制误差的作用的变化超前,即在误差接近零时,抑制误差的作用就应该是零。这就是说,在控制器中仅引入比例项往往是不够的,比例项的作用仅是放大误差的幅值,而目前需要增加的是微分项,它能预测误差变化的趋势。这样,具有比例+微分(PD)的控制器,能够提前使抑制误差的控制作用等于零,甚至为负值,从而避免了被控量的严重超调。所以,对有较大惯性或滞后的被控对象,比例+微分控制器能改善系统在调节过程中的动态特性。

一、PID 算法

1. 连续系统 PID 算法

PID 控制器管理输出数值,以便使偏差(e)为零,使系统达到稳定状态。偏差是给定值(SP)和过程变量(PV)的差。PID 控制原则以下列公式为基础,其中将输出 $M(t)$ 表示成比例项、积分项和微分项的函数。

$$M(t) = K_C \left[e + \frac{1}{T_I} \int_0^t e \, dt + T_D \frac{de}{dt} \right] + M_{initial}$$

式中,K_C 为 PID 回路的增益,用来描述 PID 回路的比例调节作用;$M(t)$ 为 PID 回路的输出,是时间函数,决定执行器的具体位置;T_I 为 PID 回路的积分时间,决定积分作用的强弱;T_D 为 PID 回路的微分时间,决定微分作用的强弱;e 为 PID 回路的偏差(给定值 SP 和过程变量 PV 之差);$M_{initial}$ 为 PID 回路输出的初始值,即 $e=0$ 时的阀位开度。

2. 离散系统 PID 算法

由于数字计算机控制是一种采样控制，每次对偏差采样时都必须计算其输出数值，因而，必须将模拟 PID 算式离散化并进行改进。其结构为

$$M_n = MP_n + MI_n + MD_n$$

式中，M_n 为采样时刻 n 的回路输出计算值；MP_n 为采样时刻 n 的回路输出比例项值；MI_n 为采样时刻 n 的回路输出积分项值；MD_n 为采样时刻 n 的回路输出微分项值。

（1）比例项。比例项 MP 是 PID 回路的比例系数（K_P）及偏差（e）的乘积，其中比例系数控制输出计算的敏感性，而偏差是采样时刻设定值（SP）及过程变量（PV）之间的差。为了方便计算，取 $K_P = K_C$。CPU 采用的计算比例项的公式为

$$MP_n = K_C(SP_n - PV_n)$$

式中，MP_n 为采样时刻 n 的输出比例项的值；K_C 为回路的增益；SP_n 为采样时刻 n 的设定值；PV_n 为采样时刻 n 的过程变量值。

（2）积分项。积分项 MI 与偏差和成比例。CPU 采用的积分项公式为

$$MI_n = K_C(T_S/T_I)(SP_n - PV_n) + MX$$

式中，MI_n 为采样时刻 n 的输出积分项的值；K_C 为回路的增益；T_S 为采样的时间间隔；T_I 为积分时间；SP_n 为采样时刻 n 的设定值；PV_n 为采样时刻 n 的过程变量值；MX 为采样时刻 $n-1$ 的积分项（积分前项）。

积分项 MX 是积分项全部先前数值的和。每次计算出 MI_n 后，都要用 MI_n 去更新 MX。其中，MI_n 可以被调整或被限定。MX 的初值通常在第一次计算出输出之前被置为 M_{inital}（初值）。其他几个常量也是积分项的一部分，如增益、采样时刻（PID 循环重新计算输出数值的循环时间）及积分时间（用于控制积分项对输出计算影响的时间）。

（3）微分项。微分项 MD 与偏差的改变成比例，计算微分项的公式为

$$MD_n = K_C(T_D/T_S)[(SP_n - PV_n) - (SP_{n-1} - PV_{n-1})]$$

为了避免步骤改变或由于对设定值求导而带来的输出变化，对此公式进行修改，假定设定值为常量（$SP_n = SP_{n-1}$），因此将计算过程变量的改变，而不计算偏差的改变，计算公式可以改进为

$$MD_n = K_C(T_D/T_S)(SP_n - PV_n - SP_{n-1} + PV_{n-1})$$

或

$$MD_n = K_C(T_D/T_S)(PV_{n-1} - PV_n)$$

式中，MD_n 为采用时刻 n 的输出微分项的值；K_C 为回路的增益；T_S 为采样的时间间隔；T_D 为微分时间；SP_n 为采样时刻 n 的设定值；SP_{n-1} 为采样时刻 $n-1$ 的设定值；PV_n 为采样时刻 n 的过程变量值；PV_{n-1} 为采样时刻 $n-1$ 的过程变量值。

二、PID 控制回路参数表

PID 控制回路进行 PID 运算时，将用于控制及监控循环操作的参数有 9 个，包括过程变量、设定值、输出、增益、采样时间、积分时间、微分时间、积分前项及过程变量前值，其格式及功能见表 3-49。

表 3-49 PID 控制回路参数格式及功能

序号	偏移地址	域	格式	类型	说明
1	0	过程变量 PV_n	双字-实数	输入	为 0.0～1.0
2	4	设定值 SP_n	双字-实数	输入	为 0.0～1.0
3	8	输出 M_n	双字-实数	输入/输出	为 0.0～1.0
4	12	增益 K_C	双字-实数	输入	可以为整数或负数
5	16	采样时间 T_S	双字-实数	输入	以秒为单位，必须为整数
6	20	积分时间 T_I	双字-实数	输入	以分钟为单位，必须为整数
7	24	微分时间 T_D	双字-实数	输入	以分钟为单位，必须为整数
8	28	积分前项 MX	双字-实数	输入/输出	为 0.0～1.0
9	32	过程变量前项 PV_{n-1}	双字-实数	输入/输出	最后一次运算的 PID 过程变量

注 1：表中偏移地址表示相对于参数表首地址的字节偏移量 n。
注 2：9 个参数均为实型数据，分别占用 4 字节存储单元，共 36 字节的存储空间。
注 3：参数 2、4、5、6、7 的数值固定不变，可以在程序中预先设定并填入表中；参数 1、3、8、9 的数值具有实时性，必须在调用 PID 指令时才可以填入表中。

三、PID 指令格式及功能

PID 指令格式及功能见表 3-50。

表 3-50 PID 指令格式及功能

指令格式	功能
PID EN ENO TBL LOOP	当使能输入 EN 有效时，PID 调节指令对以 TBL 为起始地址的 PID 参数表中的数据进行 PID 运算

注 1：LOOP 为 PID 调节回路号，可在 0～7 中选取。为保证控制系统的每条控制回路都能正常得到调节，必须给调节回路号 LOOP 赋不同的值，否则系统将不能正常工作。
注 2：TBL 为与 LOOP 相对应的 PID 参数表的起始地址。
注 3：CPU212、CPU214 无 PID 指令。

四、PID 指令的使用

在使用 PID 指令时，操作者必须注意以下几个方面，见表 3-51。

表 3-51 PID 指令的使用

PID 指令的使用	描述
参数表初始化	将设定值 SP_n、增益 K_C、采样时间 T_S、积分时间 T_I、微分时间 T_D 按照地址偏移量写入变量寄存器(V)中
工作方式切换	手动工作方式切换到自动工作方式：应将手动工作方式中设定的输出值写入 PID 参数表，并使 $SP_n=PV_n$，$PV_n=PV_{n-1}$，积分和=输出值

续表

PID 指令的使用	描 述
调节类型选择	PD 调节：应将积分时间 $T_I \to \infty$，因积分和初始值不一定为 0，故即使没有积分作用，积分项也不一定为 0。 PI 调节：应将微分时间 T_D 设置为 0。 ID 调节：应将增益 K_C 设置为 0，因增益 K_C 同时影响积分项和微分项，故将积分项和微分项的增益 K_C 约定为 1
数据归一化处理	PID 回路输入数据归一化：PID 回路有设定值 SP 和过程量 PV 两个输入量，PID 指令进行运算前必须先把 16 位整数转换成实数，然后将实数转换成 0.0~1.0 的标准化实数。 PID 回路输出数据归一化：PID 回路输出一般是控制变量，而 PID 回路输出为 0.0~1.0 的标准化实数，必须将回路输出转换成相应的实际数值

注 1：手动工作方式是指不执行 PID 运算方式，自动工作方式是指周期性地执行 PID 运算方式。

注 2：PID 回路输入量转成 0.0~1.0 的标准化实数是指，CPU 从模拟量输入模块采集到的过程量都是实际的工程量，其幅度、范围和测量单位都会不同。在 PLC 内部进行数据运算之前，必须将这些值转换为无量纲的标准化格式，即 0.0~1.0 的标准化实数。标准化过程算式为

$$R_S = R_R/S_P + E$$

式中，R_S 是工程实际值的标准化值；R_R 是工程实际值的实数形式值；S_P 是最大允许值减去最小允许值，通常取 32 000（对于单极性）和 64 000（对于双极性）；E 对于单极性值取 0，对于双极性值取 0.5。

例 3-60 锅炉内蒸汽压力 PID 控制：为了生产需求，调节鼓风机的速度使锅炉内蒸汽压力维持为 0.85~1.0 MPa，压力的大小由压力变送器检测，变送器压力量程为 0~2.5 MPa，输出 DC 为 4~20 mA，其标准化刻度值如图 3-105 所示。

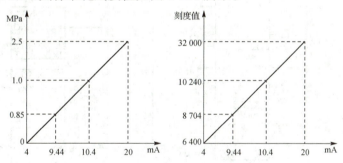

图 3-105　压力变送标准化刻度值示意图

步骤一：PID 控制回路参数表。

过程变量值是压力变送器检测的单极性模拟量，回路输出值也是一个单极性模拟量，用来控制鼓风机的速度，这里使用 PID 控制方式，回路参数见表 3-52。

表 3-52　PID 控制方式给定参数值表

偏移地址	域	设 定 值
VD104	设定值 SP_n	0.34（对应 0.85 MPa）
VD112	增益 K_C	0.06
VD116	采样时间 T_S	0.2
VD120	积分时间 T_I	10.0
VD124	微分时间 T_D	0.0

步骤二：程序编制采用主程序、子程序和中断程序的结构模式，如图 3-106 所示。

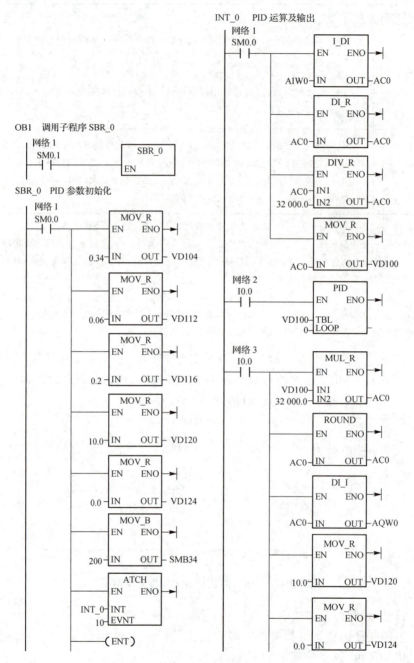

图 3-106　锅炉内蒸汽压力 PID 控制的梯形图程序

任务实施

一、设备配置

(1) 1 台 S7-200 CPU224XP PLC。

(2) 1个水箱水位控制模块。
(3) 1台装有 STEP 7-Micro/WIN32 V4.0 SP9 编程软件的 PC。
(4) 1根 PC/PPI 电缆。
(5) 连接导线若干。

二、I/O 分配及功能

I/O 分配及功能见表 3-53。

表 3-53 I/O 分配及功能(任务十二)

输 入		输 出	
编程元件地址	功 能	编程元件地址	功 能
I0.0	手动/自动切换开关 SB1	AQW0	驱动变频器工作
I0.1	变频器接入开关 SB2	Q0.0	变频器接入接触器 KM1
AIW0	水箱水位计		
AIW2	水泵转速传感器		

三、PLC 接线图

在断电情况下,连接好 PC/PPI 电缆及 PLC 外围电路接线,如图 3-107 所示。

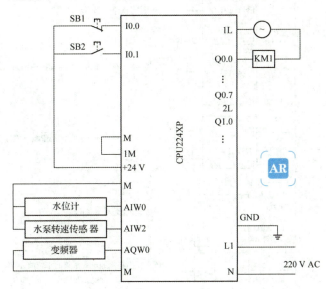

图 3-107 水箱水位 PLC 控制外围电路接线图

四、编写梯形图程序

根据任务要求,编制水箱水位 PLC 控制的梯形图程序,如图 3-108 所示。

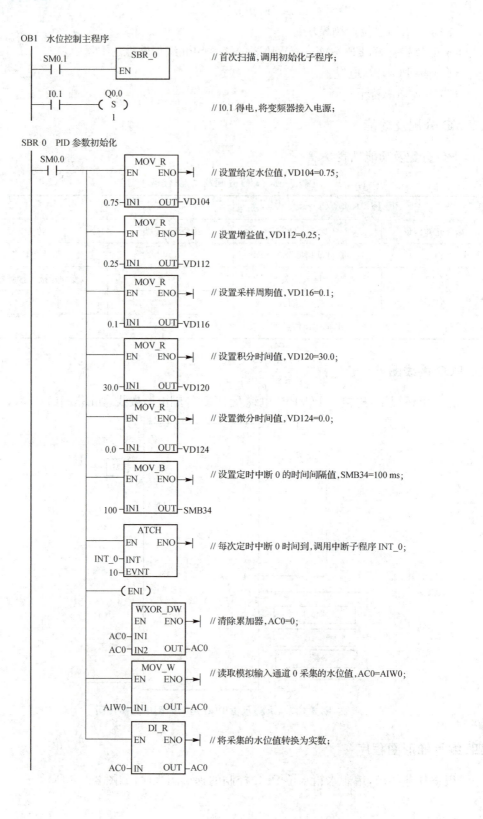

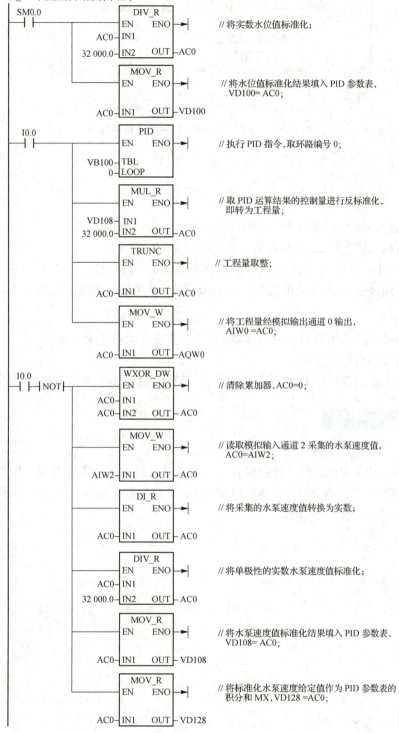

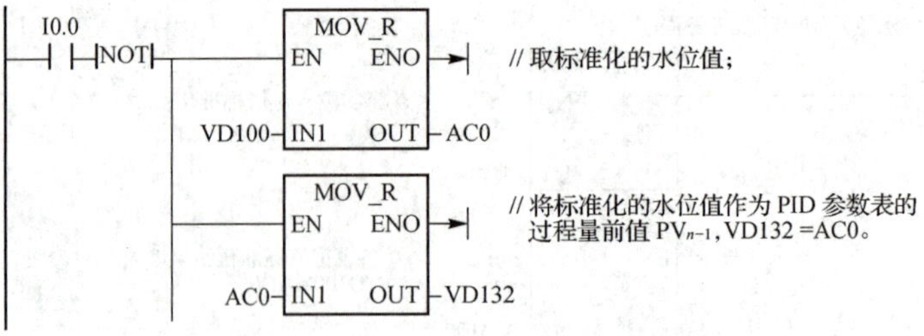

```
   I0.0         MOV_R
───┤ ├──┤NOT├──┤EN    ENO├──    // 取标准化的水位值;
                │         │
         VD100──┤IN1   OUT├──AC0

                MOV_R
              ─┤EN    ENO├──    // 将标准化的水位值作为 PID 参数表的
                │         │     过程量前值 PV_{n-1}, VD132 =AC0。
           AC0─┤IN1   OUT├──VD132
```

图 3-108　水箱水位 PLC 控制的梯形图程序

五、调试检修

1. 调试

学生在教师的现场监护下进行通电调试,验证是否符合设计要求。

(1)编写梯形图程序,编译后将梯形图程序下载到 PLC 中。

(2)起动 PLC 运行,调速电动机开始向水箱注水,水箱水位自动上升,当达到满水位的 75%高度时,通过输入点 I0.0 的置位切入自动状态,维持水位在满水位的 75%高度。

2. 检修

如果出现故障,学生应独立完成检修调试,直至系统能够正常工作。

(1)检查线路连接是否正确。

(2)检查梯形图程序中 PID 参数表初始化、PID 参数标准化及归一化的处理是否正确。

 思考与练习

(1)简述 PID 指令的使用应注意哪些方面。

(2)恒温箱 PLC 控制:恒温箱中装有一个电加热元件和一个制冷风扇,电加热元件和制冷风扇均只能工作在 ON 或 OFF 两种状态,即不能进行自动调节。要求恒温箱内温度恒定为 50 ℃,且在 25~100 ℃可调。

模块四 S7-200 系列 PLC 编程技术

> 学而不思则罔,思而不学则殆。
> ——《论语》

PLC 编程即常说的用户程序设计,是 PLC 控制系统设计的核心,通过 PLC 应用程序设计可以实现系统的各项控制功能。

1. PLC 编程的基本原则

(1)PLC 的用户程序要求网络结构简明,逻辑关系清晰,注释明了,动作可靠,能经得起实际工作的检验。

(2)程序简短,占用内存少,扫描周期短,可以提高 PLC 对输入的响应速度。

(3)程序可读性好,不仅便于设计者对程序的理解、调试,还便于他人阅读。要做到这一点,可以采用标准化模块设计(如中断程序、初始化程序、子程序等)并加注释,使所设计的程序的层次结构尽可能清晰。

2. PLC 编程的一般步骤

PLC 控制系统应用程序设计的一般步骤如图 4-1 所示。

1)分析控制要求,制订控制方案

在 PLC 控制系统硬件设计基础上,根据生产工艺要求,分析输入/输出与各种操作之间的逻辑关系,确定检测量(如数字量和模拟量)和控制方法(如手动、自动和半自动),设计出设备的具体操作内容和操作顺序,必要时,还可以画出系统控制

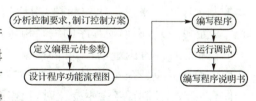

图 4-1 PLC 应用程序设计的一般步骤

功能图或生产工艺流程图,用以清楚表明 PLC 动作的顺序和条件,从而对整个系统的控制功能、规模、控制方式、控制信号种类与数量、I/O 配置等形成一个初步方案。

2)定义编程元件参数

根据被控对象确定用户所需输入/输出设备的型号、规格、数量,确定使用 PLC 输入/输出、中间标志、定时器、计数器和数据区等编程元件,并据此列出输入/输出设备与 PLC 的 I/O 端子的对照表,以便绘制 PLC 外部 I/O 接线图和编制程序。

3)设计程序功能流程图

功能流程图又称状态流程图或状态转移图,是专用于工业顺序控制设计的一种功能说

明语言,能完整地描述控制系统的工作过程、功能和特性,是分析和设计电气控制系统的重要工具。设计程序功能流程图是以生产工艺要求和现场信号与 PLC 编程元件的对照表为依据,根据程序设计思想,绘出程序功能流程框图,以清楚地表明 PLC 动作的顺序和条件。

4)编写程序

根据程序功能流程图,以 PLC 编程指令为基础,编写应用程序及添加程序注释。S7-200 系列 PLC 程序设计有线性结构和分块结构两种。

(1)线性程序设计。线性程序设计就是把工程中需要控制的任务按照工艺要求顺序书写在主程序(OB1)中。例如,一个控制工程共有四个控制任务,分别为任务 A、任务 B、任务 C 和任务 D,采用线性程序设计就是把这四个控制程序按照要求编写在一个主程序中,其结构如图 4-2 所示。

图 4-2　PLC 线性程序设计示意图

线性程序的结构简单,分析起来一目了然,适用于编写一些规模较小、运行过程比较简单的控制程序。对于一些控制规模较大、运行过程比较复杂的控制程序,特别是分支较多的控制程序,不宜选用这种结构。

(2)分块程序设计。分块程序设计是根据工程的特点,把一个复杂的控制工程分成多个比较简单的、规模较小的控制任务,如图 4-3 所示。先把控制任务分配给一个个子程序块,在子程序中编制具体任务的控制程序,最后由主程序以调用子程序的方式把整个控制程序统一管理起来。

由此可见,分块程序有更大的灵活性,适用于比较复杂、规模较大的控制工程的程序设计。由于具体任务的控制程序分别在各自的子程序中编制,具体任务的控制程序相对来说都比较简单,用比较简单的线性

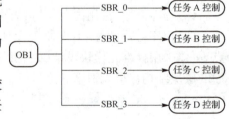

图 4-3　PLC 分块程序设计示意图

程序就能够实现,因而使程序的编制相对容易。而且,如果觉得用一个线性程序编制具体任务的控制程序还有困难,那么可以在编制具体任务控制程序时,再一次使用分块结构编程,从而使编程简单、容易。分块程序在调试程序时可以分块进行,等局部程序调试完之后,再总体合成。当控制任务发生变化时,只需要修改变化部分的程序。

5)运行调试

根据电气接线图进行系统硬件安装接线,在实验室或使用现场将应用程序载入 PLC,反复调试、运行与修改,直至系统满足要求。

6)编写程序说明书

对所编程序功能、程序的基本结构、各功能单元分析、各参数来源和运算过程、运行原理、程序测试方法等内容进行综合说明和注释,使程序维护者、现场调试人员和使用者了解程序的基本结构、基本原理及对某些问题的特定处理方法,并掌握使用中的注意事项。

任务一　电动机起停PLC控制

 知识目标

了解PLC编程的程序功能流程图的编制类型和其到梯形图的转换方法；
熟悉S7-200系列PLC的结构和外部I/O接线方法；
熟悉STEP 7-Micro/WIN32 V4.0 SP9编程软件的使用方法；
熟悉电动机起停PLC控制的工作原理和程序设计方法。

 技能目标

练习PLC编程，能够正确编制电动机起停PLC控制程序功能流程图，并转换成梯形图程序；
能够独立完成电动机起停PLC控制的线路安装；
能够按规定进行通电调试，当出现故障时，能根据设计要求独立检修，直至系统正常工作。

任务引入

电动机起停PLC控制：利用按钮控制电动机起停，当按钮动作一次（按下后弹起）后，电动机起动运行，按钮再动作一次电动机停止运行，要求电动机运行状态只在按钮弹起时改变。

任务分析

根据任务要求，可以将电动机起停控制按钮的动作分为"按下—弹起—按下—弹起"4个状态，相应的电动机运行状态为"停止—运行—运行—停止"，程序功能流程图如图4-4所示。其中，选用中间寄存器M0.0~M0.3表示X1~X4四个状态（工步），I0.0表示电动机起停控制按钮，Q0.0表示电动机运行状态。

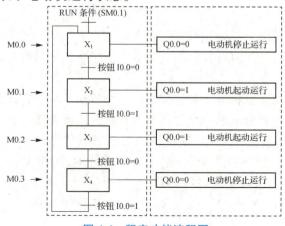

图4-4　程序功能流程图

一、程序功能流程图的组成

PLC 程序功能流程图由状态（工步）、转换、转换条件和动作说明 4 个部分组成，其一般结构形式如图 4-5 所示。

程序功能流程图的基本特点是各工步按顺序执行，上一工步执行结束，转换信息出现时，立即开启下一工步，同时关断上一工步。在图 4-5 中，功能流程图的第 i 步开启与关断的状态可用逻辑函数关系表达式表示为

$$X_i = (X_{i-1} \cdot a + X_i) \cdot \overline{X_{i+1}}$$

式中，X_i 表示第 i 步开启与关断的状态；X_{i-1} 表示第 i 步开通的前导信号；a 表示转换条件；X_i 表示自锁信号；X_{i+1} 表示关断第 i 步的主令信号。

图 4-5 程序功能流程图的一般结构形式

二、程序功能流程图的主要类型

程序功能流程图的主要类型有单流程、选择分支和连接、并行分支和连接、循环和跳转 4 种，其结构如图 4-6 所示。

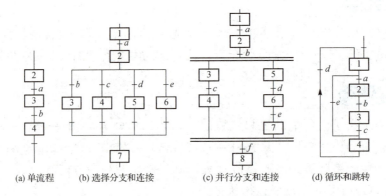

(a) 单流程　(b) 选择分支和连接　(c) 并行分支和连接　(d) 循环和跳转

图 4-6　功能流程图的主要类型

(1) 单流程。单流程由一系列相继激活的步组成，每步的后面仅有一个转换，每个转换的后面仅有一个工步。如图 4-6(a) 所示，其第 3 步的状态逻辑函数关系表达式为

$$X_3 = (X_2 \cdot a + X_3) \cdot \overline{X_4}$$

(2) 选择分支和连接。选择分支和连接是在一个活动工步之后，紧接着有几个后续工步可供选择的结构形式，选择分支的每个工步都有各自的转换条件。如图 4-6(b) 所示，当工步 2 处于激活状态时，若转换条件 $b=1$，则执行工步 3；若转换条件 $c=1$，则执行工步 4。b、c、d、e 是选择执行的条件，哪个条件满足，则选择相应分支，同时关断上一工步 2。其中，工步 2～工步 6 的状态逻辑函数关系表达式为

$$X_2 = (X_1 \cdot a + X_2) \cdot \overline{X_3} \cdot \overline{X_4} \cdot \overline{X_5} \cdot \overline{X_6}$$
$$X_3 = (X_2 \cdot b + X_3) \cdot \overline{X_7}$$

$$X_4 = (X_2 \cdot c + X_4) \cdot \overline{X_7}$$
$$X_5 = (X_2 \cdot d + X_5) \cdot \overline{X_7}$$
$$X_6 = (X_2 \cdot e + X_6) \cdot \overline{X_7}$$

(3)并行分支和连接。并行分支和连接结构中转换的实现导致各个分支同时被激活时,其有向连接线水平部分用双线表示。如图4-6(c)所示,当工步2处于激活状态时,若转换条件 $b=1$,则工步3、工步5同时开启,即工步2必须在工步3、工步5都开启后才能关断。其中,工步2～工步7的状态逻辑函数关系表达式为

$$X_2 = (X_1 \cdot a + X_2) \cdot (\overline{X_3} + \overline{X_5})$$
$$X_3 = (X_2 \cdot b + X_3) \cdot \overline{X_4}$$
$$X_4 = (X_3 \cdot c + X_4) \cdot \overline{X_8}$$
$$X_5 = (X_2 \cdot b + X_5) \cdot \overline{X_6}$$
$$X_6 = (X_5 \cdot d + X_6) \cdot \overline{X_7}$$
$$X_7 = (X_6 \cdot e + X_7) \cdot \overline{X_8}$$

(4)循环和跳转。在循环和跳转结构中在一定条件下停止执行某些原定动作,可用跳转程序;有时需要重复执行,可用循环程序。如图4-6(d)所示,当工步1处于激活状态时,若条件 $e=1$,则跳过工步2、工步3,直接激活工步4;当工步4处于激活状态时,若条件 $d=1$,则循环执行,激活工步1。循环和跳转都是一种特殊的选择分支结构。其中,工步1～工步4的状态逻辑函数关系表达式为

$$X_1 = (X_4 \cdot d + X_3) \cdot (\overline{X_2} + \overline{X_4})$$
$$X_2 = (X_1 \cdot a + X_2) \cdot \overline{X_3}$$
$$X_3 = (X_2 \cdot b + X_3) \cdot \overline{X_4}$$
$$X_4 = (X_3 \cdot c + X_4) \cdot \overline{X_1}$$

三、程序功能流程图到梯形图的转换

通常,程序功能流程图是根据输出量的状态变化将PLC的一个工作周期划分为若干顺序相连的阶段(步),并用编程元件来代表各步的。利用每步的状态逻辑函数关系表达式将功能流程图转化为梯形图是PLC应用程序设计的关键,其实现的一般方法如下。

(1)步间转换。在转换条件的驱动下实现步的转换,即步的控制部分。
(2)步内动作。刷新输出量的状态,实现各输出位的控制,即步的执行部分。
(3)梯形图简化。除去梯形图中重复的步的控制部分和执行部分,进行合并简化。

对于图4-5中第 i 步实现控制功能的逻辑函数关系表达式,可利用图4-7所示的梯形图描述。

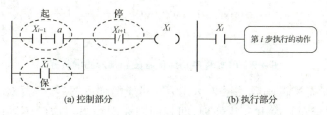

图 4-7 程序功能流程图状态转换的梯形图描述

例 4-1 两盏灯 PLC 控制:得电运行时,灯 L1 点亮;按下按钮 1 后,灯 L1 熄灭,同时灯 L2 点亮;按下按钮 2 后,灯 L1、灯 L2 同时以 0.5 s 时间间隔闪烁;按下按钮 3 后,灯 L1 点亮,灯 L2 熄灭。

步骤一:依据两盏灯 PLC 控制要求可以设计程序功能流程图,如图 4-8 所示,分为控制部分和执行部分。其中,SM0.1 为软起动条件,M4.0~M4.2 表示 X_1~X_3 3 个工步的状态,I0.0、I0.2 和 I0.3 表示对应状态转换条件,Q0.0~Q0.1 表示被控对象灯 L1 和灯 L2 的状态。

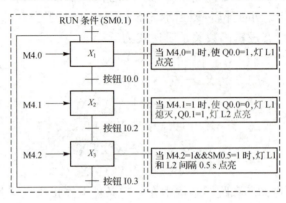

图 4-8 程序功能流程图设计

步骤二:根据程序功能流程图状态逻辑函数关系表达式 $X_i = (X_{i-1} \cdot a + X_i) \cdot \overline{X_{i+1}}$,可以得到控制部分 X_1~X_3(M4.0~M4.2)和执行部分 Q0.0~Q0.1 开启与关断的状态逻辑函数关系表达式,并将其转换成对应的梯形图。其转换过程如图 4-9 所示。

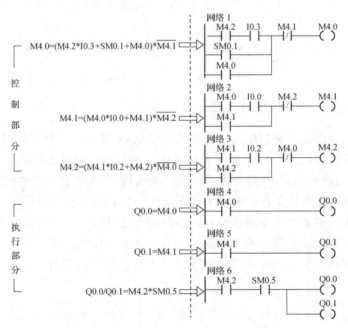

图 4-9 PLC 程序功能流程图到梯形图的转换

步骤三:依据状态逻辑函数关系表达式编写对应的梯形图后,需要对梯形图的控制部分和执行部分分别进行同一输出合并处理,即相同的线圈输出对应的不同网络段输入条件触点合并成一个网络段,从而简化程序结构,增加程序的可读性。例如,在上述应用实例中,网络6分别与网络4、网络5合并,简化后的PLC控制梯形图如图4-10所示。

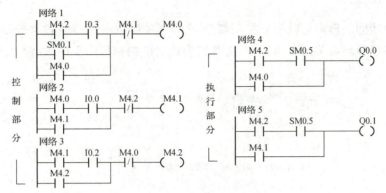

图 4-10　简化后的 PLC 控制梯形图

 任务实施

一、设备配置

(1) 1 台 S7-200 CPU222 PLC。
(2) 1 台电动机。
(3) 1 台装有 STEP 7-Micro/WIN32 V4.0 SP9 编程软件的 PC。
(4) 1 根 PC/PPI 电缆。
(5) 连接导线若干。

二、I/O 分配及功能

I/O 分配及功能见表 4-1。

表 4-1　I/O 分配及功能(任务一)

输入		输出	
编程元件地址	功　能	编程元件地址	功　能
I0.0	起停按钮 SB1 动合触点	Q0.0	驱动电动机运行

三、PLC 接线图

在断电情况下,连接好 PC/PPI 电缆及 PLC 外围电路接线,如图 4-11 所示。

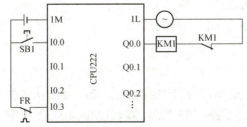

图 4-11　电动机起停 PLC 控制外围电路接线图

四、编写梯形图程序

根据程序功能流程图可以得到控制部分 $X_1 \sim X_3$（M0.0～M0.3）和执行部分 Q0.0 开启与关断的状态逻辑函数关系表达式，并将其转换成对应的梯形图程序，过程如图 4-12 所示。

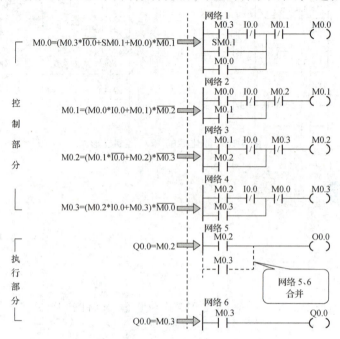

图 4-12　电动机起停 PLC 控制梯形图程序

五、调试检修

1. 调试

学生在教师的现场监护下进行通电调试，验证系统是否符合设计要求。

（1）编写梯形图程序，编译后将梯形图程序下载到 PLC 中。

（2）电动机未起动时，若 SB1 按钮动作一次，则电动机起动运行，若 SB1 按钮再动作一次，则电动机停止运行。

（3）电动机运行状态随 SB1 按钮动作交替切换。

2. 检修

如果出现故障，学生应独立完成检修调试，直至系统能够正常工作。

（1）检查线路连接是否正确。

（2）检查梯形图程序中有无同名线圈输出。

思考与练习

（1）将图 4-6 所示的主要类型流程图的逻辑函数关系表达式转换成梯形图。

（2）电动机正反转 PLC 控制：按钮 I0.0 控制电动机正反转，正转 Q0.0＝1，反转 Q0.1＝1。第一次按下按钮后，电动机开始正转；第二次按下按钮后，电动机开始反转；第三次按下按钮后,电动机停止运行。

任务二 电动机双重联锁正反转 PLC 控制

知识目标

了解 PLC 编程的经验法和梯形图设计法;
熟悉 S7-200 系列 PLC 的结构和外部 I/O 接线方法;
熟悉 STEP 7-Micro/WIN32 V4.0 SP9 编程软件的使用方法;
熟悉电动机双重联锁正反转 PLC 控制的工作原理和程序设计方法。

技能目标

练习 PLC 编程,能够正确运用经验法和梯形图法编制电动机双重联锁正反转 PLC 控制程序;
能够独立完成电动机双重联锁正反转 PLC 控制线路的安装;
能够按规定进行通电调试,当出现故障时,能根据设计要求独立检修,直至系统正常工作。

任务引入

电动机双重联锁正反转 PLC 控制:利用 PLC 实现电动机双重联锁正反转控制,其电气控制线路如图 4-13 所示。FU1~FU3 为主控电路保险,FU4~FU5 为控制电路保险。电动机只能处于正向旋转、反向旋转和停止三种运行状态的一种。当按下 SB1 正转起动按钮时,交流接触器 KM1 得电驱动电动机正向起动运行;当按下 SB2 反转起动按钮时,交流接触器 KM2 得电驱动电动机反向起动运行;当按下停止按钮 SB3 时,交流接触器 KM1 和 KM2 均失电使电动机停止运行;当电动机运行过载时,过载保护继电器 FR 自动切断电动机供电,使电动机停止运行。

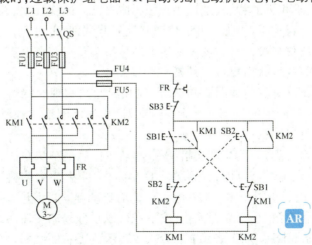

图 4-13 电动机双重联锁正反转电气控制线路图

任务分析

根据任务要求,图 4-13 所示为三相笼型异步电动机正、反转控制线路,其中 KM1、KM2 分别为正、反转接触器,其主触点接线的相序不同,KM1 按 U—V—W 相序接线,KM2 按 W—V—U 相序接线,即 U、V 两相对调,所以当两个接触器分别工作时,电动机的旋转方向不一样,可实现电动机的可逆运转。

(1) 自锁控制。正反转起动按钮 SB1、SB2 是并联的,当按下任一处起动按钮,对应接触器线圈都能通电,并且与起动按钮并联的接触器动合辅助触点得电,这样,即使起动按钮断开也能确保接触器线圈保持通电,维持电动机正常运行。

(2) 互锁控制。两个接触器的动断辅助触点与正反转起动按钮的动断触点串入对方线圈,这样,在按下正转起动按钮 SB1 后,正转接触器 KM1 线圈通电,主触点闭合,电动机正转。与此同时,由于 KM1 的动断辅助触点与 SB1 的动断触点断开,从而切断了反转接触器 KM2 的线圈电路,使电动机只能正转。同理,在按下反转起动按钮 SB2 后,反转接触器 KM2 动作,也保证了正转接触器 KM1 的线圈电路不工作,使电动机只能反转。

(3) 停止控制。当按下停止按钮 SB3 时,电动机将停止运行。由于电动机正反运行状态互相独立,因而设计 PLC 梯形图程序时可以采用典型的"自锁"和"互锁"控制电路,SB1、SB2、SB3 与 FR 作为开关信号接至 PLC 输入端,需占用 4 个输入端,交流接触器 KM1 和 KM2 需占用 2 个输出端,主电动机采用继电接触器构成起停控制,而不需要 PLC 控制,故选用一台西门子公司的 CPU222(14 点:8 入,6 出)的 PLC,即可满足本系统的控制要求。

 预备知识

一、经验法

经验法是运用自己的或别人的经验进行设计,这里所说的经验,有的是自己的经验总结,有的可能是别人的设计经验,有的也可能是其他资料的典型程序,如起-保-停电路、脉冲发生电路、延时接通/断开电路、顺序控制电路等。这种方法没有规律可循,多数是在设计前先选择与自己工艺要求相近的程序,把这些程序看成自己的试验程序,并结合自己工程的情况,对这些试验程序进行重组、添加、删除、修改和反复调试,使之适合自己的工程要求,设计所用的时间、设计的质量与设计者的经验有很大的关系。要想使自己有更多的经验,熟练地使用经验法设计应用程序,就需要日积月累,善于总结。

例 4-2 红绿灯 PLC 控制:如图 4-14 所示,利用经验法实现红绿灯顺序显示控制功能,这里可以采用方波信号产生的控制方法,在控制程序中添加网络 3 和网络 4,其中 Q0.0 和 Q0.1 分别控制红绿灯显示状态。

例 4-3 运料小车往返运行 PLC 控制:按下起动按钮后小车从左往右运行,当碰到或 5 s 内没有碰到右边的右限位时,SQ2 行程开关均自动停止;停止 3 s,装料后接着左行,当碰到或 5 s 内没有碰到左边的左限位时,SQ1 行程开关均自动停止,停止 3 s,卸料后自动右行。在中间过程,按下停止按钮,小车立即停止;按下右行或左行起动按钮后,小车继续运行。程序流程如图 4-15 所示,其中,S0.1 表示右行,S0.2 表示位于右侧装料,S0.3 表示左行,S0.4 表示位于左侧卸料。

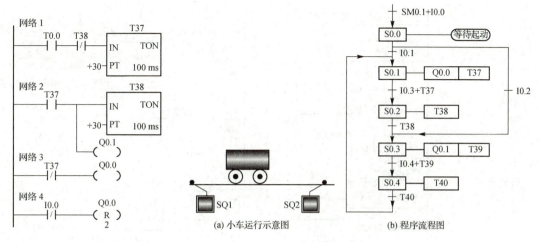

图 4-14　经验法实现红绿灯 PLC 控制梯形图

图 4-15　运料小车运行及程序流程图

步骤一：设计法分析。根据控制要求，利用"小车往返运行 PLC 控制"应用案例来设计运料小车往返运行 PLC 控制，实现有限位保护功能的小车自动往返运行。

步骤二：I/O 分配及功能。I/O 分配及功能见表 4-2。

表 4-2　I/O 分配及功能（例 4-3）

输　入		输　出	
编程元件地址	功　能	编程元件地址	功　能
I0.0	停止按钮	Q0.0	右行控制
I0.1	右行起动按钮	Q0.1	左行控制
I0.2	左行起动按钮		
I0.3	右限位行程开关		
I0.4	左限位行程开关		

步骤三：梯形图编制。编制梯形图程序，如图 4-16 所示。

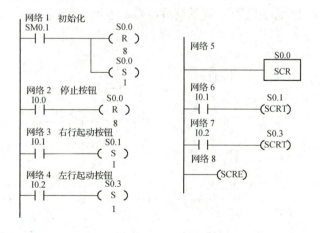

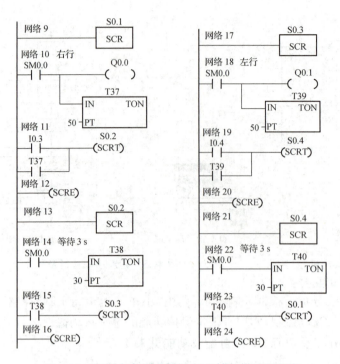

图 4-16　运料小车往返运行 PLC 控制梯形图程序

二、梯形图法

梯形图法是用梯形图语言将经过验证的继电器接触器控制电路转换成 PLC 梯形图，对于熟悉继电器控制的人来说，梯形图法是最方便的一种编程方法。

例 4-4　笼型异步电动机串电阻减压起动 PLC 控制：利用 PLC 实现笼型异步电动机串电阻减压起动，其继电器电气控制线路如图 4-17 所示。按下起动按钮 SB1 后，电动机的定子接触器 KM1 得电，电动机经串联起动电阻 R 进行减压起动；同时定时器 KT 开始定时，设定时时间为 5 s。5 s 后短路接触器 KM2 得电，将起动电阻 R 短路，电动机全速运行。按下停止按钮 SB2 后，电动机停止运行。该系统具有热继电器 FR，可进行过载保护。

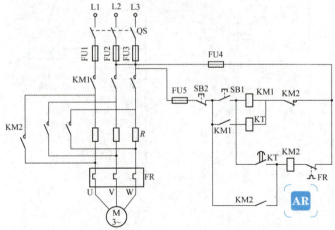

图 4-17　笼型异步电动机串电阻减压起动 PLC 电气控制线路图

步骤一：I/O 分配及功能。I/O 分配及功能见表 4-3。

表 4-3　I/O 分配及功能

输入		输出	
编程元件地址	功　能	编程元件地址	功　能
I0.0	起动按钮的动合触点 SB1	Q0.0	接通交流电源的接触器 KM1
I0.1	停止按钮的动断触点 SB2	Q0.1	短接起动电阻的接触器 KM2
I0.2	热继电器的动断触点 FR		

步骤二：梯形图程序编制。笼型异步电动机串电阻减压起动 PLC 控制梯形图程序如图 4-18 所示。

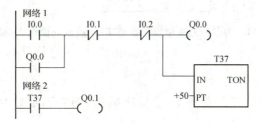

图 4-18　笼型异步电动机串电阻减压起动 PLC 控制梯形图程序

一、设备配置

(1) 1 台 S7-200 CPU222 PLC。
(2) 1 台电动机，2 个交流接触器，1 个过载保护继电器。
(3) 1 台装有 STEP 7-Micro/WIN32 V4.0 SP9 编程软件的 PC。
(4) 1 根 PC/PPI 电缆。
(5) 连接导线若干。

二、I/O 分配及功能

I/O 分配及功能见表 4-4。

表 4-4　I/O 分配及功能(任务二)

输入		输出	
编程元件地址	功　能	编程元件地址	功　能
I0.1	起动按钮 SB1 动合触点	Q0.0	电动机正转控制交流接触器 KM1
I0.2	起动按钮 SB2 动合触点	Q0.1	电动机反转控制交流接触器 KM2
I0.0	停止按钮 SB3 动断触点		
I0.3	过载保护继电器 FR 动断触点		

三、PLC 接线图

在断电情况下，连接好 PC/PPI 电缆及 PLC 外围电路接线，如图 4-19 所示。

1M
1L
SB3
I0.0
Q0.0
KM1
KM1
SB1
I0.1
CPU222
Q0.1
KM2
KM2
SB2
I0.2
Q0.2
FR
I0.3

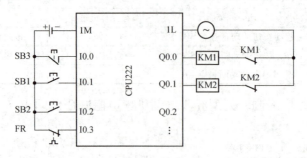

图 4-19　电动机双重联锁正反转 PLC 控制外围电路接线图

四、编写梯形图程序

根据任务要求，采用自锁与互锁 PLC 程序结构，编制满足控制要求的梯形图程序，如图 4-20 所示。

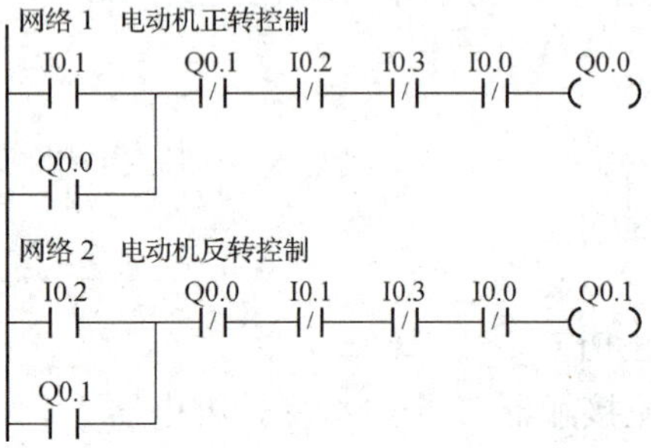

网络 1　电动机正转控制
I0.1
Q0.1
I0.2
I0.3
I0.0
Q0.0
Q0.0
网络 2　电动机反转控制
I0.2
Q0.0
I0.1
I0.3
I0.0
Q0.1
Q0.1

图 4-20　电动机双重联锁正反转 PLC 控制梯形图程序

五、调试检修

1. 调试

学生在教师的现场监护下进行通电调试，验证系统是否符合设计要求。

(1)编写梯形图程序，编译后将梯形图程序下载到 PLC 中。

(2)电动机未起动时，若按下 SB1，电动机起动，进行正转，若按下 SB2，电动机起动，进行反转。

(3)电动机正转时,若按下 SB1,电动机继续正转,若按下 SB2,电动机切换进行反转;反转时,若按下 SB2,电动机继续反转,若按下 SB1,电动机切换进行正转。

(4)无论电动机处于何种运行状态,若按下 SB3 或电动机过载导致 FR 切断,则电动机停止运行。

2. 检修

如果出现故障,学生应独立完成检修调试,直至系统能够正常工作。

(1)检查线路连接是否正确。

(2)检查梯形图程序中自锁、互锁电路的使用是否正确。

思考与练习

电动机星-三角(Y-△)降压起动 PLC 控制:利用 PLC 实现笼型异步电动机星-三角(Y-△)降压起动,其电气控制线路如图 4-21 所示。当合上刀开关 QS 后,按下起动按钮 SB2,接触器 KM1 线圈、KM2 线圈及通电延时型时间继电器 KT 线圈通电,电动机接成星形起动;同时通过 KM1 的动合辅助触点自锁,时间继电器开始定时。当电动机接近于额定转速时,即时间继电器 KT 延时时间已到,KT 的延时断开动断触点断开,切断 KM2 线圈电路,KM2 断电释放,其主触点和辅助触点复位;同时,KT 的延时动合触点闭合,使 KM3 线圈通电并自锁,主触点闭合,电动机接成三角形运行。时间继电器 KT 线圈也因 KM3 动断触点断开而失电,时间继电器复位,为下一次起动做好准备。图中的 KM2、KM3 动断触点是互锁控制,其作用是防止 KM2、KM3 线圈同时得电而造成电源短路。

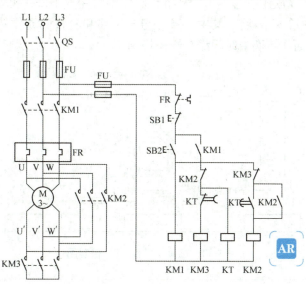

图 4-21 电动机星-三角(Y-△)降压起动电气控制线路图

任务三　机械手工作 PLC 控制

知识目标

了解 PLC 编程的逻辑流程图法和单流程程序功能流程图应用编程；
熟悉 S7-200 系列 PLC 的结构和外部 I/O 接线方法；
熟悉 STEP 7-Micro/WIN32 V4.0 SP9 编程软件的使用方法；
熟悉机械手工作 PLC 控制的工作原理和程序设计方法。

技能目标

练习 PLC 编程，能够正确运用逻辑流程图法编制机械手工作 PLC 控制程序；
能够独立完成机械手工作 PLC 控制线路的安装；
能够按规定进行通电调试，当出现故障时，能根据设计要求独立检修，直至系统正常工作。

任务引入

机械手工作 PLC 控制：要求机械手从工作台 A 将工件搬移到工作台 B，其工作过程如图 4-22 所示。机械手初始位置在原位，起动后机械手将完成下降—夹紧—上升—右移—下降—放松—上升—左移 8 个动作，其中下降、上升、左移和右移的动作转换靠限位开关来控制，而夹紧和放松的动作转换由时间继电器来控制。

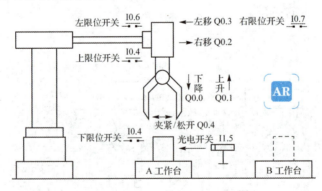

图 4-22　机械手工作 PLC 控制图

任务分析

根据任务要求，I0.0 用作起、停控制开关信号，I0.4～I0.7 作为位置检测开关信号，I1.5 作为有无工件检测开关信号，接至 PLC 输入端，须占用 6 个输入端，Q0.0～Q0.4 作为机械手动作自动控制开关信号，须占用 5 个输出端，故选用一台西门子公司 CPU224（24 点：14 入，10 出）PLC，即可满足本系统的简单控制要求，并运用逻辑流程图法设计控制程序，逻辑流程图如图 4-23 所示。

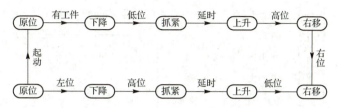

图 4-23　机械手工作 PLC 控制逻辑流程图

一、逻辑流程图法

逻辑流程图法是用逻辑框图表示 PLC 程序的执行过程,反映输入与输出的关系。逻辑流程图法是把系统的工艺流程用逻辑方框图表示出来,形成系统。用这种方法编制的 PLC 控制程序逻辑思路清晰,输入与输出的因果关系及连锁条件明确。逻辑流程图使整个程序脉络清晰,便于分析控制程序,查找故障点,调试程序和修订程序。有时对一个复杂的程序,直接用语句表或梯形图编程可能觉得难以下手,可以先画出逻辑流程图,再为逻辑流程图的各个部分用语句表或梯形图编制成 PLC 应用程序。

例 4-5　4 台电动机的顺序起停 PLC 控制:4 台电动机 M1、M2、M3、M4,要求按下起动按钮后,按照 M1—M2—M3—M4 依次间隔 30 s 顺序起动;按下停止按钮后,按照 M1—M2—M3—M4 依次间隔 10 s 顺序停止。

步骤一:根据 4 台电动机的顺序起停 PLC 控制要求画出逻辑流程图,如图 4-24 所示。

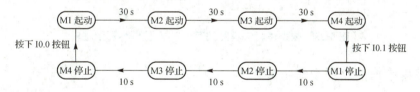

图 4-24　4 台电动机的顺序起停 PLC 控制逻辑流程图

步骤二:建立输入/输出分配表,见表 4-5,给出 I/O 分配及功能。

表 4-5　I/O 分配及功能(例 4-5)

输 入		输 出	
编程元件地址	功　能	编程元件地址	功　能
I0.0	起动按钮 SB1	Q0.0	驱动电动机 M1 起停
I0.1	停止按钮 SB2	Q0.1	驱动电动机 M2 起停
		Q0.2	驱动电动机 M3 起停
		Q0.3	驱动电动机 M4 起停

步骤三:依据逻辑流程图编写 PLC 控制程序,如图 4-25 所示。

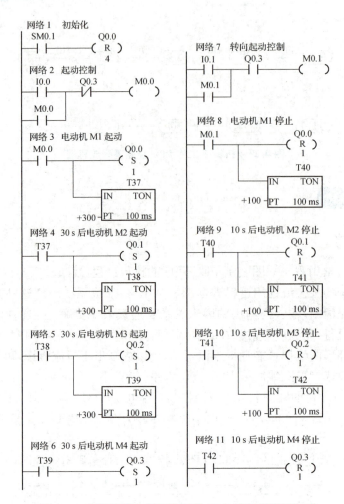

图 4-25 依据逻辑流程图编写的 PLC 控制梯形图程序

二、单流程程序功能流程图编程应用

自动门 PLC 控制程序功能流程图如图 4-26 所示。

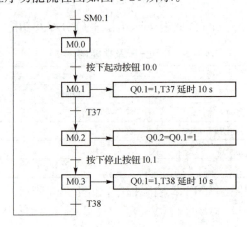

图 4-26 自动门 PLC 控制程序功能流程图

分析：工步 M0.0 为初始状态。按下起动按钮 I0.0 后进入工步 M0.1，此时 Q0.1=1，T37 起动延时 10 s；当 T37=1 时，进入工步 M0.2，此时 Q0.1=Q0.2=1；按下停止按钮 I0.1 后进入工步 M0.3，此时 Q0.1=1，T38 起动延时 10 s；当 T38=1 时，进入工步 M0.0，此时 Q0.1=Q0.2=0，回到初始状态。

根据单流程程序功能流程图转换关系，编制相应的梯形图程序，如图 4-27 所示。

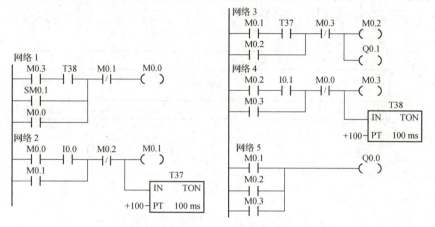

图 4-27　自动门 PLC 控制梯形图程序

 任务实施

一、设备配置

(1) 1 台 S7-200 CPU224 PLC。
(2) 1 个机械手工作 PLC 控制模块。
(3) 1 台装有 STEP 7-Micro/WIN32 V4.0 SP9 编程软件的 PC。
(4) 1 根 PC/PPI 电缆。
(5) 连接导线若干。

二、I/O 分配及功能

I/O 分配及功能见表 4-6。

表 4-6　I/O 分配及功能（任务三）

输入		输出	
编程元件地址	功　能	编程元件地址	功　能
I0.0	起停开关	Q0.0	下降电磁阀
I0.4	高位限位开关	Q0.1	上升电磁阀
I0.5	低位限位开关	Q0.2	右移电磁阀
I0.6	左位限位开关	Q0.3	左移电磁阀
I0.7	右位限位开关	Q0.4	夹紧电磁阀
I1.5	A 台有工件光电耦合器		

三、PLC 接线图

在断电情况下，连接好 PC/PPI 电缆及 PLC 外围电路接线，如图 4-28 所示。

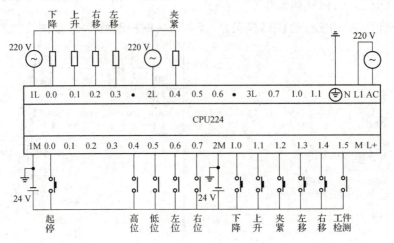

图 4-28　机械手工作 PLC 控制外围电路接线图

四、编写梯形图程序

根据机械手工作 PLC 控制要求，利用逻辑流程图法编制控制程序。其中，主程序 OB1 实现起动与停止控制功能，子程序 SBR_0 实现机械手动作控制，如图 4-29 所示。

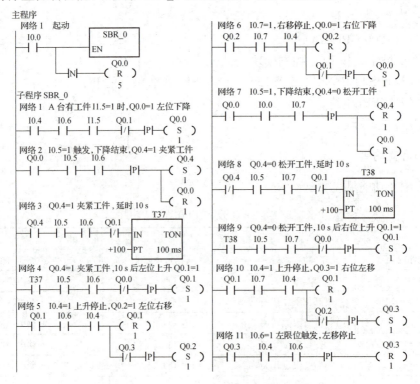

图 4-29　机械手工作 PLC 控制梯形图程序

五、调试检修

1. 调试

学生在教师的现场监护下进行通电调试,验证系统是否符合设计要求。

(1)编写梯形图程序,编译后将梯形图程序下载到 PLC 中。

(2)机械手初始位置在原位,采用单动工作方式,起动后,机械手将顺序完成下降—夹紧—上升—右移—下降—放松—上升—左移共 8 个动作后停止;采用自动工作方式,起动后机械手依次循环执行 8 个动作;采用手动工作方式,起动后机械手在动作按钮的控制下完成上述 8 个动作。

2. 检修

如果出现故障,学生应独立完成检修调试,直至系统能够正常工作。

(1)检查线路连接是否正确。

(2)检查梯形图程序中自锁、互锁电路及置位/复位指令的使用是否正确。

思考与练习

(1)电动机顺序起动/停止 PLC 控制:3 台电动机 M1、M2、M3,起动按钮按下后,电动机间隔一段时间顺序起动工作。停止按钮按下后,已运行的电动机间隔一段时间逆序停止工作。

(2)运料小车 PLC 控制:运料小车运行控制如图 4-30 所示,小车起始在卸料位置,按下起动按钮,小车右行,碰到右限位开关停在装料位置,打开进料口,7 s 后完成装料并关闭进料口,然后小车左行,碰到左限位开关停在卸料位置,打开出料口,5 s 后完成装料并关闭出料口,完成一次运料动作。

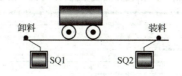

图 4-30 运料小车运行控制示意图

任务四 全自动洗衣机 PLC 控制

知识目标

了解 PLC 编程时序流程图法和循环程序功能流程图应用编程;

熟悉 S7-200 系列 PLC 的结构和外部 I/O 接线方法;

熟悉 STEP 7-Micro/WIN32 V4.0 SP9 编程软件的使用方法;

熟悉全自动洗衣机 PLC 控制的工作原理和程序设计方法。

技能目标

练习 PLC 编程,能够正确运用时序流程图法编制全自动洗衣机 PLC 控制程序;

能够独立完成全自动洗衣机 PLC 控制线路的安装;

能够按规定进行通电调试,当出现故障时,能根据设计要求独立检修,直至系统正常工作。

任务引入

全自动洗衣机 PLC 控制:全自动洗衣机的工作过程为:起动—加水—洗涤—排水—停止。其中,"加水—洗涤—排水"重复 4 次,每次加水时进水指示灯亮,水位达到上限位时进水指示灯灭;洗涤分正反两个方向,各 40 s,正向洗涤完成后停 2 s 再进行反向洗涤,正反方向洗涤重复 4 次,洗涤完成后停 2 s 再开始排水,排水时排水指示灯亮,达到水位下限位时排水指示灯灭。当第 4 次排水完成时,蜂鸣器响 5 s 后洗衣机自动停止。在整个工作过程中,按下停止按钮洗衣机可以停止工作。

 任务分析

根据任务要求,I0.0、I0.1 分别用作起、停控制按钮,I0.2、I0.3 分别作为高、低水位检测开关,由于存在两类负载,因而选用一台西门子公司 CPU224(24 点:14 入,10 出)PLC,Q0.0~Q0.2 分别驱动进水指示灯、排水指示灯、蜂鸣器,Q0.5 和 Q0.6 分别表示电动机正转和电动机反转,采用时序流程图法设计控制程序,时序流程图如图 4-31 所示。

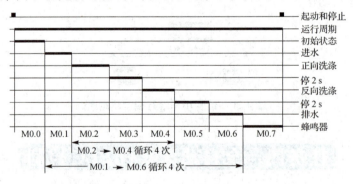

图 4-31　全自动洗衣机 PLC 控制程序时序流程图

由图 4-31 可得全自动洗衣机 PLC 控制的程序功能流程图如图 4-32 所示。

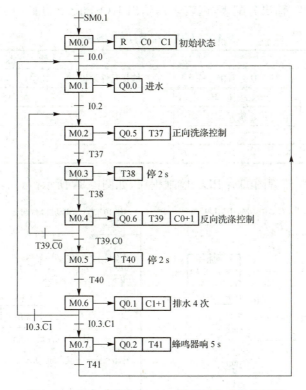

图 4-32　全自动洗衣机 PLC 控制程序功能流程图

 预备知识

一、时序流程图法

时序流程图法是首先画出控制系统的时序图（到某一个时间应该进行哪项控制的控制时序图），再根据时序关系画出对应的控制任务的程序框图，最后把程序框图写成 PLC 程序的编程方法。时序流程图法是很适合用于以时间为基准的控制系统的编程方法。

例 4-6　利用时序流程图法设计 4 台电动机的顺序起、停 PLC 控制。

步骤一：根据 4 台电动机的顺序起、停 PLC 控制要求画出的时序功能流程图，如图 4-33 所示。

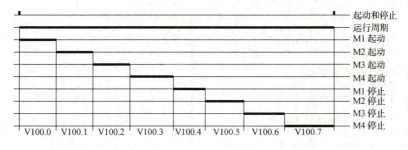

图 4-33　时序功能流程图

步骤二:建立输入/输出分配表,见表 4-7,给出 I/O 分配及功能。

表 4-7　I/O 分配及功能(例 4-6)

输入		输出	
编程元件地址	功　能	编程元件地址	功　能
I0.0	起动按钮 SB1	Q0.0	驱动电动机 M1 起停
I0.1	停止按钮 SB2	Q0.1	驱动电动机 M2 起停
		Q0.2	驱动电动机 M3 起停
		Q0.3	驱动电动机 M4 起停

步骤三:依据时序流程图编写 PLC 控制程序,如图 4-34 所示。

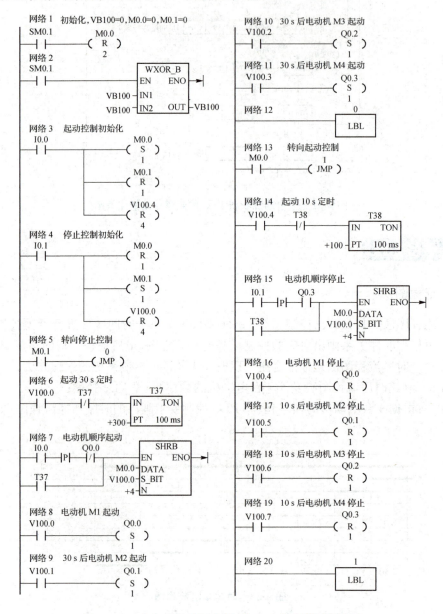

图 4-34　4 台电动机的顺序起、停 PLC 控制梯形图程序

二、循环与跳转程序功能流程图编程应用

自动门 PLC 控制程序功能流程图如图 4-35 所示，通过检测有无人接近或经过自动门实现门的自动变速关开控制。

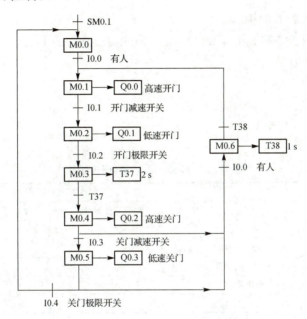

图 4-35　自动门 PLC 控制程序功能流程图

依据自动门 PLC 控制程序功能流程图转换关系编写 PLC 控制程序，如图 4-36 所示。

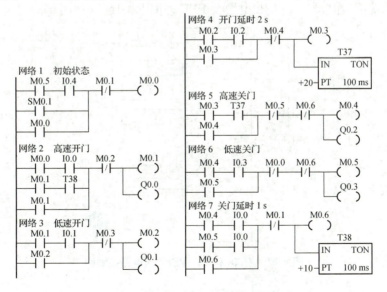

图 4-36　自动门 PLC 控制梯形图程序

任务实施

一、设备配置

(1)1 台 S7-200 CPU224 PLC。

(2)1 台装有 STEP 7-Micro/WIN32 V4.0 SP9 编程软件的 PC。

(3)1 根 PC/PPI 电缆。

(4)连接导线若干。

二、I/O 分配及功能

I/O 分配及功能见表 4-8。

表 4-8　I/O 分配及功能(任务四)

输入		输出	
编程元件地址	功　能	编程元件地址	功　能
I0.0	启动按钮	Q0.0	进水指示灯
I0.1	停止按钮	Q0.1	排水指示灯
I0.2	高水位检测开关	Q0.2	蜂鸣器
I0.3	低水位检测开关	Q0.5	电动机正转
		Q0.6	电动机反转

三、PLC 接线图

在断电情况下,连接好 PC/PPI 电缆及 PLC 外围电路接线,如图 4-37 所示。

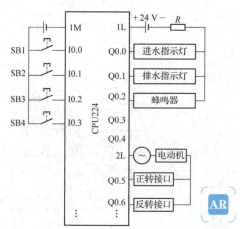

图 4-37　自动门 PLC 控制外围电路接线图

四、编写梯形图程序

根据全自动洗衣机 PLC 控制要求,利用时序流程图法进行编程,PLC 控制程序如图 4-38 所示。

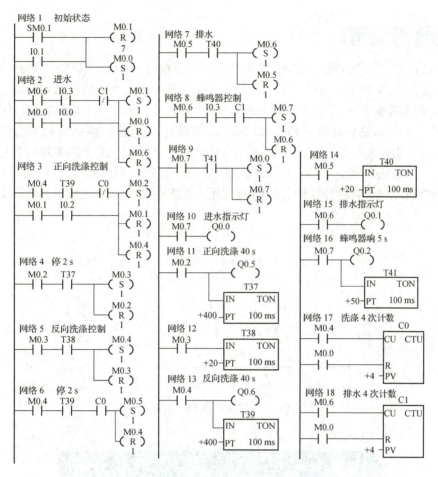

图 4-38　全自动洗衣机 PLC 控制梯形图程序

五、调试检修

1. 调试

学生在教师的现场监护下进行通电调试,验证系统是否符合设计要求。

(1)编写梯形图程序,编译后将梯形图程序下载到 PLC 中。

(2)起动全自动洗衣机,重复 4 次"加水—洗涤—排水",每次加水时进水指示灯亮,水位达到上限位时进水指示灯灭;洗涤分正反两个方向,各 40 s,正向洗涤完成后停 2 s 再进行反向洗涤,正反方向洗涤重复 4 次;洗涤完成后停 2 s 再开始排水,排水时排水指示灯亮,达到水位下限位时排水指示灯灭。当第 4 次排水完成时蜂鸣器响 5 s 后洗衣机自动停止工作。

(3)在整个工作过程中,按下停止按钮洗衣机可以停止工作。

2. 检修

如果出现故障,学生应独立完成检修调试,直至系统能够正常工作。

(1)检查线路连接是否正确。

(2)检查梯形图程序中状态转换及计数器指令的使用是否正确。

思考与练习

钻床钻孔 PLC 控制：圆盘工件需要加工出均匀分布的 6 个大小孔，如图 4-39 所示，钻床配有两个钻头，每次加工一组即大小孔各 1 个。钻头起始均在上限位位置，操作人员放好工件后，按下起动按钮 I0.0，工件被夹紧（Q0.0＝1），夹紧到位 I0.1＝1 后，两个钻头同时钻孔（Q0.1＝Q0.3＝1），钻到有限位开关 I0.2 和 I0.4 设定的深度后，两钻头分别上行（Q0.2＝Q0.4＝1），回到限位开关 I0.3 和 I0.5 设定的起始位置时停止，两个钻头都到位后，工件被松开（Q0.6＝1），松开到位 I0.7＝1 后，1 次加工结束，钻头返回初始状态。计数器 C0 记录加工次数，每次加工结束，计数值增 1；同时 Q0.5 使工件旋转 120°，I0.6 为旋转到位限位开关。

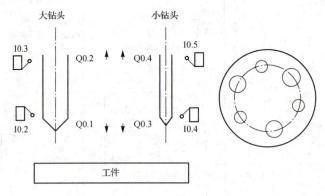

图 4-39　钻床钻孔 PLC 控制图

任务五　电动机三速段 PLC 控制

知识目标

了解 PLC 编程的步进顺控法和并行与选择程序功能流程图应用编程；
熟悉 S7-200 系列 PLC 的结构和外部 I/O 接线方法；
熟悉 STEP 7-Micro/WIN32 V4.0 SP9 编程软件的使用方法；
熟悉电动机三速段 PLC 控制的工作原理和程序设计方法。

技能目标

练习 PLC 编程，能够正确运用步进顺控法设计、编制电动机三速段 PLC 控制程序；
能够独立完成电动机三速段 PLC 控制线路的安装；
能够按规定进行通电调试，当出现故障时，能根据设计要求独立检修，直至系统正常工作。

 任务引入

电动机三速段 PLC 控制：电动机可以运行在低速、中速和高速三个状态下，按下起动按钮,电动机至少间隔 1 s 逐级升速,即低速状态—中速状态—高速状态;在高速状态下,按下起动按钮时,电动机至少间隔 1 s 降速,即高速状态—中速状态;在任何状态下按下停止按钮,电动机均停止工作。

任务分析

根据电动机三速段 PLC 控制要求,采用步进顺控法进行编程,其程序功能流程图如图 4-40 所示。

其中,I0.0、I0.1 分别用作起、停控制开关信号,需占用 2 个输入端,Q0.0~Q0.2 分别作为电动机低速、中速和高速三个段速控制,须占用 5 个输出端,故选用一台西门子公司的 CPU222(14 点:8 入,6 出)PLC,并采用顺控指令实现控制功能。

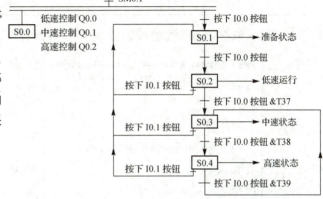

预备知识

图 4-40 电动机三速段 PLC 控制程序功能流程图

一、步进顺控法

步进顺控法是在顺控指令的配合下设计复杂的控制程序。一般比较复杂的程序,都可以分成若干功能比较简单的程序段,一个程序段可以看成整个控制过程中的一步,并用编程元件(如位存储器、顺序控制继电器)来代表各步。从这个角度来看,一个复杂系统的控制过程是由这样若干步组成的:在任何一步之内,各输出量的 ON/OFF 状态不变,但是相邻两步输出量的状态是不同的,步间转换需要转换条件的驱动,如外部输入信号(按钮、指令开关、限位开关的接通/断开等)、内部产生的信号(定时器、计数器常开触点的接通等)或若干信号的与、或、非逻辑组合。系统控制的任务实际上可以认为是在不同时刻或在不同进程中去完成对各个步的控制。因此,不少 PLC 生产厂家在自己的 PLC 中增加了步进顺控指令,可以利用步进顺控指令方便地编写出控制程序。

例 4-7 4 台电动机 M1、M2、M3、M4 的顺序起、停 PLC 控制,要求按下起动按钮后 4 台电动机按照 M1—M2—M3—M4 依次间隔 30 s 顺序起动;按下停止按钮后四台电动机按照 M1—M2—M3—M4 依次间隔 10 s 顺序停止。这里要求利用步进顺控法进行设计。

步骤一:根据 4 台电动机的顺序起、停 PLC 控制要求画出步进流程,如图 4-41 所示。

步骤二:建立输入/输出分配表,见表 4-9,给出 I/O 分配及功能。

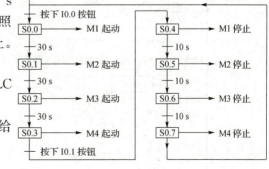

图 4-41 4 台电动机的顺序起停 PLC 步进流程图

表 4-9 I/O 分配及功能(例 4-7)

输 入		输 出	
编程元件地址	功 能	编程元件地址	功 能
I0.0	起动按钮 SB1	Q0.0	驱动电动机 M1 起停
I0.1	停止按钮 SB2	Q0.1	驱动电动机 M2 起停
		Q0.2	驱动电动机 M3 起停
		Q0.3	驱动电动机 M4 起停

步骤三：依据步进顺控流程图编写 PLC 控制程序，如图 4-42 所示。

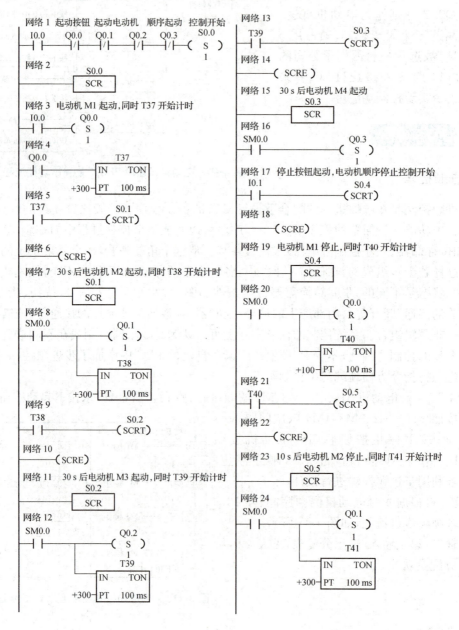

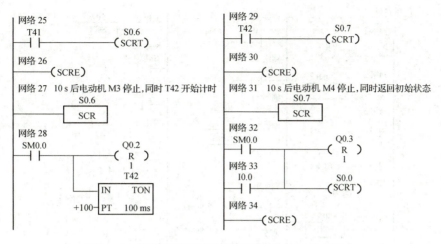

图 4-42　依据步进顺控流程图编写的 PLC 控制程序

二、并行与选择程序功能流程图编程应用

并行与选择程序功能流程图如图 4-43 所示,工步 S0.0 与 S0.3 分别为选择序列起始和结束,工步 S0.3 后与 S1.0 前分别为并行序列起始和结束。

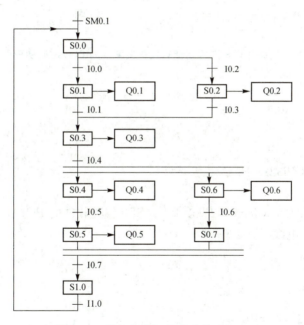

图 4-43　并行与选择程序功能流程图

分析:当工步 S0.0 为活动步时,若转换条件 I0.0＝1,则执行工步 S0.1;若转换条件 I0.2＝1 时,则执行工步 S0.2,若转换条件 I0.1＝1 或 I0.0＝3,则执行工步 S0.3;若转换条件 I0.4＝1,则同时执行工步 S0.4 与 S0.6;若当工步 S0.5 和 S0.7 同时为活动步,且转换条件 I0.7＝1 时,则执行工步 S1.0,同时工步 S0.5 和 S0.7 复位为非活动步。

根据并行与选择程序功能流程图转换关系编制相应的梯形图程序,如图 4-44 所示。

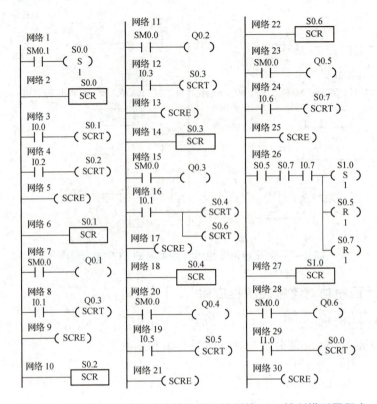

图 4-44 根据并行与选择功能转换关系编制的 PLC 控制梯形图程序

任务实施

一、设备配置

(1) 1 台 S7-200 CPU222 PLC。
(2) 1 台电动机。
(3) 1 台装有 STEP 7-Micro/WIN32 V4.0 SP9 编程软件的 PC。
(4) 1 根 PC/PPI 电缆。
(5) 连接导线若干。

二、I/O 分配及功能

I/O 分配及功能见表 4-10。

表 4-10　I/O 分配及功能（任务五）

输入		输出	
编程元件地址	功　能	编程元件地址	功　能
I0.0	起动按钮	Q0.0	驱动电动机低速运行
I0.1	停止按钮	Q0.1	驱动电动机中速运行
		Q0.2	驱动电动机高速运行

三、PLC 接线图

在断电情况下,连接好 PC/PPI 电缆及 PLC 外围电路接线,如图 4-45 所示。

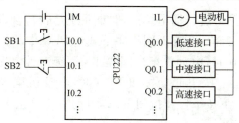

图 4-45　电动机三速段 PLC 控制外围电路接线图

四、编写梯形图程序

根据电动机三速段 PLC 控制要求,利用步进顺控法编写 PLC 控制程序,如图 4-46 所示。

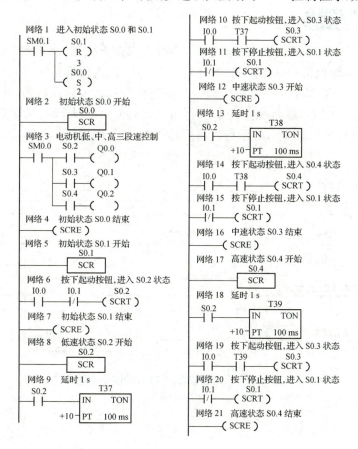

图 4-46　电动机三速段 PLC 控制梯形图程序

五、调试检修

1. 调试

学生在教师的现场监护下进行通电调试,验证系统是否符合设计要求。

(1)编写梯形图程序,编译后将梯形图程序下载到 PLC 中。

(2)按下起动按钮 I0.0 时,电动机至少间隔 1 s 逐级升速,即低速状态—中速状态—高速状态;当在高速运行状态下按下起动按钮 I0.0 时,电动机至少间隔 1 s 降速,即高速状态—中速状态;在任何状态下按下停止按钮 I0.1,电动机均停止工作。

2. 检修

如果出现故障,学生应独立完成检修调试,直至系统能够正常工作。

(1)检查线路连接是否正确。

(2)检查梯形图程序中步进控制指令的使用是否正确。

  思考与练习

人行道指示灯 PLC 控制:在人行道一侧,当行人未按下按钮 I0.0 或 I0.1 时,人行道红色指示灯与车行道绿色指示灯均点亮;当行人按下按钮时,人行道指示灯与车行道指示灯运行情况如图 4-47 所示,其中车行道绿灯 Q0.3 保持亮 30 s,30 s 后绿灯灭,黄灯 Q0.2 亮 10 s 后,红灯 Q0.1 亮,车辆停,红灯亮 5 s 后,人行道红灯 Q0.4 灭,人行道绿灯 Q0.5 亮 15 s,行人过道,15 s 后,Q0.5 闪烁 5 s,表示行人通过时间要到了,闪烁 5 s 之后 Q0.4 亮,Q0.3 亮,恢复车道通行。

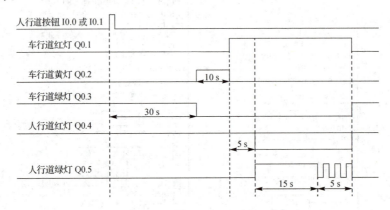

图 4-47　人行道指示灯 PLC 控制示意图

模块五 S7-200 系列 PLC 典型控制系统设计

> 博学之,审问之,慎思之,明辨之,笃行之。
> ——《礼记·中庸》

PLC 控制系统设计内容包括电气控制原理设计和工艺设计。其中电气控制原理设计主要以满足机械设备的基本要求为基础,综合考虑设备的自动化程度;而工艺设计的合理性决定了控制系统生产的可行性和经济性、产品造型的美观性及维修的方便性。PLC 控制系统的一般结构如图 5-1 所示。

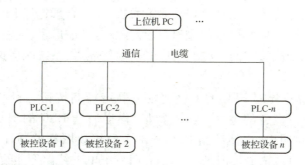

图 5-1　PLC 控制系统的一般结构框图

1. PLC 控制系统设计的一般原则

PLC 控制系统设计应遵循以下原则。

(1)最大限度地满足被控对象的工艺要求,设计人员在设计前要深入现场进行调查研究,详细了解工艺流程,收集与本控制系统有关的现场信息、国内与国外资料,进行系统设计。同时,设计人员要注意和现场的工程管理人员、工程技术人员、现场工程操作人员紧密配合,拟定控制方案,共同解决设计中出现的问题。

(2)在满足生产工艺的前提下,一方面要注意不断扩大工程的效益,另一方面也要注意不断降低工程的成本,尽可能使 PLC 控制系统结构简单、经济实用、使用方便、维护成本低。

(3)保证控制系统的安全可靠,要求在系统设计、器件选择、软件编程等方面全面考虑,使控制系统能够长期安全、可靠、稳定地运行。

(4)考虑到生产的发展和工艺的改进,在选择 PLC 的型号、I/O 模块、I/O 点数、存储器容量等内容时,应留有适当的余量,以利于系统的调整和扩充。

2. PLC 控制系统设计的一般步骤

PLC 控制系统设计的步骤如图 5-2 所示。

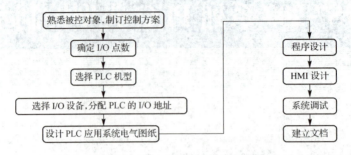

图 5-2　PLC 控制系统设计的一般步骤框图

(1)熟悉被控对象,制订控制方案。在进行系统设计之前,设计人员要深入控制现场,熟悉被控对象的机械工作性能、基本结构特点、生产工艺和生产过程,了解系统的运动机构、运动形式和电气拖动要求,必要时可以画出系统的功能图、生产工艺流程图,拟定系统工作方式(如手动、自动、半自动、单步与开闭环控制等)与程序编制结构(如单主程序、主-子程序、主-中断程序等),从而对整个控制系统的软硬件设计形成一个初步方案。

(2)确定 I/O 点数。根据被控对象对 PLC 控制系统的技术指标的要求,确定用户所需的输入/输出设备,据此确定 PLC 的 I/O 点数和种类,用于合理选择 PLC 主机。

(3)选择 PLC 机型。选择 PLC 机型时,设计人员应考虑厂家、性能结构、技术指标、I/O 点数、存储容量、特殊功能等方面,以及 I/O 功能、通信能力、系统响应速度、负载能力、电源等的匹配问题。

(4)选择 I/O 设备,分配 PLC 的 I/O 地址。确定控制按钮、行程开关、接触器、电磁阀、信号灯等各种 I/O 设备的型号、规格、数量;根据所选 PLC 的型号,列出 I/O 设备与 PLC 的 I/O 端子的对照表,以便绘制 PLC 外部 I/O 接线图和编制程序。

(5)设计 PLC 应用系统电气图纸。PLC 应用系统电气线路图主要包括 PLC 外部 I/O 设备与电器元件连接电路图、系统电源供电线路,电气控制柜内电气安装位置图、以及电气安装接线图等。

(6)程序设计。以生产工艺要启用的现场信号与 PLC 编程元件的对照表为依据,根据程序设计思想,绘出程序功能流程图;然后以编程指令为基础,画出程序梯形图,编写程序注释。

(7)HMI 设计。使用 Visual C++、Visual Basic 等可视化编程软件或工业控制组态软件设计出较理想的人机界面,通过人机界面与现场设备互动。

(8)系统调试。根据电气接线图进行系统硬件安装接线、编辑、编译、下载 PLC 应用程序,反复调试、运行与修改,直至系统运行正确。

(9)建立文档。整理全部电路设计图、程序流程图、程序清单、元器件参数、计算公式、结果,列出元件清单,编写系统的技术说明书及用户使用、维护说明书。

任务一　CA6140 型普通车床 PLC 控制

知识目标

掌握 S7-200 系列 PLC 对常用机床进行电气改造的方法；
熟悉 S7-200 系列 PLC 的结构和外部 I/O 接线方法；
熟悉 STEP 7-Micro/WIN32 V4.0 SP9 编程软件的使用方法；
熟悉 CA6140 型普通车床 PLC 控制的工作原理和程序设计方法。

技能目标

能够正确编制 CA6140 型普通车床 PLC 控制程序；
能够独立完成 CA6140 型普通车床 PLC 控制线路的安装；
能够按规定进行通电调试，当出现故障时，能根据设计要求独立检修，直至系统正常工作。

任务引入

CA6140 型普通车床 PLC 控制：CA6140 型普通车床的电气控制线路原理图如图 5-3 所示，对其电气控制线路进行改造，利用 PLC 实现控制功能。

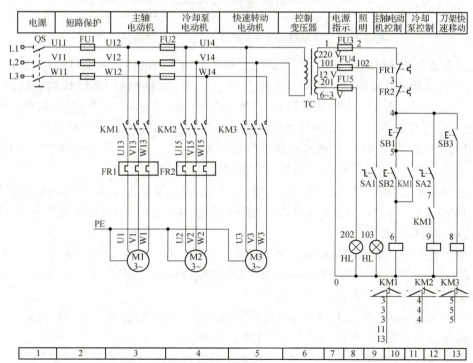

图 5-3　CA6140 型普通车床的电气控制线路原理图

根据CA6140型普通车床的电气控制线路原理图可知,其由主电路和控制电路两个部分组成,具体功能分析如下。

(1) 主电路。CA6140型普通车床的主电路电气控制线路结构如图5-4所示,被控对象有3台电动机:M1为主轴电动机,拖动主轴和工件旋转,并通过进给机构实现车床的进给运动;M2为冷却泵电动机,拖动冷却泵输出冷却液;M3为溜板快速移动电动机,拖动溜板实现刀架快速移动。

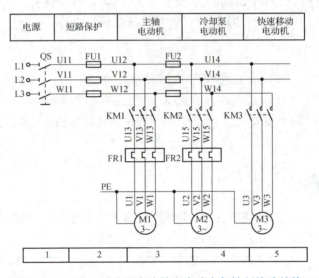

图 5-4 CA6140型普通车床的主电路电气控制线路结构

三相交流电源通过转换开关 QS 引入。主轴电动机 M1 由接触器 KM1 控制起动,热继电器 FR1 为主轴电动机的过载保护。冷却泵电动机 M2 由接触器 KM2 控制起动,热继电器 FR2 为它的过载保护。刀架快速移动电动机 M3 由接触器 KM3 控制起动,因 M3 是短期工作,故未设过载保护。FU1 为 M1 的短路保护,FU2 为 M2 和 M3 的短路保护。

(2) 控制电路。CA6140型普通车床的控制电路如图5-5所示,其电源由控制变压器 TC 副边输出 220 V 电压提供,FU3 作为控制电路的短路保护。

① 主轴电动机控制。主电路中的 M1 为主轴电动机,按下起动按钮 SB2,KM1 得电吸合,辅助触点 KM1(5~6)闭合自锁,KM1 主触头闭合,M1 起动,同时辅助触点 KM1(7~9)闭合,为冷却泵起动做好准备。

② 冷却泵控制。主电路中的 M2 为冷却泵电动机。在主轴电动机起动后,KM1(7~9)闭合,将开关 SA2 闭合,KM2 吸合,冷却泵电动机起动,将 SA2 断开,冷却泵停止,将主轴电动机停止,冷却泵也自动停止。

③ 刀架快速移动控制。刀架快速移动电动机 M3 采用点动控制,按下 SB3,KM3 吸合,其主触头闭合,M3 起动,松开 SB3,KM3 释放,M3 停止。

④ 照明和信号灯电路。接通电源,控制变压器输出电压,HL 直接得电发光,作为电源信号灯。EL 为照明灯,将开关 SA1 闭合,EL 亮;将 SA1 断开,EL 灭。

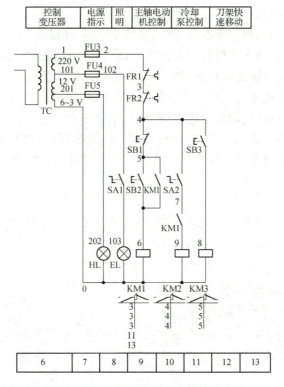

图 5-5 CA6140 型普通车床的控制电路

综上可知，CA6140 型普通车床电气控制系统有 7 个输入控制信号，分别为 SB1～SB3、SA1～SA2 和 FR1～FR2；3 个输出控制信号，分别为 KM1～KM3。因此，可以选用 S7-200 系列的 CPU224 型 PLC(24 V 直流 14 点输入)实现控制功能。

预备知识

CA6140 型普通车床是普通精度级的万能机床，它适用于加工各种轴类、套筒类和盘类零件上的内外回转表面及车削端面。它还能加工各种常用的公制、英制、模数制和径节制螺纹，以及做钻孔、扩孔、铰孔、滚花等工作。其加工范围较广，由于它的结构复杂，而且自动化程度低，因而适用于单件小批生产及修配车间。CA6140 型普通车床的型号组成含义如图 5-6 所示。

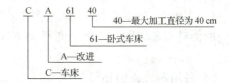

图 5-6 CA6140 型普通车床的型号组成含义

一、CA6140 型普通车床电气控制线路的改造

CA6140 型普通车床是应用非常广泛的金属切削工具，目前采用传统的继电器控制的普通车床在中小型企业仍大量使用。

由于继电器系统接线复杂，故障诊断与排除困难，因而由继电器控制的普通车床突出表现为以下缺点。

(1)触点易被电弧烧坏而导致接触不良。

(2)机械方式实现的触点控制反应速度慢。

(3)继电器的控制功能被固定在线路中,功能单一,灵活性差。

因此,需要对这些普通车床进行技术改造,以提高设备利用率,提高产品的质量和产量。

作为一种新型工业自动控制设备,PLC以其完善的功能、较好的通用性、较小的体积及高可靠性等特点在自动化系统中得到广泛的应用。PLC既可组成功能齐全的自控系统控制整个工厂的运行,也可单独使用作单机自动控制,还可作为继电器控制柜的理想替代物。在生产工艺控制、过程控制、机床控制、组合机床自动控制等场合,PLC占有举足轻重的地位,特别是在普通机床等老设备的控制电路改造中发挥了极其重要的作用。

二、CA6140型普通车床的结构

CA6140型普通车床是卧式车床的一种,主要由床身、主轴箱、进给箱、溜板箱、刀架、丝杠、光杠、尾架等部分组成,其外形结构如图5-7所示。

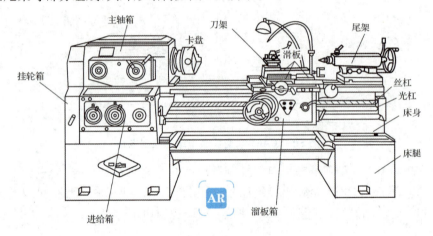

图5-7 CA6140型普通车床的外形结构

(1)床身。床身固定在左右床腿上,它是车床的基本支承元件,是机床各部件的安装基准,能使机床各部件在工作过程中保持准确的相对位置。

(2)主轴箱(床头箱)。主轴箱固定在床身左端。在主轴箱中装有主轴及使主轴变速和变向的传动齿轮,通过卡盘等夹具装夹工件,使主轴带动工件按需要的转速旋转,实现主运动。

(3)进给箱。进给箱位于床身的左前侧,进给箱中装有进给运动的变速装置及操纵机构,其功能是改变被加工螺纹的螺距或机动进给时的进给量。它用来传递进给运动,改变进给箱的手柄位置,可得到不同的进给速度,进给箱的运动通过光杠或丝杠传出。

(4)溜板箱。溜板箱位于床身前侧,与刀架部件相连接,它的功能是把进给箱的运动(光杠或丝杠的旋转运动)传递给刀架,使刀架实现纵向进给、横纵向进给、快速移动或车螺纹。

(5)刀架。刀架装在刀架导轨上,并可沿刀架导轨做纵向移动,刀架部件由床鞍(大拖板)、横拖板、小拖板和四方刀架等组成。刀架部件用于装夹车刀,并使车刀做纵向、横向和斜向的运动。

(6)光杠和丝杠。光杠和丝杠是将运动由进给箱传到溜板箱的中间传动元件。光杠用于一般车削,丝杠用于车螺纹。

(7)尾架。尾架装在床身右端,可沿尾架导轨做纵向位置的调整,尾架的功能是用后顶尖支承工件。它还可安装钻头、铰刀等孔加工工具,以进行孔加工;尾架做适当调整,以实现加工长锥形的工件。

三、CA6140型普通车床电气控制元器件识读

CA6140型普通车床电气控制元器件清单见表5-1。

表5-1　CA6140型普通车床电气控制元器件清单

代号	名称	数量	用途
M1	主轴电动机	1	主传动用
M2	冷却泵电动机	1	输送冷却液用
M3	快速移动电动机	1	溜板快速移动用
FR1	热继电器	1	M1的过载保护
FR2	热继电器	1	M2的过载保护
FU1、FU2	熔断器	6	M2、M3及主电路短路保护
FU3	熔断器	2	变压器短路保护
FU4	熔断器	1	照明电路保护
FU5	熔断器	1	指示灯电路保护
KM1	交流接触器	1	控制M1
KM2	交流接触器	1	控制M2
KM3	交流接触器	1	控制M3
SB1	按钮	1	停止M1
SB2	按钮	1	起动M1
SB3	按钮	1	起动M3
SA1	开关	1	照明灯亮灭控制
SA2	开关	1	冷却泵电动机起停控制
HL	信号灯	1	电源工作指示
EL	照明灯	1	照明
QS	断路器	1	主电路电源引入
TC	控制变压器	1	控制电路电源引入

任务实施

一、设备配置

(1)1台S7-200 CPU224 PLC。

(2)1台主轴电动机,1台冷却泵电动机,1台快速电动机,3个交流接触器,开关2个,5个按钮。

(3)1台装有STEP 7-Micro/WIN32 V4.0 SP9编程软件的PC。

(4)1根PC/PPI电缆。

(5)连接导线若干。

二、I/O分配及功能

I/O分配及功能见表5-2。

表 5-2 I/O 分配及功能(任务一)

输入		输出	
编程元件地址	功能	编程元件地址	功能
I0.0	主轴电动机 M1 起动按钮 SB2	Q0.0	主轴电动机 M1 起、停 KM1
I0.1	主轴电动机 M1 停止按钮 SB1	Q0.1	冷却泵电动机 M2 起、停 KM2
I0.2	快速电动机 M3 起、停按钮 SB3	Q0.2	快速电动机 M3 起、停 KM3
I0.3	冷却泵电动机 M2 起、停开关 SA2	Q0.4	驱动照明灯 EL
I0.4	照明灯 EL 开关 SA1		
I0.5	M1 的过载保护 FR1		
I0.6	M2 的过载保护 FR2		

三、PLC 接线图

在断电情况下,连接好 PC/PPI 与网络电缆及 PLC 外围电路,如图 5-8 所示。

四、梯形图程序编制

根据控制要求,编制 CA6140 型普通车床 PLC 控制的梯形图程序,如图 5-9 所示。

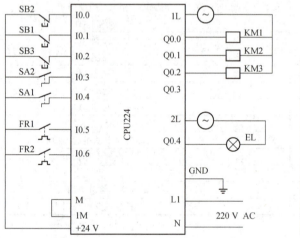

图 5-8 CA6140 型普通车床 PLC 控制外围电路接线图

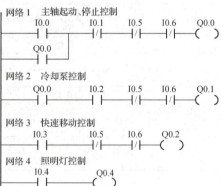

图 5-9 CA6140 型普通车床 PLC 控制梯形图程序

五、调试检修

1. 调试

学生在教师的现场监护下进行通电调试,验证系统是否符合设计要求。

(1)编写梯形图程序,编译后将梯形图程序下载到 PLC 中。

(2)起动 CA6140 型普通车床的主电路和控制电路,测试主轴电动机 M1、冷却泵电动机 M2、刀架快速移动电动机 M3 及照明灯 EL 的运行状态。

2. 检修

如果出现故障,学生应独立完成检修调试,直至系统能够正常工作。

(1)检查线路连接是否正确。

（2）检查 PLC 程序编制是否正确。

思考与练习

KH-Z3050 摇臂钻床 PLC 控制：KH-Z3050 摇臂钻床电气控制线路如图 5-10 所示，要求对 CA6140 型普通车床进行电气控制线路改造，利用 PLC 代替继电器实现机床控制功能。

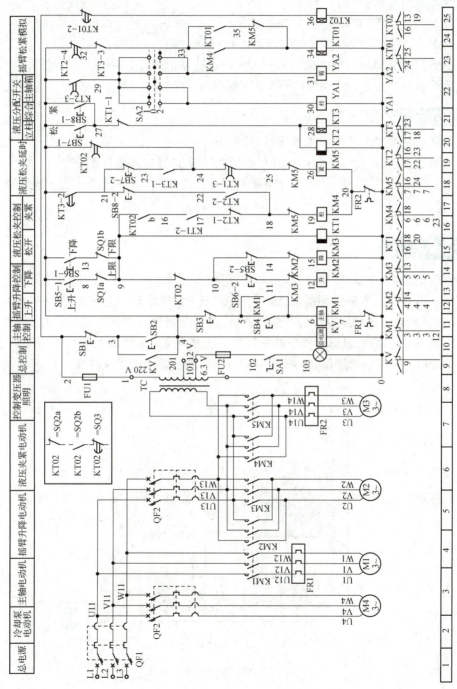

图 5-10　KH-Z3050 摇臂钻床电气控制线路

任务二 滤池气水反冲洗 PLC 控制

知识目标

掌握 S7-200 系列 PLC 对模拟量的处理;
熟悉 S7-200 系列 PLC 的结构和外部 I/O 接线方法;
熟悉 STEP 7-Micro/WIN32 V4.0 SP9 编程软件的使用方法;
熟悉滤池气水反冲洗 PLC 控制的工作原理和程序设计方法。

技能目标

能够正确编制滤池气水反冲洗 PLC 控制程序;
能够独立完成滤池气水反冲洗 PLC 控制的线路安装与通信参数设置;
能够按规定进行通电调试,当出现故障时,能根据设计要求独立检修,直至系统正常工作。

任务引入

滤池气水反冲洗 PLC 控制:气水反冲洗滤池的结构如图 5-11 所示,变送器测量液位 h 的范围为 0~3.5 m。当液位测量值 Δh 小于 $0.25h$ 时,气水反冲洗开始,先进行气反冲 1~2 min,在滤层底部形成稳定厚度的气垫层,保证在反冲洗过程中配气的均匀性;然后气水同时反冲洗 4~6 min,除去过滤过程中截留在滤料上的污物,并使其上浮经排污池排出;最后气冲 2~3 min。当液位测量值 Δh 高于 $0.625h$ 时,停止滤池气水反冲洗。

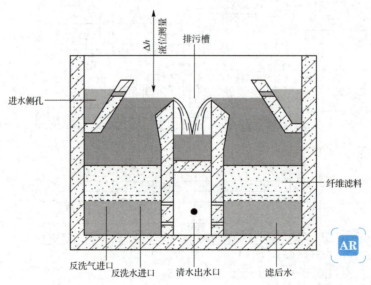

图 5-11 气水反冲洗滤池结构图

任务分析

根据系统显示控制要求,被控对象有变送器采集的水位模拟量和气水反冲洗的气泵、水泵,故选用 DP-HD1000 超声波液位计和西门子 CPU224XP CN 型 PLC,其中 DP-HD1000 超声波液位计采集水位模拟量,对应数值为 0~3.5 m,转换成 0~10 V 电压信号并送入西门子 CPU224XP CN 型 PLC 模拟量输入端子 A+,对应数值为 0~32 000,其关系如图 5-12 所示,并通过 Q0.0 和 Q0.1 分别控制滤池反冲洗气泵、水泵的运行状况,先气冲 2 min,后气水冲洗 6 min,再气冲 3 min 后结束。

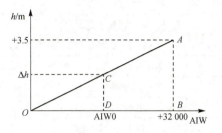

图 5-12 DP-HD1000 超声波液位计 Δh/AIW 关系图

其中,依据数学知识可得 DP-HD1000 超声波液位计变送的液位值 Δh 与 PLC 模拟输入信号转换表达式为 $\Delta h = 3.5 \cdot \text{AIW0}/32\,000$。

 预备知识

一、S7-200 CPU224XP CN 型 PLC

S7-200 CPU224XP CN 型 PLC 主机具有 14 入(I0.0~I1.5)/10 出(Q0.0~Q1.1)数字量 I/O 端子和 2 入(A+、B+)/1 出(I/V)模拟量 I/O 端子,其中 CPU224XP CN DC/DC/DC 模拟量输入/输出特性描述见表 5-3。

表 5-3 S7-200 CPU224XP CN 型 PLC 模拟量输入/输出特性描述

模拟量输入特性	
本机集成模拟量输入点数	2 输入
模拟量输入类型	单端输入
电压范围	−10~10 V
数据字格式,满量程	−32 000~32 000
DC 输入阻抗	>100 kΩ
最大输入电压	30 V DC
分辨率	11 位加 1 个符号位
最小有效值	4.88 mV
隔离	无
精度:最差情况(0~55 ℃)	±2.5% 满量程
精度:典型值(25 ℃)	±1.0% 满量程
重复性	±0.05% 满量程
模拟到数字的转换时间	125 ms
转换类型	Sigma Delta
阶跃响应	最大 250 ms
噪声抑制	−20 dB(50 Hz 典型值)

续表

模拟量输出特性	
本机集成输出点数	1 输出
电压输出范围	0～10 V
电流输出范围	0～20 mA
数据字格式,满量程:电压	0～32 767
数据字格式,满量程:电流	0～32 000
分辨率,满量程	12 位
最小有效值:电压	2.44 mV
最小有效值:电流	4.88 μA
隔离	无
精度:最差情况(0～55 ℃) 电压输出	±2%满量程
精度:最差情况(0～55 ℃) 电流输出	±3%满量程
精度:典型(25 ℃) 电压输出	±1%满量程
精度:典型(25 ℃) 电流输出	±1%满量程
稳定时间:电压输出	<50 μs
稳定时间:电流输出	<100 μs
最大驱动:电压输出	≥5 000 Ω
最大驱动:电流输出	≤500 Ω

二、DP-HD1000 经济型超声波液位计

图 5-13 DP-HD1000 经济型超声波液位计

DP-HD1000 经济型超声波液位计是一种非接触式物位检测仪器,如图 5-13 所示。它直接安装在被测介质的上方,采用小功率收发一体式超声波传感器,通过测量时间差的原理,经微处理器进行信号处理精密计算,测得液位高低。该仪器适合 0～3.5 m 的小量程测量,输出4～20 mA,0～5 V,0～10 V,RS485,RS232 等标准信号,主要测量液体液位高低,如江河水位、废水液位、罐装液体液位、泥浆等,现已广泛应用于污水处理、电厂、化工厂、钢厂、制药厂、酒厂等。

DP-HD1000 经济型超声波液位计性能达到国际标准,是降低费用、替代进口产品的理想选择,产品特点如下。

(1)工作电压为 DC 24 V。
(2)非接触式测量,环保、安全、方便,性价比超高。
(3)在不同环境中可进行距离准确度在线标定,提高精确度及现场适用性。
(4)带有高精度数字温度补偿电路。

(5)一体式全密封防水设计,可用于野外等恶劣环境。

(6)有以下多种输出方式可供选择。

①标准模拟信号 4~20 mA,0~5 V,0~10 V。

②开关量信号 PNP 输出。

③数字信号:RS232(三线)/RS485。

(7)备有现场智能显示,直接显示液位高低。

(8)带有倒置距离转换功能(如水池深度为 5 m,此时传感器距离水面为 4.2 m,通过设定可显示水池实际水位 0.8 m 或 4.2 m)。

三、模拟量扩展模块介绍

西门子 S7-200 模拟量扩展模块 EM221、EM231、EM232、EM235 提供了模拟量输入/输出的功能,其优点如下:最佳适应性,可适用于复杂的控制场合;直接与传感器和执行器相连,12 位的分辨率和多种输入/输出范围能够不用外加放大器而与传感器和执行器直接相连,如 EM235 模块可直接与 PT100 热电阻相连;灵活性好,当实际应用变化时,PLC 可以相应地进行扩展,并易于调整用户程序。

1. EM235 接线图

EM235 是最常用的模拟量扩展模块,它实现了 4 路模拟量输入和 1 路模拟量输出功能。下面以 EM235 为例讲解模拟量扩展模块接线图,如图 5-14 所示。

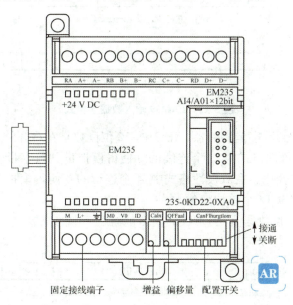

图 5-14　EM235 模拟量扩展模块

在图 5-13 中,对于电压信号,按正、负极直接接入 X+ 和 X-;对于电流信号,将 RX 和 X+ 短接后接入电流输入信号的"+"端;未连接传感器的通道要将 X+ 和 X- 短接。

2. EM235 常用技术参数

EM235 模拟量扩展模块常用技术参数见表 5-4。

表 5-4 EM235 模拟量扩展模块常用技术参数

模拟量输入特性	
模拟量输入点数	4
输入范围	电压(单极性):0～10 V,0～5 V,0～1 V,0～500 mV,0～100 mV,0～50 mV
	电压(双极性):±10 V,±5 V,±2.5 V,±1 V,±500 mV,±250 mV,±100 mV,±50 mV,±25 mV
	电流:0～20 mA
数据字格式	双极性,全量程范围为-32 000～+32 000;单极性,全量程范围为 0～32 000
分辨率	12 位 A/D 转换器
模拟量输出特性	
模拟量输出点数	1
信号范围	电压输出 ±10 V;电流输出 0～20 mA
数据字格式	电压为-32 000～+32 000;电流为 0～32 000
分辨率电流	电压 12 位;电流 11 位

3. EM235 输入/输出数据字格式

图 5-15 所示为 12 位数据值在 CPU 的模拟量输入字中的位置。

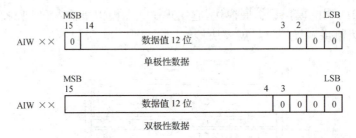

图 5-15 EM235 输入数据字格式

由图可知,模拟量到数字量转换器(ADC)的 12 位读数是左对齐的。最高有效位是符号位,0 表示正值。在单极性格式中,3 个连续的 0 使得模拟量到数字量转换器每变化 1 个单位,数据字以 8 个单位变化。在双极性格式中,4 个连续的 0 使得模拟量到数字量转换器每变化 1 个单位,数据字以 16 个单位变化。

图 5-16 所示为 12 位数据值在 CPU 的模拟量输出字中的位置。

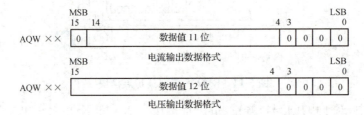

图 5-16 EM235 输出数据字格式

数字量到模拟量转换器(DAC)的 12 位读数在其输出格式中是左端对齐的,最高有效位是符号位,0 表示正值。

4. EM235 的 DIP 开关设置及分辨率

EM235 的 DIP 开关设置见表 5-5,开关 1～6 可选择输入模拟量的单/双极性、增益和衰减。

表 5-5 EM235 的 DIP 开关设置

EM235 开关						单/双极性选择	增益选择	衰减选择
SW1	SW2	SW3	SW4	SW5	SW6			
					ON	单极性		
					OFF	双极性		
			OFF	OFF			×1	
			OFF	ON			×10	
			ON	OFF			×100	
			ON	ON			无效	
ON	OFF	OFF						0.8
OFF	ON	OFF						0.4
OFF	OFF	ON						0.2

由表 5-5 可知,DIP 开关 SW6 决定模拟量输入的单/双极性,当 SW6 为 ON 时,模拟量输入为单极性输入;当 SW6 为 OFF 时,模拟量输入为双极性输入。

SW4 和 SW5 决定输入模拟量的增益选择,而 SW1、SW2、SW3 共同决定了模拟量的衰减选择。

根据表 5-5 中 6 个 DIP 开关的功能进行排列组合,所有的输入设置见表 5-6。

表 5-6 EM235 的 DIP 开关设置及分辨率

单极性						满量程输入	分辨率
SW1	SW2	SW3	SW4	SW5	SW6		
ON	OFF	OFF	ON	OFF	ON	0～50 mV	12.5 μV
OFF	ON	OFF	ON	OFF	ON	0～100 mV	25 μV
ON	OFF	OFF	OFF	ON	ON	0～500 mV	125 μA
OFF	ON	OFF	OFF	ON	ON	0～1 V	250 μV
ON	OFF	OFF	OFF	OFF	ON	0～5 V	1.25 mV
ON	OFF	OFF	OFF	OFF	ON	0～20 mA	5 μA
OFF	ON	OFF	OFF	OFF	ON	0～10 V	2.5 mV
双极性						满量程输入	分辨率
SW1	SW2	SW3	SW4	SW5	SW6		
ON	OFF	OFF	ON	OFF	OFF	±25 mV	12.5 μV
OFF	ON	OFF	ON	OFF	OFF	±50 mV	25 μV
OFF	OFF	ON	ON	OFF	OFF	±100 mV	50 μV
ON	OFF	OFF	OFF	ON	OFF	±250 mV	125 μV
OFF	ON	OFF	OFF	ON	OFF	±500 mV	250 μV
OFF	OFF	ON	OFF	OFF	OFF	±1 V	500 μV
ON	OFF	OFF	OFF	OFF	OFF	±2.5 V	1.25 mV

续表

双 极 性						满量程输入	分 辨 率
SW1	SW2	SW3	SW4	SW5	SW6		
OFF	ON	OFF	OFF	OFF	OFF	±5 V	2.5 mV
OFF	OFF	ON	OFF	OFF	OFF	±10 V	5 mV

注1:6个 DIP 开关决定了所有的输入设置,即开关的设置应用于整个模块,开关设置也只有在重新上电后才能生效。

注2:模拟量输入模块在使用前应进行输入校准。其实,模拟量输入模块在出厂前已经进行了输入校准,如果 OFFSET(偏置)和 GAIN(增益)电位计已被重新调整,需要重新进行输入校准。其步骤如下。

(1)切断模块电源,选择需要的输入范围。
(2)接通 CPU 和模块电源,使模块稳定 15 min。
(3)用一个变送器、一个电压源或一个电流源,将零值信号加到一个输入端。
(4)读取适当的输入通道在 CPU 中的测量值。
(5)调节 OFFSET 电位计,直到读数为零或所需要的数字数据值。
(6)将一个满刻度值信号接到输入端子中的一个,读出送到 CPU 的值。
(7)调节 GAIN 电位计,直到读数为 32 000 或所需要的数字数据值。
(8)必要时,重复偏置和增益校准过程。

四、模拟量采集与转换处理

模拟量输入/输出的编程不仅是程序编程,还涉及模拟量的转换公式的推导与使用。不同的传感变送器,通过不同的模拟量输入/输出模块进行转换,其转换公式是不一样的,如果选用的转换公式不对,编出的程序肯定是错误的。例如,以下三种温度传感变送器:

(1)测温范围为 0~200 ℃,变送器输出信号为 4~20 mA;
(2)测温范围为 0~200 ℃,变送器输出信号为 0~5 V;
(3)测温范围为 −100~500 ℃,变送器输出信号为 4~20 mA。

对于(1)和(3)温度传感变送器所用的模块,其模拟量输入设置为 0~20 mA 电流信号,20 mA 对应的数字量为 32 000,4 mA 对应数字量为 6 400;对于(2)的传感变送器用的模块,其模拟量输入设置为 0~5 V 电压信号,5 V 对应的数字量为 32 000,0 V 对应数字量为 0。温度传感变送器采集的温度变量值 T 与 PLC 数字量 AIW 的对应关系分别如图 5-17 所示。

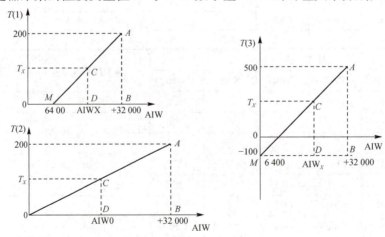

图 5-17　温度传感变送器的 T 与 PLC 数字量 AIW 的对应关系

其中,依据数学知识可得三种温度传感变送器经过模块转换成数字量的公式如下。
(1) $T_X=200(\text{AIW}_X-6\,400)/(32\,000-6\,400)$。
(2) $T_X=200\text{AIW}_X/32\,000$。
(3) $T_X=600(\text{AIW}_X-6\,400)/(32\,000-6\,400)-100$。

 任务实施

一、设备配置

(1) 1 台 S7-200 CPU224XP PLC。
(2) 1 个 DP-HD1000 超声波液位计,1 台气泵和 1 台水泵。
(3) 1 台装有 STEP 7-Micro/WIN32 V4.0 SP9 编程软件的 PC。
(4) 1 根 PC/PPI 电缆。
(5) 导线若干。

二、I/O 分配及功能

I/O 分配及功能见表 5-7。

表 5-7　I/O 分配及功能(任务二)

输入		输出	
编程元件地址	功能	编程元件地址	功能
AIW0	接收液位模拟量	Q0.0	控制气泵运行
		Q0.1	控制水泵运行

三、PLC 接线图

在断电情况下,连接好 PC/PPI 电缆及 PLC 外围电路接线,如图 5-18 所示。

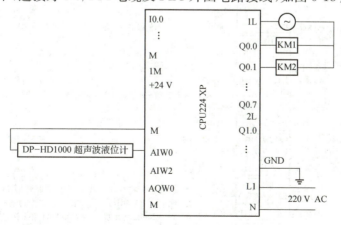

图 5-18　滤池气水反冲洗 PLC 控制外围电路接线图

四、梯形图程序编制

根据控制要求编写的滤池气水反冲洗 PLC 控制梯形图程序如图 5-19 所示。

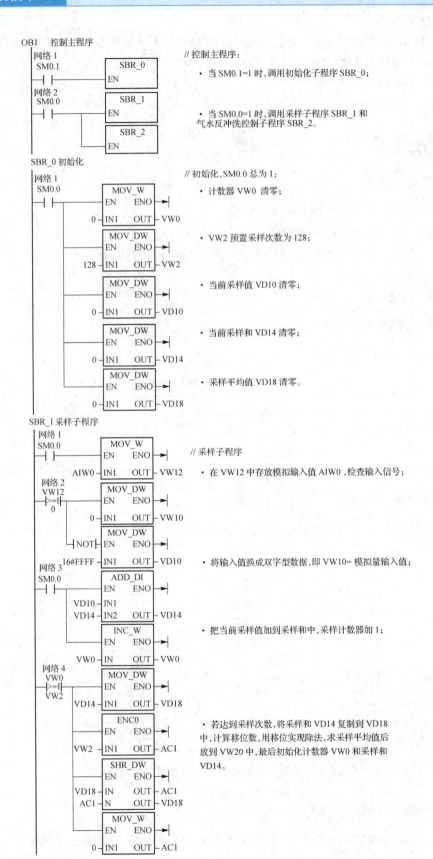

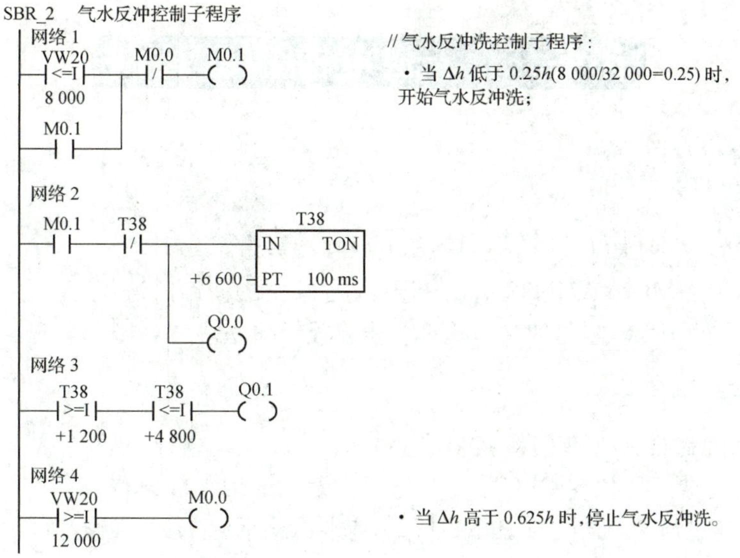

```
SBR_2  气水反冲控制子程序
网络 1
  VW20      M0.0    M0.1
  ─<=I─────┤/├────( )
  8 000
  M0.1
  ─┤├─

网络 2
  M0.1     T38           T38
  ─┤├─────┤/├────┤ IN   TON ├
                 +6 600─┤PT  100 ms
                          Q0.0
                         ─( )─

网络 3
  T38      T38     Q0.1
  ─>=I────<=I────( )
  +1 200  +4 800

网络 4
  VW20     M0.0
  ─>=I────( )
  12 000
```

// 气水反冲洗控制子程序:
- 当 Δh 低于 $0.25h$ ($8\,000/32\,000=0.25$) 时,开始气水反冲洗;

- 当 Δh 高于 $0.625h$ 时,停止气水反冲洗。

图 5-19 滤池气水反冲洗 PLC 控制梯形图

五、调试检修

1. 调试

学生在教师的现场监护下进行通电调试,验证是否符合设计要求。

(1) 编写梯形图程序,编译后将梯形图程序下载到 PLC 中。

(2) 当液位测量值 Δh 低于 $0.25h$ 时,气水反冲洗开始,先进行气反冲 2 min,在滤层底部形成稳定厚度的气垫层,保证在反冲洗过程中配气的均匀性;然后气水同时反冲洗 6 min,除去过滤过程中截留在滤料上的污物,并使其上浮经排污池排出;最后气冲 3 min。当液位测量值 Δh 高于 $0.625h$ 时,停止滤池气水反冲洗。

2. 检修

如果出现故障,学生应独立完成检修调试,直至系统能够正常工作。

(1) 检查线路连接是否正确。

(2) 检查液位信息采集与处理程序是否正确。

思考与练习

应急灯 PLC 控制:利用光敏传感器监测光照强度为 5～80 lx,变换后输出电流为 4～20 mA,当光照强度低于 30 lx 时,PLC 控制应急灯点亮。

任务三 三层电梯 PLC 控制

知识目标

熟悉 S7-200 系列 PLC 的结构和外部 I/O 接线方法；
熟悉 STEP 7-Micro/WIN32 V4.0 SP9 编程软件的使用方法；
熟悉三层电梯 PLC 控制的工作原理和程序设计方法。

技能目标

能够正确编制三层电梯 PLC 控制程序；
能够独立完成三层电梯 PLC 控制的线路安装和通信参数设置；
能够按规定进行通电调试，当出现故障时，能根据设计要求独立检修，直至系统正常工作。

任务引入

三层电梯 PLC 控制：如图 5-20 所示，其中楼层指示灯亮时表示停在相应的楼层；当停在各楼层时，其楼层指示灯闪烁 1 s 接着常亮；有呼叫的楼层有响应，反之没有；电梯上升途中只响应上升呼叫，下降途中只响应下降呼叫，任何反方向的呼叫均无效。

S1、S2、S3 分别为轿厢内一层、二层、三层电梯内选按钮；D2、D3 分别为二层、三层电梯外下降呼叫按钮；U1、U2 分别为一层、二层电梯外上升呼叫按钮；SQ1、SQ2、SQ3 分别为一层、二层、三层行程开关，模拟实际电梯位置传感器的作用；L1、L2、L3 分别为一层、二层、三层电梯位置指示灯；DOWN 为电梯下降状态指示灯；UP 为电梯上升状态指示灯；SL1、SL2、SL3 分别为轿厢内一层、二层、三层电梯内选指示灯。

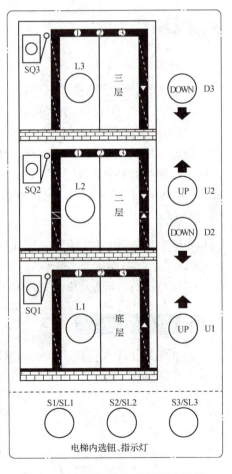

图 5-20 三层电梯 PLC 控制结构图

任务分析

电梯由安装在各楼层门口的上升和下降呼叫按钮进行呼叫操纵，其操纵内容为电梯运行方向。电梯轿厢内设有楼层内选按钮 S1～S3，用于选择需停靠的楼层。L1 为一层指示灯、L2 为二层指示灯、L3 为三层指示灯，SQ1～SQ3 为到位行程开关。电梯上升途中只响应上升呼叫，下降途中只响应下降呼叫，任何反方向的呼叫均无效。例如，电梯停在由一层运行至三层的过程中，在二层轿厢外呼叫时，若按二层上升呼叫按钮，电梯响应呼叫；若按二层下降呼叫按钮，电梯运行至二层时将不响应呼叫而运行至三层，然后下降，响应二层下降呼叫按钮。

电梯位置由行程开关 SQ1、SQ2、SQ3 决定，电梯运行由手动依次拨动行程开关完成，其运行方向由上升、下降指示灯 UP、DOWN 决定。

例如，闭合开关 SQ1，电梯位置指示灯 L1 亮，表示电梯停在一层，这时按下三层下降呼叫按钮 D3，上升指示灯 UP 亮，电梯处于上升状态。断开 SQ1，闭合 SQ2，L1 灭，L2 亮，表示电梯运行至二层，上升指示灯 UP 仍亮；断开 SQ2，闭合 SQ3，电梯运行至三层，上升指示灯 UP 灭，电梯结束上升状态，以此类推。

当电梯在三层(开关 SQ3 闭合)时，电梯位置指示灯 L3 亮。按下轿厢内选开关 S1，电梯进入下降状态。在电梯从三层运行至一层的过程中，若按下二层上升呼叫按钮 U2 与下降呼叫按钮 D2，由于电梯处于下降状态中，电梯将只响应二层下降呼叫，不响应二层上升呼叫；当电梯运行至二层时，电梯停在二层，当电梯运行至一层时，一层内选指示灯 SL1 灭，下降指示灯 DOWN 灭，上升指示灯 UP 亮，电梯转为上升状态，响应二层上升呼叫；当电梯运行至二层时，上升指示灯 UP 灭。

每当到达楼层时，电梯门指示灯不闪烁则继续前进，否则执行电梯门开关动作。

 预备知识

一、电梯的分类

电梯可以按用途、驱动方式、提升速度、曳引电动机、操纵方式、有无涡轮减速器或机房位置等进行分类，见表5-8。

表 5-8　电梯的类别

分类依据	类　　型
用途	乘客电梯、载货电梯、客货(两用)电梯、住宅电梯、杂物电梯、船用电梯、汽车用电梯、观光电梯、病床电梯
拖动方式	交流电梯、直流电梯、液压电梯、齿轮齿条式电梯
速度	低速电梯、快速电梯、高速电梯、超高速电梯
控制方式	手柄控制电梯、按钮控制电梯、信号控制电梯、集选控制电梯、并联控制电梯、梯群控制电梯
有无减速器装置	无齿轮电梯、有齿轮电梯
操作方式	有司机电梯、无司机电梯、有/无司机电梯
驱动方式	液压式电梯、曳引式电梯、螺旋式电梯、爬轮式电梯
有无机房	有机房电梯、无机房电梯

二、电梯的基本结构

总的来讲，电梯由机械系统和电气控制系统两部分组成，而电气控制系统由电力拖动系统、运动逻辑功能控制系统和电器安全保护系统等组成。曳引式电梯的结构如图 5-21 所示。

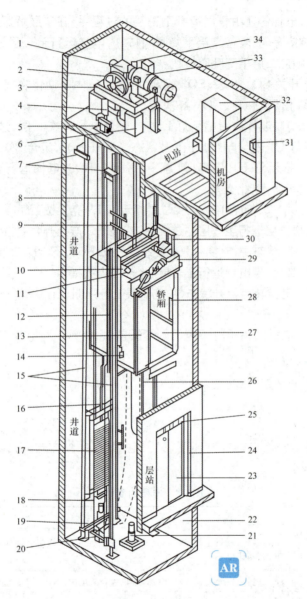

图 5-21 曳引式电梯结构图

1—减速箱；2—曳引轮；3—曳引机底座；4—导向轮；5—限速器；6—机座；7—导轨支架；
8—曳引钢丝绳；9—开关碰铁；10—紧急终端开关；11—导靴；12—轿架；13—轿门；
14—安全钳；15—导轨；16—绳头组合；17—对重；18—补偿链；19—补偿链导轮；
20—张紧装置；21—缓冲器；22—底坑；23—层门；24—呼梯盒；25—楼层指示灯；
26—随行电缆；27—轿壁；28—轿内操纵箱；29—开门机；30—井道传感器；
31—电源开关；32—控制柜；33—曳引电动机；34—制动器

1. 曳引系统

电梯曳引系统的功能是输出传动和传递动能,驱动电梯运行,其主要由曳引机、曳引钢丝绳、导向轮和反向轮组成。

(1)曳引机。曳引机为电梯的运行提供动能,由电动机、曳引轮和电磁制动器组成。

(2) 曳引钢丝绳。曳引钢丝绳由曳引钢丝、绳股和绳心组成。

(3) 导向轮和反向轮。导向轮是将钢丝绳引向对重或轿厢钢丝绳轮，安装在曳引机架或承重梁上；反向轮是设置在机房上的定滑轮，其作用是根据需要，将曳引钢丝绳绕过反绳轮，用于构成不同的曳引绳传动比。

(4) 根据电梯的使用要求和建筑物的具体情况，电梯曳引钢丝绳传动比、曳引钢丝绳在曳引轮上的缠绕方式及曳引机的安装位置都有所不同。

2. 轿厢和门系统

(1) 轿厢。轿厢是用来安全运送乘客及物品到目的地的箱体装置，它的运行轨迹是在曳引钢丝绳的牵引下沿导轨上下运行。

(2) 门系统。电梯门分为轿厢门和厅门，轿厢门用来封住出入口，厅门是为了确保在候梯厅的安全而设置的开闭装置，只有在轿厢停层和平层时才能被打开。

3. 重量平衡系统

对重是平衡轿厢重量的平衡重，与轿厢分别悬挂在曳引钢丝绳的两端。对重由以槽钢为主所构成的对重架和用灰铸铁制造的对重块组成。轿厢侧的重量为轿厢自重与负载之和，而负载的大小却在空载与额定负载之间随机变化。因此只有当轿厢自重与载重之和等于对重重量时，电梯才处于完全平衡状态。此时的载重称为电梯的平衡点，而当电梯处于负载变化范围内的相对平衡状态时，应使曳引绳两端张力的差值小于由曳引钢丝绳与曳引轮槽之间的摩擦力所限定的最大值，以保证电梯曳引传动系统工作正常。

4. 导向系统

导向系统由导轨、导靴和导轨架组成，导轨用来在井道中确定轿厢与对重的相互位置，并对它们的运动起导向作用。

5. 安全保护系统

电梯的运行必须保证安全。为此，设置了由电气安全保护装置和机械安全保护装置组成的电梯安全保护系统。

(1) 电气安全保护装置。为了保证电梯的安全运行，在井道中设置终端超越保护装置。实际上，这是一组防止电梯超越下端或上端站的行程开关，它能在轿厢或对重撞底、冲顶之前，通过轿厢打板直接触碰这些开关来切断控制电路或总电源，在电磁制动器的制动抱闸作用下，迫使电梯停止运行。

(2) 机械安全保护装置。电梯电气控制系统由于出现故障而失灵时，会造成电梯超速运行。如果电气超速保护系统也失灵，甚至电磁制动器也不起作用，就会使电梯失控而出现"飞车"，甚至会出现曳引钢丝绳打滑等严重事故，这时就要靠机械安全保护装置提供最后的安全保护。电梯超速的失控现象的机械安全保护装置是限速器和安全钳，这两种装置总是相互配合使用的。

6. 电力拖动系统

电力拖动系统由曳引电动机、速度反馈装置、电动机调速控制系统和拖动电源系统等部分组成。其中，曳引电动机为电梯的运行提供动力；速度反馈装置是为电动机调速控制系统提供电梯运行速度实测信号的装置，一般为与电动机同轴旋转的测速发电机或电光脉冲发生器。

7. 运行逻辑控制系统

电梯的电气控制系统由控制装置、操纵装置、平层装置和位置显示装置等部分组成。其中,控制装置根据电梯的运行逻辑功能要求控制电梯的运行,其设置在机房中的控制柜(屏)上。

任务实施

一、设备配置

(1) 1 台 S7-200 CPU224 PLC。
(2) 1 台装有 STEP 7-Micro/WIN32 V4.0 SP9 编程软件的 PC。
(3) 1 根 PC/PPI 电缆。
(4) 连接导线若干。

二、I/O 分配及功能

I/O 分配及功能见表 5-9。

表 5-9　I/O 分配及功能(任务三)

输入		输出	
编程元件地址	功　能	编程元件地址	功　能
I0.0	三层内选按钮 S3	Q0.0	三层指示灯 L3
I0.1	二层内选按钮 S2	Q0.1	二层指示灯 L2
I0.2	一层内选按钮 S1	Q0.2	一层指示灯 L1
I0.3	三层下降呼叫按钮 D3	Q0.3	电梯下降指示灯 DOWN
I0.4	二层下降呼叫按钮 D2	Q0.4	电梯上升指示灯 UP
I0.5	二层上升呼叫按钮 U2	Q0.5	三层内选指示灯 SL3
I0.6	一层上升呼叫按钮 U1	Q0.6	二层内选指示灯 SL2
I0.7	三层行程开关 SQ1	Q0.7	一层内选指示灯 SL1
I1.0	二层行程开关 SQ2		
I1.1	一层行程开关 SQ3		
I1.2	电梯复位按钮 RESET		

三、PLC 接线图

在断电情况下,连接好 PC/PPI 与网络电缆及 PLC 外围电路,如图 5-22 所示。

四、梯形图程序编制

根据控制要求编制三层电梯 PLC 控制的梯形图程序,如图 5-23 所示。

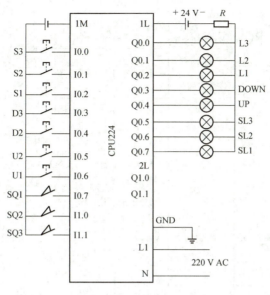

图 5-22　三层电梯 PLC 控制的外围电路接线图

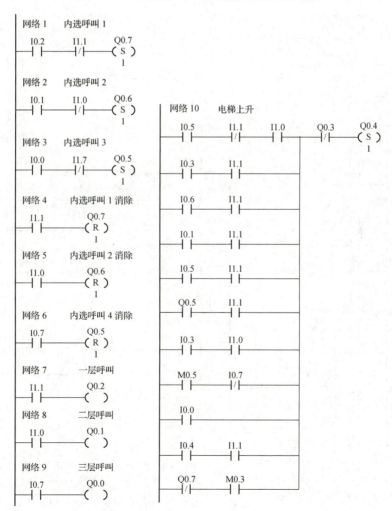

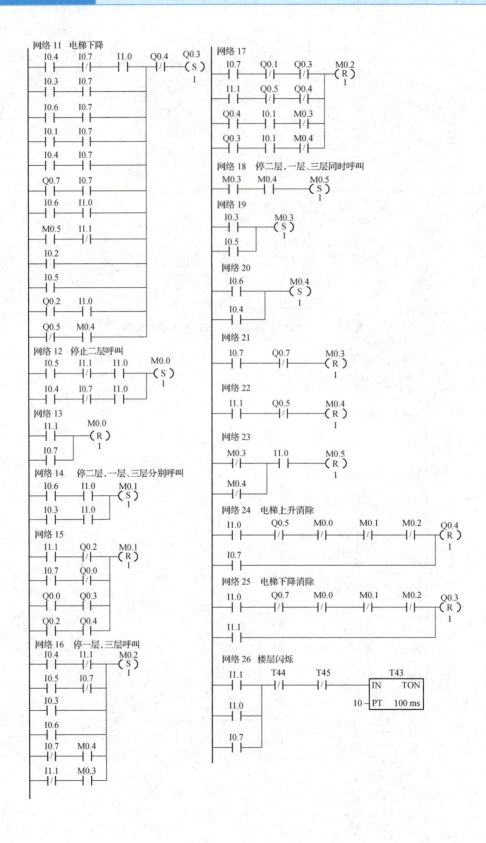

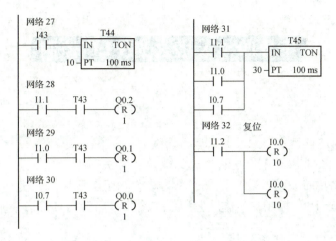

图 5-23 三层电梯 PLC 控制的梯形图程序

五、调试检修

1. 调试

学生在教师的现场监护下进行通电调试,验证是否符合设计要求。

(1)编写梯形图程序,编译后将梯形图程序下载到 PLC 中。

(2)电梯起动时,检测电梯是否停在二层或三层且有呼叫信号;如果是就等待呼叫信号,如果不是,电梯自动下降到一层等待呼叫信号。当电梯检测到有呼叫信号时,如电梯停在一层时检测到三层呼叫信号,电梯离开一层经过二层,接着到达三层,电梯停止。当电梯停前检测到呼叫信号,如电梯停在一层时检测到三层呼叫信号,电梯离开一层经过二层,准备到达三层时检测到二层有呼叫信号,电梯停在三层后继续下降到二层等待呼叫信号。

2. 检修

如果出现故障,学生应独立完成检修调试,直至系统能够正常工作。

(1)检查线路连接是否正确。

(2)检查梯形图程序的编写是否正确。

思考与练习

三层电梯 PLC 控制:电梯在每层都有 1 个行程开关,碰到行程开关表示已到达指定楼层,此时按下厢内开门/关门按钮,则打开/关闭电梯门;按下厢内/厢外呼叫按钮,电梯按照不换向原则响应,即优先响应不改变当前电梯运行方向的呼叫;呼叫按钮按下后,对应指示灯亮并保持到响应完成;楼层指示灯表示电梯的轿厢位置,当电梯到达运动方向的前方一层时楼层指示灯才变换。

任务四 天塔之光 PLC 控制

知识目标

掌握 PLC 组态监控系统的设计与运行调试；
熟悉 S7-200 系列 PLC 的结构和外部 I/O 接线方法；
熟悉 STEP 7-Micro/WIN32 V4.0 SP9 编程软件与组态王 6.51 工控软件的使用方法；
熟悉天塔之光 PLC 控制的工作原理和程序设计方法及 HMI 设计过程。

技能目标

能够正确编制天塔之光 PLC 控制程序；
能够正确使用组态王 6.51 工控软件完成天塔之光 PLC 控制的 HMI 设计；
能够独立完成天塔之光 PLC 控制的线路安装与通信参数设置；
能够按规定进行通电调试，当出现故障时，能根据设计要求独立检修，直至系统正常工作。

任务引入

天塔之光 PLC 控制系统可以完成彩灯显示的实时监控，其结构如图 5-24 所示。其中，彩灯 L1 为黄灯，L2、L3、L4、L5 为红灯，L6、L7、L8、L9 为绿灯，L10、L11、L12 为白灯；利用 S7-200 系列 PLC 实现控制功能，利用 PC 实现监视功能。

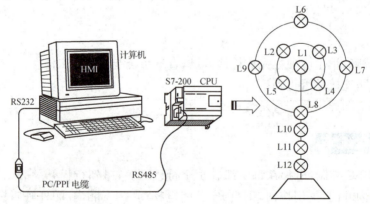

图 5-24 天塔之光 PLC 控制应用工程结构图

按下起动按钮后，彩灯 W 间隔时间为 1 s 按以下规律显示：
L12—L11—L10—L8—L1—L1、L2、L9—L1、L5、L8—L1、L4、L7—L1、L3、L6—L1—L2、L3、L4、L5—L6、L7、L8、L9—L1、L2、L6—L1、L3、L7—L1、L4、L8—L1、L5、L9—L1—L2、L3、L4、L5—L6、L7、L8、L9—L12—L11—L10—……循环显示。

按下停止按钮时，彩灯同时熄灭。

任务分析

根据系统显示控制要求,选用 1 台具有 40 个数字 I/O 点(24 入、16 出)晶体管输出结构的 CPU226 小型 PLC 作为控制核心,实现彩灯显示的控制,使用组态王 6.51 工控软件完成天塔之光 PLC 控制的 HMI 设计。

预备知识

一、S7-200 系列 PLC 组态监控系统

在实际应用中,S7-200 系列 PLC 控制系统往往采用监视与控制一体化,即 PLC 实现控制功能,PC、TD 文本显示器等通过 HMI 与 PLC 进行人机交互,实现监视功能,其典型结构如图 5-25 所示。

设计 S7-200 系列 PLC 组态监控系统时,设计人员首先要完成 PLC 控制系统的设计,然后设计 HMI 组态工程,最后进行联调,从而实现现场实时监控一体化。

二、组态王 6.51 工控软件

组态王 6.51 工控软件是运行于 Microsoft Windows 2000/NT/XP 中文平台的中文界面的人机界面软件,由工程管理器(ProjManager)和工程浏览器[TouchExplorer,包含画面制作系统(TouchMake)和工程运行系统(TouchView)]两部分组成,采用了多线程、COM+组件等新技术,实现了实时多任务、软件运行稳定可靠。运用组态王 6.51 工控软件设计 HMI 组态工程的一般过程如图 5-26 所示。

图 5-25　S7-200 系列 PLC 组态监控系统典型结构图　　图 5-26　HMI 组态工程设计的一般过程框图

(1)创建组态工程。启动组态王工程管理器,执行"文件"→"新建工程"菜单命令或单击"新建"按钮,依据弹出的向导窗口的提示依次完成组态工程的存放路径、命名、描述等设置。

(2)安装 I/O 设备。在工程浏览器中选择"设备/COM1"命令后双击编辑区"新建"图标,在设备配置向导中选择需要安装的 I/O 设备,并依据向导窗口的提示依次完成 I/O 设备的通信协议、通信端口选择等设置。

(3)定义变量。在工程浏览器中单击"数据库"→"数据词典"命令后双击编辑区"新建"图标,在弹出的"定义变量"对话框中完成变量命名、类型选择、变化值域、连接设备等属性设置。

(4)绘制 HMI 界面。在工程浏览器中选择"文件"→"画面"命令后双击编辑区"新建"图标,在弹出的对话框中完成画面命名、位置、风格等属性设置,然后在定义好的画面中利用"工具箱"绘制 HMI 界面。

(5)动画连接。动画连接是指建立画面的图素与数据库变量的对应关系,可通过双击图素后弹出动画连接窗口,选择与图素关联的变量并设置相应的属性来实现。

(6)联机调试。联机调试是指运行组态工程,验证 HMI 界面变化情况是否与现场变化同步,以实现实时监视功能。

 任务实施

一、设备配置

(1)1 台 S7-200 CPU226 PLC。

(2)1 块天塔之光显示控制模块。

(3)1 台装有 STEP 7-Micro/WIN32 V4.0 SP9 编程软件与组态王 6.51 工控软件的 PC。

(4)1 根 PC/PPI 电缆。

(5)导线若干。

二、I/O 分配及功能

I/O 分配及功能见表 5-10。

表 5-10　I/O 分配及功能(任务四)

输入		输出	
编程元件地址	功能	编程元件地址	功能
I0.0	起动按钮 SB1	Q0.0	控制灯 L1 显示
		Q0.1	控制灯 L2 显示
		Q0.2	控制灯 L3 显示
		Q0.3	控制灯 L4 显示
		Q0.4	控制灯 L5 显示
		Q0.5	控制灯 L6 显示
I0.1	停止按钮 SB2	Q0.6	控制灯 L7 显示
		Q0.7	控制灯 L8 显示
		Q1.0	控制灯 L9 显示
		Q1.1	控制灯 L10 显示
		Q1.2	控制灯 L11 显示
		Q1.3	控制灯 L12 显示

三、PLC 接线图

在断电情况下,连接好 PC/PPI 电缆及 PLC 外围电路,如图 5-27 所示。

四、梯形图程序编制

根据天塔之光 PLC 控制工艺要求画出时序流程图,如图 5-28 所示。

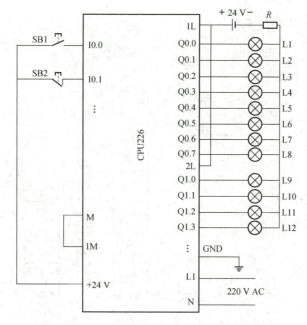

图 5-27　天塔之光 PLC 控制外围电路接线图

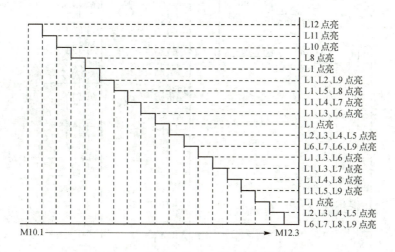

图 5-28　天塔之光 PLC 控制时序流程图

灯光闪亮移位分为 19 步,可以采用一个 19 位移位寄存器(M10.1~M10.7,M11.0~M11.7,M12.0~M12.3),移位寄存器的每位对应一步。若对于 12 位输出(Q0.0~Q0.7,Q1.0~Q1.3)的任意一位输出有效,则有若干移位寄存器的位共同使能:如 Q0.0 输出有效,则 M10.5、M10.6、M10.7、M11.0、M11.1、M11.2、M11.5、M11.6、M12.0、M12.1 必须置位为 1,Q0.0=1 使 L1 点亮。依据时序流程编写的 PLC 控制程序如图 5-29 所示。

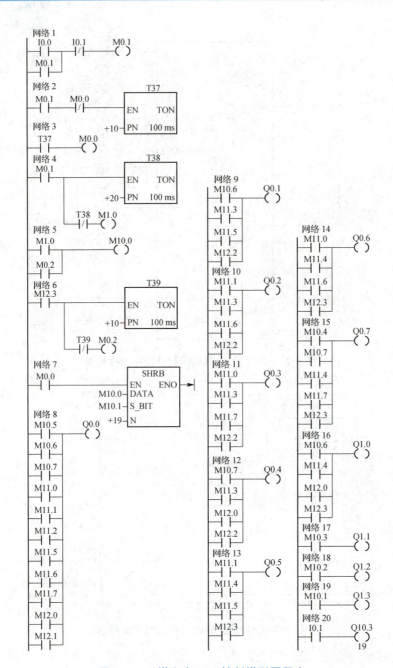

图 5-29 天塔之光 PLC 控制梯形图程序

五、HMI 设计

1. 创建组态工程

启动组态王工程管理器,如图 5-30 所示。执行"文件"→"新建工程"菜单命令或单击"新建"按钮,选择适当路径存放工程(默认路径为 C:\ …)。

2. 定义 I/O 设备

组态王把那些需要与之交换数据的设备或程序都作为外部设备,只有在定义了外部设备之后,组态王才能通过 I/O 变量与它们交换数据。

(1)安装设备。为方便定义外部设备,组态王设计了"设备安装向导",引导用户一步步完成设备的连接,如图 5-31 所示。

图 5-30 "组态王工程管理器"窗口

图 5-31 设备安装向导

①选择"设备"→COM1 命令后双击"新建"图标。

②在设备安装向导中选择"PLC/西门子/S7-200 系列/PPI"。

③单击"下一步"按钮,定义"设备逻辑名/COM1 端口/设备地址:2",其余默认。

④单击"完成"按钮。

(2)设置串口"通讯参数"。在"设备"下双击端口 COM1,端口"通讯参数"设置如图 5-32 所示,最后单击"确定"按钮。

3.定义变量

数据库是组态王的核心部分,分为实时数据库和历史数据库。在工程运行系统(TouchView)运行时,工业现场的生产状况要以动画的形式反映在屏幕上,操作者在计算机前发布的指令也要迅速送达生产现场,这一切都是以实时数据库为中介环节来沟通上、下位机的信息交互的。

单击"数据库/数据词典"按钮后双击"新建"图标,弹出"定义变量"对话框,如图 5-33 所示。

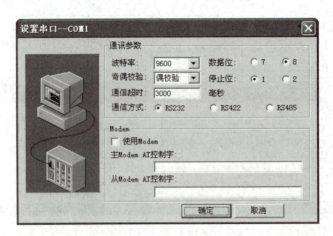

图 5-32 端口 COM1 通信参数设置

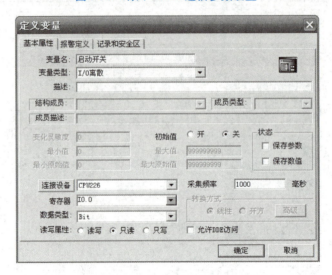

图 5-33 "定义变量"对话框

在"定义变量"对话框中分别定义 14 个 I/O 离散变量，各变量主要属性设置见表 5-11。

表 5-11 变量属性设置

变量名	变量类型	连接设备	寄存器	数据类型	初始值	读写属性
起动开关	I/O 离散	CPU226	I0.0	Bit	关	只读
停止开关	I/O 离散	CPU226	I0.1	Bit	关	只读
灯 L1 控制	I/O 离散	CPU226	Q0.0	Bit	关	读写
灯 L2 控制	I/O 离散	CPU226	Q0.1	Bit	关	读写
灯 L3 控制	I/O 离散	CPU226	Q0.2	Bit	关	读写
灯 L4 控制	I/O 离散	CPU226	Q0.3	Bit	关	读写
灯 L5 控制	I/O 离散	CPU226	Q0.4	Bit	关	读写
灯 L6 控制	I/O 离散	CPU226	Q0.5	Bit	关	读写
灯 L7 控制	I/O 离散	CPU226	Q0.6	Bit	关	读写
灯 L8 控制	I/O 离散	CPU226	Q0.7	Bit	关	读写
灯 L9 控制	I/O 离散	CPU226	Q1.0	Bit	关	读写
灯 L10 控制	I/O 离散	CPU226	Q1.1	Bit	关	读写
灯 L11 控制	I/O 离散	CPU226	Q1.2	Bit	关	读写
灯 L12 控制	I/O 离散	CPU226	Q1.3	Bit	关	读写

4. 绘制 HMI 界面

执行"工具"→"显示工具箱"菜单命令,将光标移至工具箱中的图标上会弹出相应文字提示,分别从"工具箱"中选择多边形、椭圆(按住 Shift 键,可以绘制出圆)、线、图库中指示灯与按钮等图标,绘制天塔之光 HMI 画面并保存,如图 5-34 所示。

5. 动画连接

在建立的天塔之光 HMI 画面中,要求起动开关、停止开关和彩灯图素能够随着 14 个 I/O 离散变量的变化实时显示工作状态,从而达到现场监控需要。

(1)双击"起动开关"图素,弹出"起动开关"图素的动画连接向导对话框,如图 5-35 所示。设定开启时为绿色,关闭时为红色,其余默认。

用同样的方法可以设置"停止开关"图素。

(2)双击"灯 L1"图素,弹出"灯 L1"图素的动画连接向导对话框,如图 5-36 所示。设定正常色为灰色,报警色为黄色,其余默认。

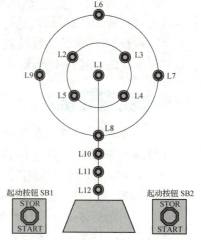

图 5-34　天塔之光 HMI 画面

图 5-35　"起动开关"图素的动画连接向导对话框　　图 5-36　"灯 L1"图素的动画连接向导对话框

用同样的方法设置其他灯组,但区别是"灯 L2 控制"～"灯 L5 控制"图素正常色为红色,"灯 L6 控制"～"灯 L9 控制"图素正常色为绿色,"灯 L10 控制"～"灯 L12 控制"图素正常色为白色。

六、调试检修

1. 调试

学生在教师的现场监护下进行通电调试,验证是否符合设计要求。

(1)编写梯形图程序,编译后将梯形图程序下载到 PLC 中。

(2)起动天塔之光 PLC 彩灯控制组态监控工程并使 PLC 处于运行工作状态,通过 HMI 画面实现 PC 与 PLC 联机运行调试,要求按下起动按钮后,HMI 画面中彩灯间隔时间为 1 s,按 L12—L11—L10—L8—L1—L1、L2、L9—L1、L5、L8—L1、L4、L7—L1、L3、L6—L1—L2、L3、

L4、L5—L6、L7、L8、L9—L1、L2—L6—L1、L3、L7—L1、L4、L8—L1、L5、L9—L1—L2、L3、L4、L5—L6、L7、L8、L9—L12—L11—L10—…循环显示；按下停止按钮时，彩灯同时熄灭。

2. 检修

如果出现故障，学生应独立完成检修调试，直至能够正常工作。

（1）检查线路连接是否正确。

（2）检查 PLC 通信属性设置是否正确，是否能够与 PC 正常通信。

（3）检查组态监控工程通信、变量、动画连接等属性设置是否正确。

思考与练习

（1）简述 PLC 应用系统设计过程。

（2）简述组态王 6.51 工控软件组态工程设计过程。

（3）艺术字显示 PLC 控制：起动按钮按下后，在 HMI 界面中艺术字（如姓名、校名等）以 1 s 时间间隔逐个显示，直至全部显示完后再以 0.5 s 时间间隔闪烁。按下停止按钮后，艺术字静态显示。

（4）三组抢答器 PLC 控制：要求成功抢答时（任一组抢答成功，其他组再抢答无效），在 HMI 界面中显示各自组号；当主持人按下复位按钮后抢答结束，抢答组组号不显示，开始新一轮抢答。

（5）舞台灯光 PLC 控制：要求合上起动按钮，按以下规律显示：1—2、8—3、7—4、6—5—4、6—3、7—2、8—1—1、2—1、2、3、4—1、2、3、4、5、6—1、2、3、4、5、6、7、8—3、4、5、6、7、8—5、6、7、8—7、8—1、5—4、8—3、7—2、6—1、3、5、7—2、4、6、8—1、3、5、7—2、4、6、8—全部闪烁 3 次—9—10—1…，循环，如图 5-37 所示。

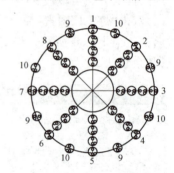

图 5-37 舞台灯光 PLC 控制示意图

任务五 两盏灯点亮 PLC 控制

知识目标

掌握 S7-200 系列 PLC 多主机控制系统的设计与运行调试；

熟悉 S7-200 系列 PLC 的结构和外部 I/O 接线方法；

熟悉 STEP 7-Micro/WIN32 V4.0 SP9 编程软件的使用方法；

熟悉两盏灯点亮 PLC 控制的工作原理和程序设计方法。

技能目标

能够正确编制两盏灯点亮 PLC 控制程序;
能够独立完成两盏灯点亮 PLC 控制线路的安装与通信参数设置;
能够按规定进行通电调试,出现故障时,能根据设计要求独立检修,直至系统正常工作。

任务引入

两盏灯点亮 PLC 控制系统可以完成 PLC 与 PLC 之间的彩灯显示控制,其结构如图 5-38 所示,其中,L1、L2 显示由 PLC1 控制,L3、L4 显示由 PLC2 控制。

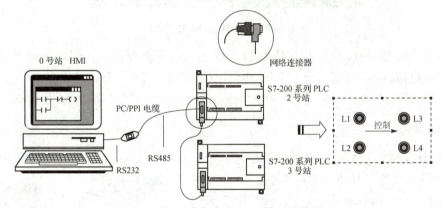

图 5-38 两盏灯点亮 PLC 控制结构图

系统得电后,彩灯以 1 s 的间隔时间按 L1、L3—L2、L4—L1、L3—…交替循环显示,其中,L1 驱动 L3 点亮,L2 驱动 L4 点亮。

 任务分析

根据系统显示控制要求,选用两台具有 24 个数字量 I/O 点(10 入、14 出)晶体管输出结构的 CPU224 小型 PLC 作为控制核心,通过 PROFIBUS-DP 电缆联网实现彩灯显示的控制。

 预备知识

一、S7-200 系列 PLC 网络控制系统

S7-200 系列 PLC 网络控制系统主要用于工业现场自动控制,其采用多个 PLC,通过联网方式进行通信,控制功能相对较为复杂,其典型结构如图 5-39 所示。

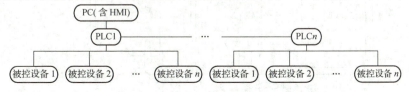

图 5-39 S7-200 系列 PLC 网络控制系统典型结构图

二、网络电缆

网络电缆,即 PROFIBUS-DP 电缆,如图 5-40 所示。它使用实心裸铜线导体,铝箔、裸金属丝编织双层屏蔽和 PVC 外护套。它采用总线电缆径向对称设计,并允许采用剥线工具,可以快速、方便地装配总线连接器。

图 5-40 PROFIBUS-DP 电缆

PROFIBUS 网络的最大长度与传输的波特率和电缆类型有关。当电缆导体截面积为 $0.22~mm^2$ 或更粗、电缆电容小于 60 PF/m、电缆阻抗为 100~120 Ω、传输速率为 9.6~19.2 Kb/s 时,网络的最大长度为 1 200 m;当传输速率为 187.5 Kb/s 时,网络的最大长度为 1 000 m。

三、网络连接器

利用 SIEMENS 公司提供的两种网络连接器(见图 5-41),可以把多个设备连接到网络中,其中一种连接器仅提供到 CPU 的接口,另一种连接器增加了一个编程器接口,在联网时用于编程或连接 HMI 设备等。

每种连接器都有网络偏置和终端匹配选择开关。在整个网络中,始端和末端一定要有终端匹配和网络偏置才能减少网络在通信过程中的传输错误。因此,处在始端和终端节点的网络连接器的网络偏置和终端匹配选择开关应拨在 ON 位置,而其他节点的网络连接器的网络偏置和终端匹配选择开关应拨在 OFF 位置。

每一种连接器都有 A1B1 和 A2B2 两组接线柱。在整个网络中,连接器通过网络电缆相连,其中连接器 1 的 A1B1 与连接器 2 的 A1B1 对位相连,连接器 2 的 A2B2 与连接器 3 的 A1B1 对位相连,且电缆屏蔽金属丝网必须接地,依此完成网络连接。网络连接器的规范连线如图 5-42 所示。

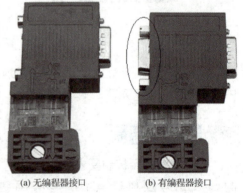

(a) 无编程器接口 (b) 有编程器接口

图 5-41 网络连接器

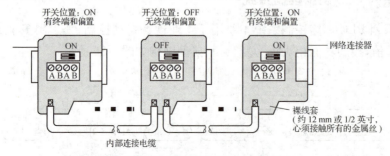

图 5-42 网络连接器的规范连线图

四、网络中继器

当通信网络的长度大于 1 200 m 时,为了使通信准确,需要加入中继器对信号滤波、放大和整形。添加一级中继器可以把网络的节点数目增加 32 个,把传输距离增加 1 200 m。每个中继器都提供了网络偏置和终端匹配。整个网络中最多可以使用 9 个中继器。含中继器的网络连接如图 5-43 所示。

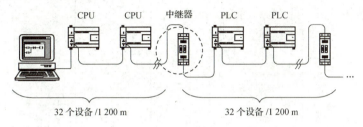

图 5-43 网络中继器连接图

 任务实施

一、设备配置

(1) 2 台 S7-200 CPU224 PLC。
(2) 1 台装有 STEP 7-Micro/WIN32 V4.0 SP9 编程软件的 PC。
(3) 1 根 PC/PPI 电缆。
(4) 1 根带网络连接器的 PROFIBUS-DP 电缆。
(5) 连接导线若干。

二、I/O 分配及功能

I/O 分配及功能见表 5-12。

表 5-12 I/O 分配及功能(任务五)

输出(PLC1)		输出(PLC2)	
编程元件地址	功　能	编程元件地址	功　能
Q0.0	控制灯 L1 显示	Q0.0	控制灯 L3 显示
Q1.0	控制灯 L2 显示	Q0.2	控制灯 L4 显示

三、PLC 接线图

在断电情况下,连接好 PC/PPI 与网络电缆及 PLC 外围电路,如图 5-44 所示。

四、梯形图程序编制

根据控制要求绘制程序功能流程图,如图 5-45 所示。

由于 PLC1 的输出对 PLC2 的输出进行控制,需要对两个 PLC 分别进行控制程序的编制,因而可以通过网络通信指令 NETR/NETW 实现,其设置过程如下。

(1) 启动网络通信指令 NETR/NETW 的向导，如图 5-46 所示。

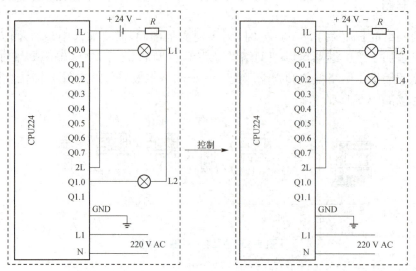

图 5-44　两盏灯交替点亮 PLC 控制外围电路接线图

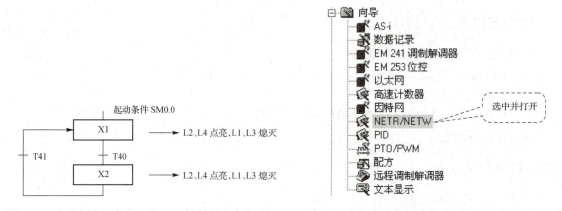

图 5-45　两盏灯交替点亮工作 PLC 控制程序功能流程图　　图 5-46　启动网络通信指令 NETR/NETW 的向导

(2) 设置网络通信指令 NETR/NETW 的网络读/写操作个数，如图 5-47 所示。

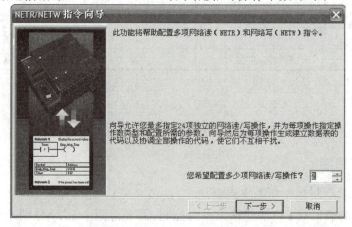

图 5-47　设置网络读/写操作个数

(3)定义通信口和子程序名,如图 5-48 所示。其中,选择 Port0 或 Port1 作为通信口与其他 CPU 进行通信,并给子程序定义名称(默认名为 NET_EXE)。

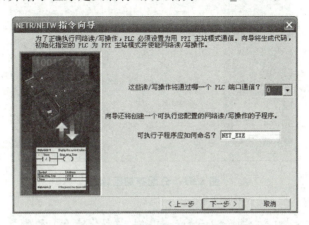

图 5-48　选择通信口和指定子程序名称

(4)定义网络操作,如图 5-49 和图 5-50 所示,分别设定第一项、第二项网络读/写操作细节。其中,每条网络读/写操作指令最多发送或接收 16 字节的数据,且数据可以存放在 VB、IB、QB、MB、LB 字节型存储器区域中。

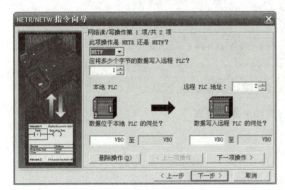

图 5-49　设定第一项网络读/写操作细节

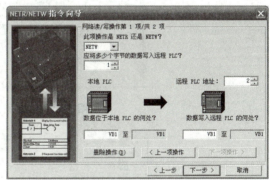

图 5-50　设定第二项网络读/写操作细节

说明:由于 PLC 联网要求每个 PLC 必须分配不同的地址,程序载入时,PC 默认地址为 0,因而需要分别设定 PLC1 与 PLC2 规定范围内的唯一地址。

(5)分配 V 存储区地址,如图 5-51 所示。其中,向导自动为用户提供了 V 区地址空间的建议地址,用户也可以自己定义 V 区地址空间的起始地址。

注意:要保证用户程序中已经占用的地址、网络操作中读写区所占用的地址,以及此处向导所占用的 V 区地址空间不能重复使用,否则将导致程序不能正常工作。

(6)生成子程序及符号表,如图 5-52 所示,最后单击"完成"按钮,上述显示的内容将在项目中生成。

(7)配置完 NETR/NETW 向导后,需要在程序中调用向导生成的 NETR/NETW 参数化子程序及符号表如图 5-53 和图 5-54 所示。

①在图 5-53(a)中双击打开 NET_EXE(SBR1)子程序调用(CALL)指令,将控制转换给 NETR/NETW 参数化子程序 NET_EXE。

图 5-51　分配存储区地址

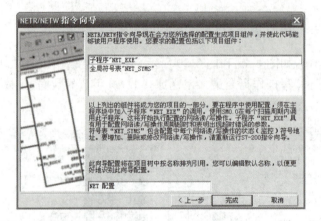

图 5-52　生成子程序和全局符号表

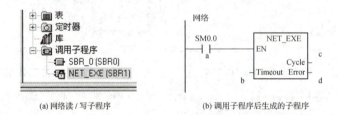

(a) 网络读/写子程序　　　　　　　(b) 调用子程序后生成的子程序

图 5-53　向导生成的 NETR/NETW 参数化子程序

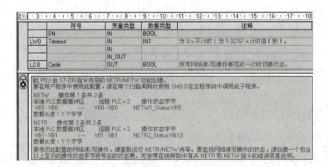

图 5-54　向导生成的符号表

②在图5-53(b)中生成NETR/NETW参数化子程序指令NET_EXE,在执行时其参数设置及使能条件描述如下。

- 必须用SM0.0来使能NETR/NETW指令,以保证它的正常运行。
- 超时,0表示不延时;1～36 767表示以秒为单位的超时延时时间。
- 周期参数在每次所有网络操作完成时切换其开关量状态。
- 此处是错误参数,0表示无错误,1表示有错误。

NETR/NETW指令向导生成的子程序管理所有的网络读写通信。用户不必再编其他程序进行诸如设置通信口的操作。

(8)实现控制功能的梯形图程序如图5-55所示。

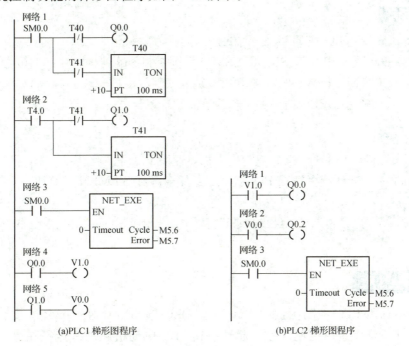

图5-55 两盏灯点亮PLC控制梯形图程序

五、调试检修

1. 调试

学生在教师的现场监护下进行通电调试,验证系统是否符合设计要求。

(1)编写梯形图程序,编译后将梯形图程序下载到PLC中。

(2)起动PLC1和PLC2,PLC1的Q0.0与Q1.0端口连接的指示灯L1、L2间隔1 s交替点亮;同时PLC2的Q0.0与Q0.2端口连接的指示灯L3、L4也间隔1 s交替点亮,并且指示灯L1和L3、L2和L4同步显示。

2. 检修

如果出现故障,学生应独立完成检修调试,直至系统能够正常工作。

(1)检查线路连接与网络电缆终端匹配选择开关的位置设置是否正确。

(2)检查PLC通信属性设置是否正确,是否能够正常通信。

思考与练习

(1) 简述 PROFIBUS-DP 网络电缆连接的要求。
(2) 电动机起停 PLC 控制:电动机 M 连接在 PLC2 的输出端口,要求由 PLC1 控制其起停。

任务六　电动机多速段 PLC 控制

知识目标

掌握 S7-200 系列 PLC 的 USS 通信协议与编程方法;
熟悉 S7-200 系列 PLC 及 SIEMENSMM 系列变频器的结构和外部 I/O 接线方法;
熟悉 STEP 7-Micro/WIN32 V4.0 SP9 编程软件的使用方法;
熟悉电动机多速段 PLC 控制的工作原理和程序设计方法。

技能目标

能够正确使用 USS 通信指令编制电动机多速段 PLC 控制程序;
能够独立完成电动机多速段 PLC 控制的线路安装和 SIEMENS MM420 变频器通信参数的设置;
能够按规定进行通电调试,当出现故障时,能根据设计要求独立检修,直至系统正常工作。

 任务引入

电动机多速段 PLC 控制:通过 CPU224 型 PLC 与 SIEMENS MM420 变频器联机,实现电动机三速段频率运行控制。按下起动按钮 SB1,电动机起动并运行在第一段,频率为 10 Hz,延时 20 s 后电动机运行在第二段,频率为 20 Hz;在延时 10 s 后电动机反向运行在第三段,频率为 50 Hz。按下停止按钮 SB2,电动机停止。

 任务分析

根据系统控制要求,将 CPU224 型 PLC 连接到 SIEMENS MM420 变频器数字量端子,控制电动机起停,通过 SIEMENS MM420 变频器操作面板设置参数改变频率来实现调速。

 预备知识

一、SIEMENS MM 系列变频器

西门子变频器是由德国西门子公司研发、生产的知名变频器品牌,主要用于控制和调节三相交流异步电动机的速度。西门子变频器以其稳定的性能、丰富的组合功能、高性能的矢量控制技术、低速高转矩输出、良好的动态特性、超强的过载能力、创新的 BiCo(内部功能互

联)功能,在变频器市场占据着重要的地位。

1. 基本类型

SIEMENS MM 系列变频器类型及功能见表 5-13。

表 5-13 SIEMENS MM 系列变频器类型及功能

型 号	功 能
MM440(MicroMaster440):矢量型	高精度调速、力矩张力控制等
MM430(MicroMaster430):节能型	风机水泵专用调速
MM420(MicroMaster420):基本型	调速,网络控制
MM410(MicroMaster410):紧凑型	三相电动机的调速

(1)西门子变频器 MicroMaster440。西门子变频器 MicroMaster440 是全新一代可以广泛应用的多功能标准变频器。它采用高性能的矢量控制技术,提供低速高转矩输出和良好的动态特性,同时具备超强的过载能力,以满足广泛的应用场合。创新的 BiCo(内部功能互联)功能具有无可比拟的灵活性。

①主要特征。
- 200~240 V±10%,单相/三相,交流,0.12~45 kW;380~480 V±10%,三相,交流,0.37~250 kW。
- 矢量控制方式,可构成闭环矢量控制和闭环转矩控制。
- 高过载能力,内置制动单元。
- 三组参数切换功能。

②控制功能。
- 线性 v/f 控制,平方 v/f 控制,可编程多点设定 v/f 控制,磁通电流控制,免测速矢量控制,闭环矢量控制,闭环转矩控制,节能控制模式。
- 标准参数结构,标准调试软件。
- 数字量输入 6 个,模拟量输入 2 个,模拟量输出 2 个,继电器输出 3 个。
- 独立 I/O 端子板,方便维护。
- 采用 BiCo 技术,实现 I/O 端口自由连接。
- 内置 PID 控制器,参数自整定。
- 集成 RS485 通信接口,可选 PROFIBUS-DP/Device-Net 通信模块。
- 具有 15 个固定频率、4 个跳转频率,可编程。
- 可实现主/从控制及力矩控制方式。
- 在电源消失或故障时具有自动再起动功能。
- 灵活的斜坡函数发生器,带有起始段和结束段的平滑特性。
- 快速电流限制(FCL),防止运行中不应有的跳闸。
- 有直流制动和复合制动方式。

③保护功能。
- 过载能力为 200% 和 150% 额定负载电流,持续时间分别为 3 s 和 60 s。
- 过电压、欠电压保护。
- 变频器、电机过热保护。
- 接地故障保护,短路保护。
- 闭锁电动机保护,防止失速保护。

- 采用 PIN 编号实现参数联锁。

(2)西门子变频器 MicroMaster430。西门子变频器 MicroMaster430 是全新一代标准变频器中的风机和泵类变转矩负载专家。其功率为 7.5~250 kW。它按照专用要求设计,并使用内部功能互联(BiCo)技术,具有高度可靠性和灵活性。其控制软件可以实现专用功能:多泵切换、手动/自动切换、旁路功能、断带及缺水检测、节能运行方式等。

① 主要特征。
- 380~480 V±10%,三相,交流,7.5~250 kW。
- 风机和泵类变转矩负载专用。
- 牢固的 EMC(电磁兼容性)设计。
- 控制信号的快速响应。

② 控制功能。
- 线性 v/f 控制,并带有增强电动机动态响应和控制特性的磁通电流控制(FCC),多点v/f控制。
- 内置 PID 控制器。
- 快速电流限制,防止运行中不应有的跳闸。
- 数字量输入 6 个,模拟量输入 2 个,模拟量输出 2 个,继电器输出 3 个。
- 具有 15 个固定频率、4 个跳转频率,可编程。
- 采用 BiCo 技术,实现 I/O 端口自由连接。
- 集成 RS485 通信接口,可选 PROFIBUS-DP 通信模块。
- 灵活的斜坡函数发生器,可选平滑功能。
- 三组参数切换功能:电动机数据切换和命令数据切换。
- 风机和泵类专用功能。
- 多泵切换。
- 旁路功能。
- 手动/自动切换。
- 断带及缺水检测。
- 节能方式。

③ 保护功能。
- 过载能力为 140% 和 110% 额定负载电流,持续时间分别为 3 s 和 60 s。
- 过电压、欠电压保护。
- 变频器过温保护。
- 接地故障保护,短路保护。
- I2t 电动机过热保护。
- PTC Y 电动机保护。

(3)西门子变频器 MicroMaster420。西门子变频器 MicroMaster420 是全新一代模块化设计的多功能标准变频器。它友好的用户界面,让用户的安装、操作和控制更加灵活、方便。全新的 IGBT 技术、强大的通信能力、精确的控制性能和高可靠性都让控制变成一种乐趣。

① 主要特征。
- 200~240 V±10%,单相/三相,交流,0.12~5.5 kW。
- 380~480 V±10%,三相,交流,0.37~11 kW。
- 模块化结构设计,具有最多的灵活性。

- 标准参数访问结构,操作方便。

② 控制功能。
- 线性 v/f 控制,平方 v/f 控制,可编程多点设定 v/f 控制。
- 磁通电流控制(FCC),可以改善动态响应特性。
- 最新的 IGBT 技术,数字微处理器控制。
- 数字量输入 3 个,模拟量输入 1 个,模拟量输出 1 个,继电器输出 1 个。
- 集成 RS485 通信接口,可选 PROFIBUS-DP 通信模块/Device-Net 模板。
- 具有 7 个固定频率和 4 个跳转频率,可编程。
- 具有捕捉再起动功能。
- 在电源消失或故障时具有自动再起动功能。
- 灵活的斜坡函数发生器,带有起始段和结束段的平滑特性。
- 快速电流限制(FCL),防止运行中不应有的跳闸。
- 有直流制动和复合制动方式,提高制动性能。
- 采用 BiCo 技术,实现 I/O 端口自由连接。

③ 保护功能。
- 过载能力为 150% 额定负载电流,持续时间为 60 s。
- 过电压、欠电压保护。
- 变频器过温保护。
- 接地故障保护,短路保护。
- I2t 电动机过热保护。
- 采用 PTC 通过数字端接入的电动机过热保护。
- 采用 PIN 编号实现参数连锁。
- 闭锁电动机保护,防止失速保护。

(4) 西门子变频器 MicroMaster410。西门子变频器 MicroMaster410 是全新一代紧凑型标准变频器。它小巧、灵活,安装简单,使用方便。它适合用于食品和饮料工业、纺织工业、包装工业,还可用于对传动链的驱动,是小功率紧凑型应用的理想选择。

① 主要特征。
- 200~240 V±10%,单相,交流,0.12~0.75 kW。
- 结构紧凑,采用自冷式散热器,无冷却风扇。
- 集成的 RS485 通信接口。
- 丰富的模块化选件。

② 控制功能。
- 线性 v/f 控制,平方 v/f 控制,多点设定 v/f 控制。
- 最新的 IGBT 技术,数字微处理器控制。
- 数字量输入 3 个,模拟量输入 1 个,继电器输出 1 个。
- 高分辨率的 10 位二进制模拟输入。
- 具有捕捉再起动功能。
- 在电源消失或故障时具有自动再起动功能。
- 灵活的斜坡函数发生器,带有起始段和结束段的平滑特性。
- 快速电流限制,防止运行中不应有的跳闸。
- 具有 3 个固定频率和 1 个跳转频率,且可编程。

- 采用 BiCo 技术,实现 I/O 端口自由连接。

③ 保护功能。
- 过载能力为 150% 额定负载电流,持续时间为 60 s。
- 过电压、欠电压保护。
- 变频器过温保护。
- 接地故障保护。
- I2t 电动机过热保护。
- 防止失速。

2. 基本结构

SIEMENS MM 系列变频器的基本结构如图 5-56 所示。

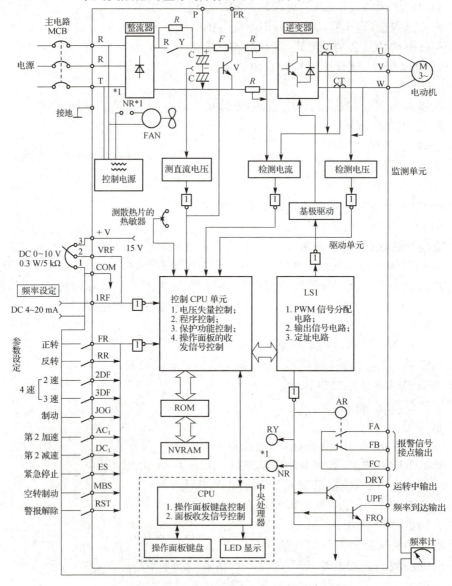

图 5-56 SIEMENS MM 系列变频器的基本结构

变频器主要由3部分构成：一是主电路接线端，有接工频电网的输入端(R、S、T)，接电动机的频率、电压连续可调的输出端(U、V、W)；二是控制端子，有外部信号控制端子、变频器工作状态指示端子、变频器与微机或其他变频器的通信接口；三是操作面板，有液晶显示屏和键盘。

3. USS 通信协议

USS 通信协议专用于 S7-200 系列 PLC 和西门子 MicroMaster 变频器之间的通信，用户可以通过调用 USS 协议指令实现 PLC 与变频器之间的通信。USS 协议指令见表 5-14，其是 STEP 7-Micro/WIN32 V4.0 SP9 软件工具包的一个组成部分，STEP 7-Micro/WIN32 V4.0 SP9 软件工具包通过专为 USS 协议通信而设计的预配置子程序和中断服务程序，使 MicroMaster 变频器的控制更为方便，这些程序在 STEP 7-Micro/WIN32 V4.0 SP9 指令树的库文件夹中作为指令出现。使用这些新指令可控制变频器和读/写变频器参数，当选用 USS 协议指令时，系统会自动添加一个或几个有关的子程序(USS 1～USS 7)，而不需要编程者的参与。

表 5-14　USS 协议指令

指令格式	功　能	功能的说明
USS_INIT —EN —Mode　Done— —Baud　　Error— —Active	允许和初始化或禁止变频器通信	(1)仅限为通信状态的每次改动执行一次 USS_INIT 指令。使用边缘检测指令，以脉冲方式打开 EN 输入。欲改动初始化参数，须执行一条新的 USS_INIT 指令。 (2)Mode 输入数值选择通信协议。输入值 1 将端口分配给 USS 协议，并启用该协议；输入值 0 将端口分配给 PPI，并禁止 USS 协议。 (3)Baud 将波特率设为 1 200 Kb/s、2 400 Kb/s、4 800 Kb/s、9 600 Kb/s、19 200 Kb/s、38 400 Kb/s、57 600 Kb/s 或 115 200 Kb/s。 (4)Active 表示激活驱动器。某些驱动器仅支持地址 0～31。每位对应一台变频器，如第 0 位为 1 表示激活 0 号变频器，激活的变频器自动地被轮询，以控制其运行和采集其状态
USS_CTRL —EN —RUN —OFF2 —OFF3 —F_ACK —DIR —Drive　Resp_R— —Type　Error— —Speed_SP　Status— 　　　Speed— 　　　Run_EN— 　　　D_Dir— 　　　Inhibit— 　　　Fault—	控制处于激活状态的变频器，每台变频器只能使用一条该指令	(1)USS_CTRL(端口 0)或 USS_CTRL_P1(端口 1)指令用于控制 ACTIVE(激活)驱动器。USS_CTRL 指令将选择的命令放在通信缓冲区中，然后送至编址的驱动器 DRIVE(驱动器)参数，条件是已在 USS_INIT 指令的 ACTIVE(激活)参数中选择该驱动器。 (2)仅限为每台驱动器指定一条 USS_CTRL 指令。 (3)某些驱动器仅将速度作为正值报告。如果速度为负值，驱动器将速度作为正值报告，但逆转 D_Dir(方向)位。 (4)EN 位必须为 ON，才能启用 USS_CTRL 指令。该指令应当始终启用。 (5)RUN 表示驱动器是 ON 还是 OFF。当 RUN(运行)位为 ON 时，驱动器收到一条命令，按指定的速度和方向开始运行。为了使驱动器运行，必须符合以下条件： ①DRIVE(驱动器)在 USS_INIT 中必须被选为 ACTIVE(激活)。 ②OFF2 和 OFF3 必须被设为 0。 ③Fault(故障)和 Inhibit(禁止)必须为 0。 (6)当 RUN 为 OFF 时，PLC 会向驱动器发出一条命令，将速度降低，直至电动机停止。OFF2 位被用于允许驱动器自由降速至停止。OFF2 被用于命令驱动器迅速停止。 (7)Resp_R(收到应答)位用于确认从驱动器收到应答。对所有的激活驱动器进行轮询，查找最新驱动器状态信息。每次 S7-200 系列 PLC 从驱动器收到应答时，Resp_R 位均会打开，进行一次扫描，所有数值均被更新。 (8)F_ACK(故障确认)用于确认驱动器中的故障。当 F_ACK 从 0 转为 1 时，驱动器清除故障。 (9)DIR(方向)位用控制电动机的转动方向。 (10)Drive(驱动器地址)输入是 MicroMaster 驱动器的地址，向该地址发送 USS_CTRL 命令。其效地址为 0～31

续表

指令格式	功　　能	功能的说明
USS_CTRL ―EN ―RUN ―OFF2 ―OFF3 ―F_ACK ―DIR ―Drive　Resp_R― ―Type　Error― ―Speed_SP　Status― 　　Speed― 　　Run_EN― 　　D_Dir― 　　Inhibit― 　　Fault―	控制处于激活状态的变频器，每台变频器只能使用一条该指令	(11)Type(驱动器类型)表示输入选择驱动器的类型。将 MicroMaster3(或更早版本)驱动器的类型设为 0,将 MicroMaster4 驱动器的类型设为 1。 (12)Speed_SP(速度设定值)是作为全速百分比的驱动器速度。Speed_SP 的负值会使驱动器反向旋转，其范围为-200.0%～200.0%。 (13)Fault 表示故障位状态(0—无错误,1—有错误)，驱动器显示故障代码(有关驱动器信息,请参阅用户手册)。欲清除故障位，须纠正引起故障的原因，并打开 F_ACK 位。 (14)Inhibit 表示驱动器上的禁止位状态(0—不禁止,1—禁止)。欲清除禁止位，故障位必须为 OFF,运行、OFF2 和 OFF3 输入也必须为 OFF。 (15)D_Dir 表示驱动器的旋转方向。 (16)Run_EN(运行启用)表示驱动器是在运行(1)还是停止(0)。 (17)Speed 是以全速百分比表示的驱动器速度，其范围为-200.0%～200.0%。 (18)Status 是驱动器返回的状态字原始数值。 (19)Error 是一个包含对驱动器最新通信请求结果的错误字节。USS 指令执行错误主题定义了可能因执行指令而导致的错误条件。 (20)Resp_R(收到的响应)位确认来自驱动器的响应。对所有的激活驱动器都要轮询最新的驱动器状态信息。每次 S7-200 系列 PLC 接收到来自驱动器的响应时,每扫描一次,Resp_R 位就会接通一次并更新所有相应的值
USS_RPM_* ―EN ―XMT_~ ―Drive　Done― ―Param　Error― ―Index　Value― ―DBPtr	读取变频器的参数	(1)USS 协议有以下 3 条读指令。 ①USS_RPM_W 指令读取一个无符号字类型的参数。 ②USS_RPM_D 指令读取一个无符号双字类型的参数。 ③USS_RPM_R 指令读取一个浮点数类型的参数。 (2)一次仅限将一条读取(USS_RPM_x)或写入(USS_WPM_x)指令设为激活。 (3)EN 位必须为 ON,才能启用请求传送,并应当保持 ON,直至设置"完成"位，表示进程完成。例如,当 XMT_REQ 输入为 ON 时,在每次扫描时,MicroMaster 传送一条 USS_RPM_x 请求。因此,XMT_REQ 输入应当通过一个脉冲方式打开。 (4)Drive 输入是 MicroMaster 驱动器的地址,USS_RPM_x 指令被发送至该地址。单台驱动器的有效地址为 0~31。 (5)Param 是参数号码。Index 是需要读取参数的索引值。"数值"是返回的参数值。必须向 DB_Ptr 输入提供 16 字节的缓冲区地址。该缓冲区被 USS_RPM_x 指令用于存储向 MicroMaster 驱动器发出的命令结果。 (6)当 USS_RPM_x 指令完成时,Done 输出 ON,Error 输出字节,Value 输出包含执行指令的结果。Error 和 Value 输出在 Done 输出打开之前无效
USS_WPM_* ―EN ―XMT_~ ―EEPR~ ―Drive　Done― ―Param　Error― ―Index ―Value ―DBPtr	写入变频器的参数	(1)USS 协议共有以下 3 种写入指令。 ①USS_WPM_W(端口 0)或 USS_WPM_W_P1(端口 1)指令写入无符号的字参数。 ②USS_WPM_D(端口 0)或 USS_WPM_D_P1(端口 1)指令写入无符号的双字参数。 ③USS_WPM_R(端口 0)或 USS_WPM_R_P1(端口 1)指令写入浮点数。 (2)一次仅限将一条读取(USS_RPM_x)或写入(USS_WPM_x)指令设为激活。 (3)当 MicroMaster 驱动器确认收到命令或发送一则错误条件时,USS_WPM_x 事项完成。当该进程等待应答时,逻辑扫描继续执行。 (4)EN 位必须为 ON,才能启用请求传送,并应当保持打开,直至设置 Done 位，表示进程完成。例如,当 XMT_REQ 输入为 ON 时,在每次扫描,MicroMaster 传送一条 USS_WPM_x 请求。因此,XMT_REQ 输入应当通过一个脉冲方式打开。 (5)当驱动器打开时,EEPROM 输入启用对驱动器的 RAM 和 EEPROM 的写入,当驱动器关闭时,仅启用对 RAM 的写入。注意,该功能不被 MM3 驱动器支持,因此该输入必须关闭。 (6)其他参数的含义及使用方法参考 USS_RPM 指令

二、SIEMENS MM420 变频器

SIEMENS MM420 变频器是用于控制三相交流电动机速度的变频器系列,有三种型号,其外形如图 5-57 所示。有从单相电源电压(额定功率 120 W)到三相电源电压(额定功率 11 kW)型号的变频器可供用户选用。

(a)A 型　　(b)B 型　　(c)C 型

图 5-57　SIEMENS MM420 变频器的外形

SIEMENS MM420 变频器(下文简称 MM420)由微处理器控制,并采用具有现代先进技术水平的绝缘栅双极型晶体管(IGBT)作为功率输出器件。因此,它们具有很高的运行可靠性和功能多样性。其脉冲宽度调制的开关频率是可选的,因而降低了电动机运行的噪声。全面而完善的保护功能为变频器和电动机提供了良好的保护。MM420 变频器具有默认的工厂设置参数,它是给数量众多的简单的电动机控制系统供电的理想变频驱动装置。由于 MM420 变频器具有全面而完善的控制功能,在设置相关参数后,它也可用于更高级的电动机控制系统。MM420 变频器既可用于单机驱动系统,也可集成到自动化系统中。

1. MM420 变频器电路方框图

MM420 变频器电路方框图如图 5-58 所示。

进行主电路接线时,变频器模块面板上的 L1、L2 插孔接单相电源,接地插孔接保护地线;三个电动机插孔 U、V、W 连接到三相电动机上(千万不能接错电源,否则会损坏变频器)。

MM420 变频器模块面板上引出了 MM420 的数字输入点:DIN1(端子⑤),DIN2(端子⑥),DIN3(端子⑦),内部电源+24 V(端子⑧),内部电源 0 V(端子⑨)。数字输入量端子可连接到 PLC 的输出点(端子⑧接一个输出公共端,如 2L)。当变频器命令参数 P0700=2(外部端子控制)时,可由 PLC 控制变频器的起动/停止及变速运行等。

2. MM420 变频器的基本操作面板(BOP)

(1)基本操作面板的功能概述。图 5-59 所示为基本操作面板的外形,BOP 具有 7 段显示的 5 位数字,可以显示参数的序号和数值、报警和故障信息,以及设定值和实际值。利用 BOP 可以改变变频器的各个参数,参数的信息不能用 BOP 存储。

基本操作面板上的按钮及功能见表 5-15。

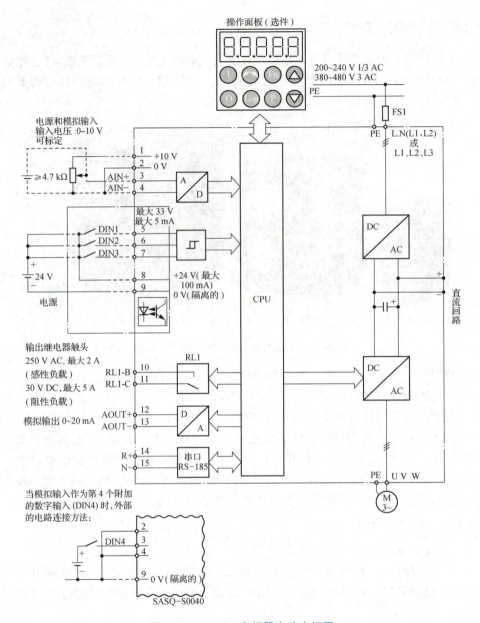

图 5-58　MM420 变频器电路方框图

图 5-59　MM420 变频器基本操作面板的外形

表 5-15　MM420 变频器基本操作面板(BOP)上的按钮及功能

显示/按钮	功能	功能的说明
r0000	状态显示	LCD 显示变频器当前的设定值
I	起动变频器	按此键起动变频器。默认值运行时,此键是被封锁的。为了使此键的操作有效,应设定 P0700=1
O	停止变频器	OFF1:按此键,变频器将按选定的斜坡下降速率减速停车,默认值运行时此键被封锁;为了允许此键操作,应设定 P0700=1。OFF2:按此键两次(或一次,但时间较长),电动机将在惯性作用下自由停车,此功能总是"使能"
⟲	改变电动机的转动方向	按此键可以改变电动机的转动方向。电动机的反向用负号(-)表示或用闪烁的小数点表示。默认值运行时,此键是被封锁的;为了使此键的操作有效,应设定 P0700=1
jog	电动机点动	在变频器无输出的情况下按此键,将使电动机起动,并按预先设定的点动频率运行。释放此键时,变频器停车。如果变频器/电动机正在运行,按此键将不起作用
Fn	功能	此键用于浏览辅助信息。 变频器运行过程中,在显示任何一个参数时按下此键并保持不动 2 s,将显示以下参数值(在变频器运行过程中,从任何一个参数开始): • 直流回路电压(用 d 表示一,单位为 V); • 输出电流(A); • 输出频率(Hz); • 输出电压(用 o 表示一,单位为 V)。 • 由 P0005 选定的数值。如果 P0005 选择显示上述参数中的任何一个(3、4 或 5),这里将不再显示。连续多次按下此键,将轮流显示以上参数。 在显示任何一个参数(r××××或 P××××)时短时间按下此键,将立即跳转到 r0000,如果需要,可以接着修改其他参数。跳转到 r0000 后,按此键将返回原来的显示点
P	访问参数	按此键即可访问参数
▲	增加数值	按此键即可增加面板上显示的参数数值
▼	减少数值	按此键即可减少面板上显示的参数数值

(2)MM420 变频器的参数设置。表 5-16 给出了 SRS-ME05 上常用到的变频器参数设置值,如果希望设置更多的参数,可以参考 MM420 变频器用户手册。

表 5-16　MM420 变频器常用参数设置值

参数号	设置值	功能的说明	参数号	设置值	功能的说明
P0010	30		P0311	1 500	电动机的额定速度
P0970	1	恢复出厂值	P1000	3	选择频率设定值
P0003	3		P1080	0	电动机最小频率
P0004	7		P1082	50.00	电动机最大频率
P0010	1	快速调试	P1120	2	斜坡上升时间
P0304	230	电动机的额定电压	P1121	2	斜坡下降时间
P0305	0.22	电动机的额定电流	P3900	1	结束快速调试
P0307	0.11	电动机的额定功率	P0003	3	
P0310	50	电动机的额定频率			

注：如参数 P0003 用于定义用户访问参数组的等级，设置范围包括如下 4 种。

(1) 标准级：可以访问最经常使用的参数。

(2) 扩展级：允许扩展访问参数的范围，如变频器的 I/O 功能。

(3) 专家级：只供专家使用。

(4) 维修级：只供授权的维修人员使用，具有密码保护。

(3) MM420 变频器的参数修改。用 BOP 可以修改和设定系统参数，使变频器具有期望的特性，如斜坡时间、最小频率和最大频率等。选择的参数号和设定的参数值在 5 位数字的 LCD 上显示。

更改参数的数值的步骤可大致如下。

① 查找所选定的参数号。

② 进入参数值访问级，修改参数值。

③ 确认并存储修改好的参数值。

图 5-60 所示为改变参数 P0004 数值的步骤。按照图中说明的类似方法，可以用 BOP 设定常用的参数。

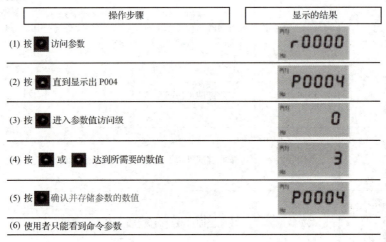

图 5-60　改变参数 P0004 数值的步骤

3. MM420 变频器的应用

MM420 变频器可以通过数字量端子控制起停、用操作面板改变频率或模拟量调速,也可以通过 USS 协议指令进行调速。

例如,电动机正反转变频调速 PLC 控制,将 S7-200 系列 PLC 与 MM420 变频器联机,要求通过 MM420 变频器的端子实现电动机正反转控制。当按下正转按钮 SB2 时,电动机起动并以 35 Hz 的频率运行;当按下反转按钮 SB3 时,电动机反向以 35 Hz 的频率运行;当按下停止按钮 SB1 时,电动机停止运行。电动机加减速时间为 10 s。

(1) I/O 分配及功能。I/O 分配及功能见表 5-17。

表 5-17 I/O 分配及功能(任务六)

输入		输出	
编程元件地址	功能	编程元件地址	功能
I0.0	停止按钮 SB1	Q0.0	电动机正转接触器线圈 KM1
I0.1	正转按钮 SB2	Q0.1	电动机反转接触器线圈 KM2
I0.2	反转按钮 SB3		

(2) S7-200 系列 PLC 与 MM420 变频器接线图。S7-200 系列 PLC 与 MM420 变频器接线图如图 5-61 所示。

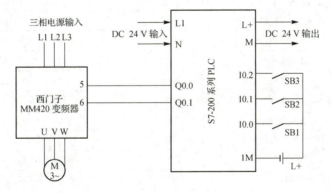

图 5-61 S7-200 系列 PLC 与 MM420 变频器接线图

(3) 变频器参数设置。

方法一:数字量端子控制法。

变频器参数设置见表 5-18。

表 5-18 变频器参数设置

参数	出厂值	设置值	功能说明
P0003	1	1	设用户访问级为标准级
P0004	0	7	命令,二进制 I/O
P0700	2	2	由端子排输入
P0003	1	2	设用户访问级为扩展级
P0004	0	7	命令,二进制 I/O
P0701	1	1	ON 接通正转,OFF 接通停止
P0702	1	2	ON 接通反转,OFF 接通停止
P0703	9	10	正向点动

续表

参 数	出厂值	设置值	功能说明
P0704	15	11	反向点动
P0003	1	1	设用户访问级为标准级
P0004	0	10	设定值通道和斜坡函数发生器
P1000	2	1	频率设定值为键盘（MOP）设定值
P1080	0	0	电动机运行的最低频率/Hz
P1082	50	50	电动机运行的最高频率/Hz
P1120	10	10	斜坡上升时间/s
P1121	10	10	斜坡下降时间/s
P0003	1	2	设用户访问级为扩展级
P0004	0	10	设定值通道和斜坡函数发生器
P1040	5	35	设定键盘控制的频率值/Hz

方法二：USS 协议指令控制法。

变频器参数设置见表 5-19。

表 5-19 变频器参数设置

输入/输出	功能说明	输入/输出	功能说明
I0.0	控制变频器运行	M0.0	当 CPU 从变频器接收到一个响应后，该位接通一次
I0.1	自由停车	M0.1	执行 USS_RPM_W 指令
I0.2	紧急快速停止	M0.2	执行 USS_WPM_R 指令
I0.3	清除故障报警状态	VB1	执行 USS_INIT 指令时出错
I0.4	1 表示正向运行，0 表示反向运行	VB2	执行 USS_CTRL 指令时出错
I0.5	读取操作命令	VB10	执行 USS_RPM_W 指令时出错
I0.6	写命令，设定基准频率	VB14	执行 USS_WPM_W 指令时出错
Q0.0	变频器通信正常	VB20	读取变频器参数的存储初始地址
Q0.1	变频器运行	VB40	写取变频器参数的存储初始地址
Q0.2	1 表示正向运行，0 表示反向运行	VW4	0 号变频器的工作状态显示
Q0.3	变频器禁止	VW12	存储 0 号变频器读取的参数
Q0.4	变频器报警	VD60	存储全速度百分百的变频器速度

（4）PLC 控制程序编制。

数字量端子控制法和 USS 协议指令控制法编制的 PLC 控制程序如图 5-62 和图 5-63 所示。

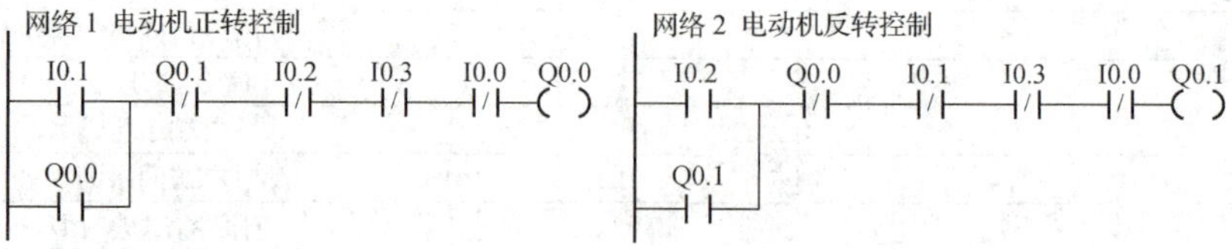

图 5-62　数字量端子控制法和 USS 协议指令控制法编制的 PLC 控制程序（一）

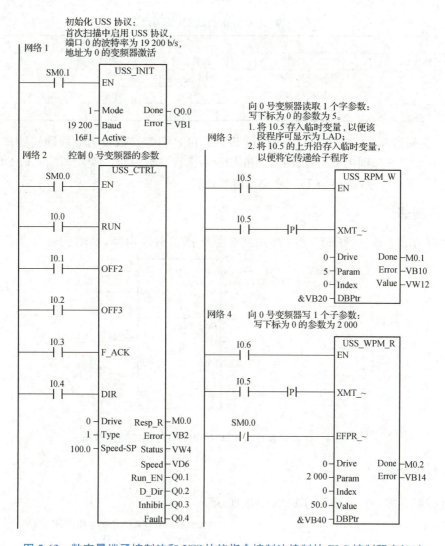

图 5-63　数字量端子控制法和 USS 协议指令控制法编制的 PLC 控制程序(二)

一、设备配置

（1）1 台 S7-200 CPU224 PLC。

（2）1 台 MM420 变频器。

（3）1 台装有 STEP 7-Micro/WIN32 V4.0 SP9 编程软件的 PC。

（4）1 根 PC/PPI 电缆。

（5）连接导线若干。

二、I/O 分配及功能

I/O 分配及功能见表 5-20。

表 5-20 I/O 分配及功能（任务六）

输 入		输 出	
编程元件地址	功　能	编程元件地址	功　能
I0.0	停止按钮 SB1	Q0.0	变频器输入口 DIN1
I0.1	正转按钮 SB2	Q0.2	变频器输入口 DIN2
		Q0.3	变频器输入口 DIN3

其中，变频器输入口 DIN1、DIN2 通过 P0701 和 P0702 参数设为 3 段固定频率控制端，每一频段的频率可分别由 P1001、P1002 和 P1003 进行参数设定。变频器输入口 DIN3 设为电动机运行、停止控制端，可由 P0703 进行参数设置。

三、PLC 接线图

在断电情况下，连接好 PC/PPI 与网络电缆及 PLC 外围电路，如图 5-64 所示。

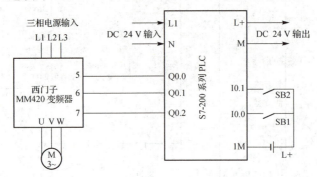

图 5-64　电动机多速段 PLC 控制 I/O 外围电路接线图

四、梯形图程序编制

实现控制功能的梯形图程序如图 5-65 所示。

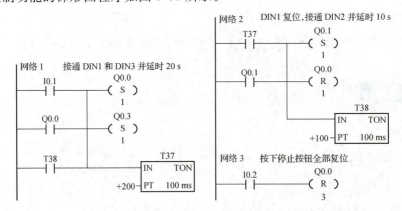

图 5-65　电动机多速段 PLC 控制功能梯形图程序

五、调试检修

1. 调试

学生在教师的现场监护下进行通电调试，验证是否符合设计要求。

(1)编写梯形图程序,编译后将梯形图程序下载到 PLC 中。
(2)按下起动按钮 SB1,电动机起动并运行在第一段,频率为 10 Hz;延时 20 s 后电动机运行在第二段,频率为 20 Hz;再延时 10 s 后电动机反向运行在第三段,频率为 50 Hz。按下停止按钮 SB2,电动机停止。

2. 检修

如果出现故障,学生应独立完成检修调试,直至能够正常工作。
(1)检查 PLC 控制线路连接是否正确。
(2)检查 MM420 变频器参数设置是否正确。

思考与练习

电动机多速段 PLC 控制:针对"电动机多速段 PLC 控制",使用 USS 协议指令编程实现电动机的控制功能。

任务七 上料检测单元 PLC 控制

知识目标

掌握接近开关的功能原理和使用方法;
熟悉气动元件及气压传动;
熟悉 S7-200 系列 PLC 的结构和外部 I/O 接线方法;
熟悉 STEP 7-Micro/WIN32 V4.0 SP9 编程软件的使用方法;
熟悉上料检测单元 PLC 控制的工作原理和程序设计方法。

技能目标

能够正确编制上料检测单元 PLC 控制程序;
能够独立完成上料检测单元 PLC 控制线路与气动回路的安装;
能够按规定进行通电调试,当出现故障时,能根据设计要求独立检修,直至系统正常工作。

任务引入

上料检测单元 PLC 控制要求如下。
(1)接通电源和气源、PLC 运行后,按下上电开关,复位指示灯闪烁。
(2)按下复位按钮,执行复位动作,提升气缸驱动的工件平台下降到位,开始指示灯闪烁。
(3)按下开始按钮,进入工作运行模式。
(4)料盘电动机工作,旋转输出工件。
①若 10 s 内未检测到工件平台中有工件,指示灯报警显示。
②若 10 s 内检测到工件平台中有工件,料盘停止旋转。

(5) 提升气缸动作,工件平台提升到输出工位。若提升过程超出 2 s,指示灯报警显示。
(6) 对工件的黑色和白色进行检测并保存下来。
(7) 按下特殊按钮表示工件被取走,工件平台下降到位。
(8) 复位完成,重复流程(4)～(7),进行下一轮上料检测操作。

任务分析

根据控制要求,选用一台具有 40 个数字量 I/O 点(24 入、16 出)晶体管输出结构的 CPU226 小型 PLC 作为控制核心,接近开关检测工件平台位置、工件有无及其颜色,电磁阀控制气缸驱动工件提升装置动作,继电器控制指示灯显示和料盘电动机工作。

预备知识

一、上料检测单元的结构组成

上料检测单元为自动化生产线 PLC 控制系统中的起始单元,起着向系统中的其他单元提供原料的作用,其结构如图 5-66 所示。上料检测单元的具体功能是:首先按照需要将放置在料盘中的待加工工件自动取出,并检测工件的颜色;然后将其提升到输出工位,等待下一个工作单元来取。

上料检测单元主要由 I/O 接线端口、料盘模块、提升模块、工件检测模块等部件组成。上料检测单元完成整个系统的上料工作,将大工件输出,判断出其颜色,并将其信息发给下一站。此站可配合触摸屏或组态控制作为整个系统的主站。

图 5-66 上料检测单元结构图

1. 料盘模块

料盘模块主要由料盘、分隔条和滑道组成,用于存储工件原料并在需要时将料盘中的工件输送出去。料盘模块的工作过程为:工件散落在料盘中,当需要输出工件时,料盘旋转,工件通过分割条一一排列输出圆形料盘,进入滑道,在后续工件的推动下,前面的工件依次从滑道滑入工件平台中。

2. 提升模块

提升模块主要由工件平台、滑动导向装置、双作用气缸和两个磁感应接近开关组成,用于将料盘输出的工件提升到输出工位。

3. 工件检测模块

工件检测模块由两个光电传感器组成,分别为反射式光电接近开关和漫反射式光电接近开关。反射式光电接近开关安装在下部,用于检测工件平台上是否有工件。漫反射式光电接近开关安装在上部(输出工件),用于检测工件的颜色。

4. 显示模块

显示模块主要由工作状态指示灯组成,分别为复位指示灯、开始指示灯和报警指示灯。

5. 控制模块

控制模块主要由 PLC、继电器和电磁阀组成,用于控制料盘电动机工作、提升平台升降、接近开关状态输入和指示灯显示。

二、接近开关

光电式接近开关是一种采用非接触式检测、输出开关量的传感器。

1. 光电式接近开关

光电式接近开关主要由光发射器和光接收器组成,光发射器用于发射红外光或可见光;光接收器用于接收发射器发射的光,并将光信号转换成电信号并以开关量形式输出,由此便可感知有物体接近。

(1)对射式光电接近开关。对射式光电接近开关是指光发射器(光发射器探头或光源探头)与光接收器(光接收器探头)处于相对的位置工作的光电接近开关,其工作原理如图 5-67 所示。

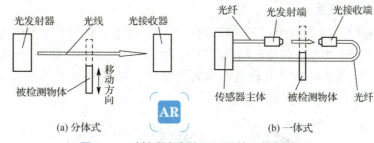

图 5-67 对射式光电接近开关的工作原理图

当物体通过传感器的光路时,光路被遮断,光接收器接收不到发射器发出的光,接近开关的触点不动作;当光路上无物体遮断光线时,光接收器可以接收到发射器传送的光,因而接近开关的触点动作,输出信号将被改变。

(2)反射式光电接近开关。反射式光电接近开关的光发射器和光接收器处于同一侧位置,且光发射器和光接收器为一体化的结构,在其相对的位置上安置一个反光镜,光发射器发出的光经反光镜反射回来后由光接收器接收,其工作原理如图 5-68(a)所示,实物如图 5-68(b)所示。

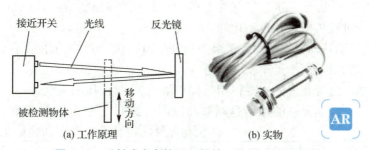

图 5-68 反射式光电接近开关的工作原理及实物图

当物体通过传感器的光路时,光路被遮断,光接收器接收不到发射器发出的光,接近开关的触点动作,输出信号将被改变;当光路上无物体遮断光线时,光接收器可以接收到发射器传送的光,因而接近开关的触点不动作。

(3)漫反射式(漫射式)光电接近开关。漫射式光电接近开关是利用光照射到被测物体上后反射回来的光线而工作的,由于物体反射的光线为漫射光,因而称该种传感器为漫射式光电接近开关,其工作原理如图 5-69(a)所示,实物如图 5-69(b)所示。

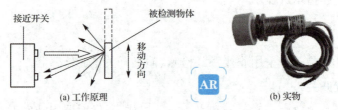

图 5-69　漫射式光电接近开关的工作原理及实物图

光发射器始终发射检测光,若当接近开关的前方一定距离内没有物体时,则没有光被反射回来,接近开关处于常态而不动作;若在接近开关的前方一定距离内出现物体,只要反射回来的光的强度足够,接收器接收到足够的漫射光后就会使接近开关动作而改变输出的状态。

2.磁感应式接近开关

磁感应式接近开关是接近开关的一种,接近开关是传感器家族中众多种类中的一种,它是利用电磁工作原理,用先进的工艺制成的,是一种位置传感器。它能通过传感器与物体之间的位置关系变化,将非电量或电磁量转化为所希望的电信号,从而达到控制或测量的目的。常用磁感应式接近开关如图 5-70 所示。

图 5-70　常用磁感应式接近开关

三、气动元件

1.气动自动化系统的构成

气压传动简称气动,是以压缩空气为工作介质来传递和控制信号,控制和驱动各种机械设备,以实现生产过程机械化和自动化的一门技术。

一个完整的气动自动化系统由气源装置、控制元件、执行元件、辅助元件、检测元件和控制器组成,如图 5-71 所示。

(1)气源装置。气源装置的主要作用是提供清洁、干燥的压缩空气。

(2)控制元件。控制元件的作用是调节和控制压缩空气的压力、流量和流动方向,以便使执行元件能按要求的程序和性能工作。控制元件分为压力控制阀、流量控制阀和方向控制阀等。

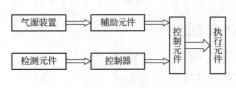

图 5-71　典型的气动自动化系统

(3)执行元件。执行元件是将气体的压力能转换为机械能的一种能量转换装置。它包括实现直线往复运动的气缸和实现连续回转运动或摆动的气动马达或摆动马达。

(4)辅助元件。辅助元件的作用是辅助气动系统正常工作,主要由净化压缩空气的净化器、过滤器、干燥器等组成。另外,还包括供给系统润滑的油雾器、消除噪声的消声器、提供给系统冷却的冷却器等。

(5)检测元件。检测元件的作用是检测气缸的运动位置,判断工件有无及工件性质等。

(6)控制器。控制器的作用是对检测元件提供的信号进行逻辑运算,提供执行元件输出信号,控制系统按照预定的要求有序工作。

2. 普通型单杆双作用气缸

普通型单杆双作用气缸的基本结构和符号如图 5-72 所示,它一般由缸筒、前缸盖、后缸盖、活塞、活塞杆、密封件和紧固件等零件组成。缸筒与前后缸盖之间用 4 根螺杆紧固锁定。

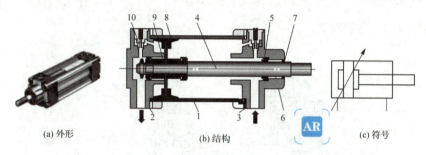

图 5-72 普通型单杆双作用气缸的基本结构和符号

1—缸筒;2—后缸盖;3—前缸盖;4—活塞杆;5—防尘密封圈;6—导向套;
7—密封圈;8—活塞;9—缓冲柱塞;10—缓冲节流阀

普通型单杆双作用气缸的工作原理为:当从无杆腔端的气口输入压缩空气时,若气压作用在活塞左端面上的力克服了运动摩擦力、负载等各种反作用力,则当活塞前进时,有杆腔内的空气经该端气口排出,使活塞杆伸出。同样,当从有杆腔端的气口输入压缩空气时,活塞杆缩回至初始位置。通过无杆腔和有杆腔的交替进气和排气,活塞杆伸出和缩回,气缸实现往复直线运动。

3. 电磁阀

电磁阀又称电磁控制换向阀,它是利用电磁线圈通电,静铁芯对动铁芯产生电磁吸力使阀切换,以改变气流方向的阀。电磁阀是气动控制元件中最主要的元件,其品种繁多、结构各异,按操纵方式可分为直动式和先导式两类。

(1)直动式电磁阀。直动式电磁阀是利用电磁力直接驱动阀芯换向的。图 5-73 所示为直动式 3/2 电磁阀的基本结构和符号,它属于小尺寸阀,电磁力可直接吸引柱塞,从而使阀芯换向。

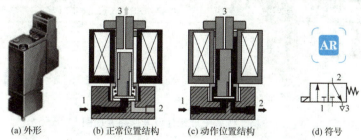

图 5-73 直动式 3/2 电磁阀的基本结构和符号

图 5-73(b)所示为电磁铁尚未通电状态,弹簧将柱塞压下,使 1 口和 2 口断开、2 口和 3 口接通,阀处于排气状态。当电磁铁通电后,电磁力大于弹簧力,柱塞被提上升,1 口和 2 口接通、3 口被断开,阀处于进气状态,如图 5-73(c)所示。

(2)先导式电磁阀。先导式电磁阀是由小型直动式电磁阀和大型气控换向阀组合构成的,图 5-74 所示为先导式单电控 3/2 电磁阀的工作原理和符号。它利用直动式电磁阀输出先导气压,先导气压推动主阀芯换向,该阀的电控部分称为电磁先导阀。

图 5-74(a)所示为电磁线圈未通电状态,主阀的供气路 1 有一小孔通路(图中未示出)到先导阀的阀座,弹簧力使柱塞压向先导阀的阀座,1 口和 2 口被断开、2 口和 3 口接通,阀处于排气状态。图 5-74(b)所示为电磁线圈通电状态,电磁力吸引柱塞而被提升,压缩空气流入主阀心上端,推动阀心向下移动,且使盘阀离开阀座,压缩空气从 1 口流向 2 口,3 口被断开。电磁铁断电,电磁阀复位。

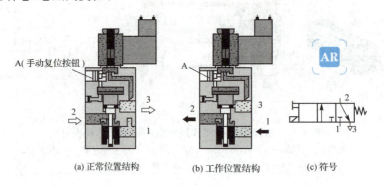

图 5-74 先导式单电控 3/2 电磁阀的工作原理和符号

4.气源处理组件

气源处理组件及其回路原理图如图 5-75 所示。气源处理组件是气动控制系统中的基本组成器件,它的作用是除去压缩空气中所含的杂质及凝结水,以调节并保持恒定的工作压力。其在使用时,应注意经常检查过滤器中凝结水的水位,在超过最高标线以前必须排放,以免被重新吸入。气源处理组件的气路入口处安装了一个快速气路开关,用于起/闭气源,当把气路开关向左拔出时,气路接通气源;相反,把气路开关向右推入时,气路关闭。

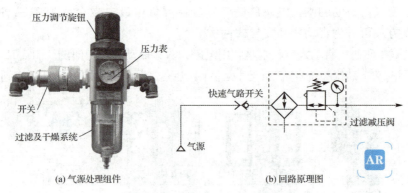

图 5-75 气源处理组件及其回路原理图

气源处理组件的输入气源来自空气压缩机,所提供的压力为 0.6~1.0 MPa,输出压力为0~0.8 MPa可调。输出的压缩空气通过快速三通接头和气管输送到各工作单元。

5.管子和接头

(1)管子。在气动装置中,连接各种元件的管道有金属管和非金属管,如图5-76所示。

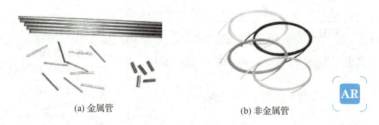

(a) 金属管　　　　　(b) 非金属管

图5-76　管子

金属管有镀锌钢管、不锈钢管、拉制铝管和紫铜管等,适用于大型气动装置上,用于高温、高压和不动部位的连接。

非金属管有硬尼龙管、软尼龙管、聚氨酯管和极软聚氨酯管等。

(2)接头。在气动装置中,连接各种管道的接头有金属接头和非金属接头,如图5-77所示。

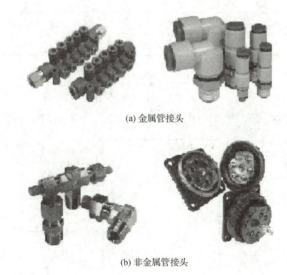

(a) 金属管接头

(b) 非金属管接头

图5-77　接头

  任务实施

一、设备配置

(1)1台S7-200 CPU226 PLC。
(2)1台装有STEP 7-Micro/WIN32 V4.0 SP9编程软件的PC。
(3)1根PC/PPI电缆。
(4)1个上料检测单元。
(5)连接导线若干。

二、I/O 分配及功能

I/O 分配及功能见表 5-21。

表 5-21　I/O 分配及功能（任务七）

设备符号	设备名称	设备用途	信号特征	I/O 分配
B1	反射式光电接近开关	判断有无输入工件	1：有输入工件 0：无输入工件	I0.0
B2	漫反射式光电接近开关	判断工件颜色	1：工件为白色 0：工件为黑色	I0.1
1B1	磁感应式接近开关	判断工件平台的位置	1：工件平台上升到位	I0.2
1B2	磁感应式接近开关	判断工件平台的位置	1：工件平台下降到位	I0.3
K1	继电器	控制圆形料盘旋转	1：料盘转动	Q0.0
K2	继电器	控制黄色信号灯	1：黄色信号灯亮	Q0.1
K3	继电器	控制红色信号灯	1：红色信号灯亮	Q0.2
1Y1	电磁阀	判断提升气缸的位置	1：工件平台上升 0：工件平台下降	Q0.3
K4	继电器	控制开始信号灯	1：开始信号灯闪	Q1.6
K5	继电器	控制复位信号灯	1：复位信号灯闪	Q1.7

三、PLC 接线图

在断电情况下，连接好 PC/PPI 与网络电缆及 PLC 外围电路，如图 5-78 所示。

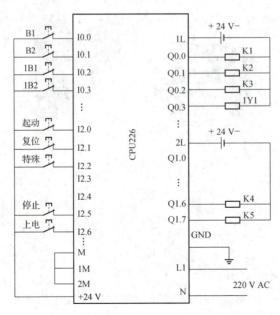

图 5-78　上料检测单元 PLC 控制外围电路接线图

四、梯形图程序编制

根据控制要求,绘制程序功能流程图,如图 5-79 所示。

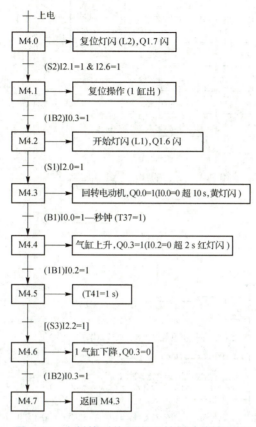

图 5-79 上料检测单元 PLC 控制功能流程图

上料检测单元 PLC 控制的梯形图程序如图 5-80 所示。

五、调试检修

1. 调试

学生在教师的现场监护下进行通电调试,验证是否符合设计要求。

(1)编写梯形图程序,编译后将梯形图程序下载到 PLC 中。

(2)当设备接通电源和气源、PLC 运行后,首先执行复位动作,提升气缸驱动的工件平台下降到位。然后进入工作运行模式,料盘旋转输出工件,检测到工件平台中有工件后,料盘停止旋转,提升气缸动作,将工件平台提升到输出工位,对工件的颜色进行检测并保存信息,按下特殊按钮表示工件被取走,工件平台下降复位,料盘继续旋转输出工件。重复以上流程,便不断地输出工作。

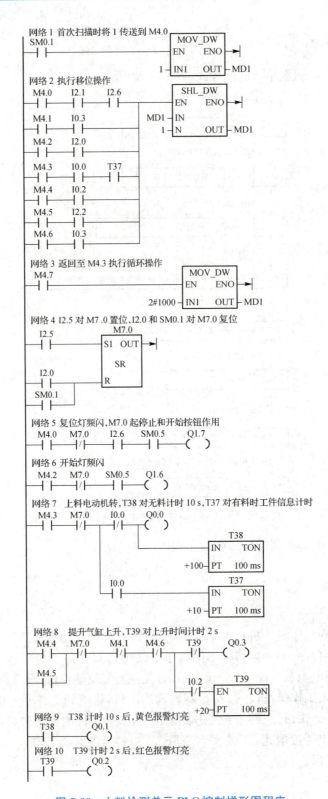

图 5-80 上料检测单元 PLC 控制梯形图程序

2. 检修

如果出现故障，学生应独立完成检修调试，直至系统能够正常工作。

（1）检查电气线路连接与各种接近开关位置设置是否正确。

（2）检查 PLC 程序编制是否正确。

思考与练习

搬运单元 PLC 控制：如图 5-81 所示，搬运单元在自动化生产线中，可以从前一单元上提取工件并输出到下一单元上的输入工位。

搬运单元控制要求如下。

（1）接通电源和气源、PLC 运行后，按下上电开关，复位指示灯闪烁。

（2）按下复位按钮，执行复位动作。

①夹爪松开到位，提升气缸提升到位。

②伸缩气缸缩回到位。

③摆动气缸左摆到位。

（3）复位完成后，开始指示灯闪烁。

（4）按下开始按钮，进入工作运行模式。

（5）按下特殊按钮表示机械手取工件，伸缩气缸伸出到位，1 s 后提升气缸下降。

（6）提升气缸下降到位，1.5 s 后夹爪夹紧，夹爪夹紧 1 s 后提升气缸提升到位。

图 5-81　搬运单元结构图

（7）伸缩气缸缩回到位。

（8）摆动气缸右摆到位。

（9）按下特殊按钮表示机械手放工件，伸缩气缸伸出到位。

（10）提升气缸下降到位，1.5 s 后夹爪松开，释放工件。

（11）夹爪松开到位，提升气缸提升到位。

（12）伸缩气缸缩回到位。

（13）摆动气缸左摆到位。

（14）复位完成，重复流程（5）～流程（13），进行下一轮搬运操作。

附录 A　S7-200 系列 PLC 及扩展模块接线图

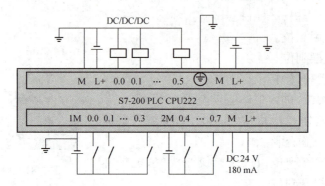

附图 1　CPU222 DC/DC/DC 端子连接图

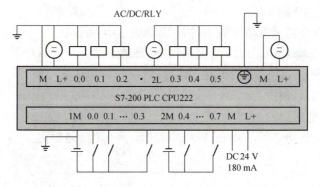

附图 2　CPU222 AC/DC/RLY 端子连接图

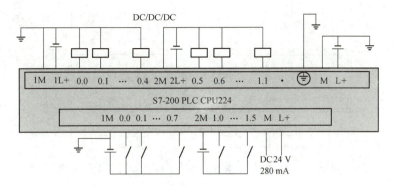

附图3　CPU224 DC/DC/DC 端子连接图

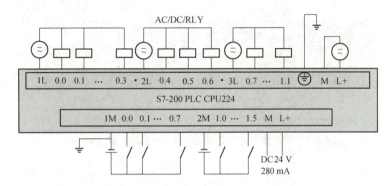

附图4　CPU224 AC/DC/RLY 端子连接图

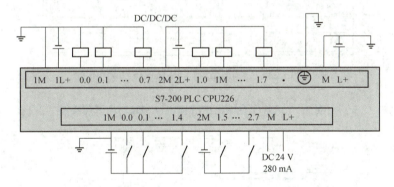

附图5　CPU226 DC/DC/DC 端子连接图

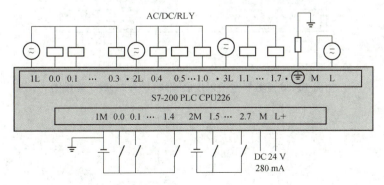

附图6　CPU226 AC/DC/RLY 端子连接图

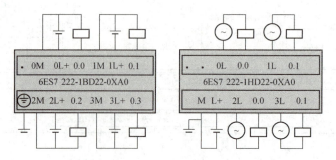

附图7　4点数字量输出扩展模块（EM222）端子连接图

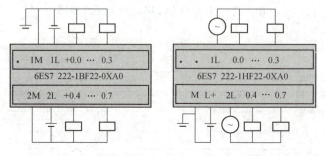

附图8　8点数字量输出扩展模块（EM222）端子连接图

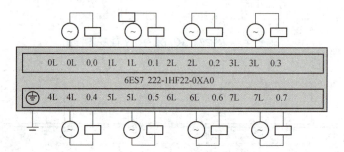

附图9　8点数字量输出扩展模块（EM222）端子连接图

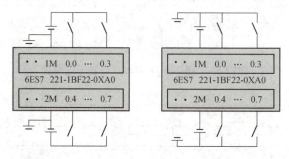

附图10　8点数字量输入扩展模块（EM221）端子连接图

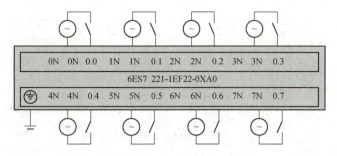

附图 11　16 点数字量输入扩展模块(EM222)端子连接图(一)

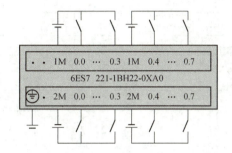

附图 12　16 点数字量输入扩展模块(EM221)端子连接图(二)

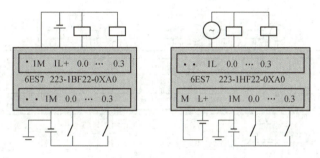

附图 13　4 点数字量输入/4 点数字量输出扩展模块(EM223)端子连接图

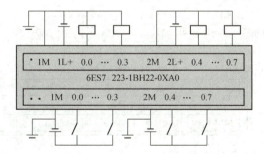

附图 14　8 点数字量输入/8 点数字量输出扩展模块(EM223)端子连接图(一)

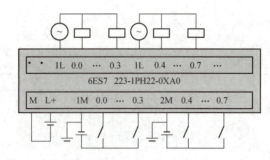

附图15　8点数字量输入/8点数字量输出扩展模块(EM223)端子连接图(二)

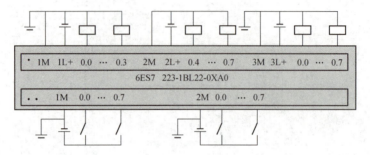

附图16　16点数字量输入/16点数字量输出扩展模块(EM223)端子连接图(一)

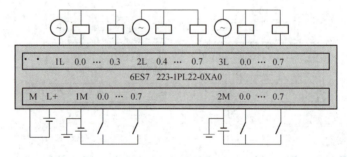

附图17　16点数字量输入/16点数字量输出扩展模块(EM223)端子连接图(二)

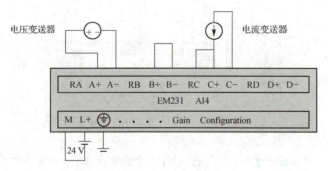

附图18　4点模拟量输入扩展模块(EM231)端子连接图

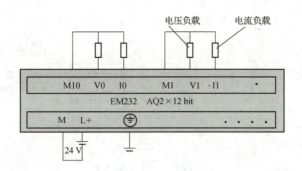

附图 19　2 点模拟量输出扩展模块(EM232)端子连接图

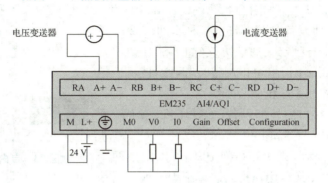

附图 20　4 点模拟量输入/1 点数字量输出扩展模块(EM235)端子连接图

附录 B　S7-200 系列 PLC 通信方式

S7-200 系列 PLC 集成的 PPI 接口提供了强大的通信功能。PPI 接口物理特性是 RS485,可以实现以下通信方式。

(1)PPI 方式。如附图 21 所示,PPI 通信协议是西门子公司专为 S7-200 系列 PLC 开发的一个通信协议,它可通过普通的两芯屏蔽双绞电缆进行联网。其 Baud 为 9.6 Kb/s、19.2 Kb/s、187.5 Kb/s。S7-200 系列 PLC 上集成的编程接口同时也是 PPI 通信联网接口。利用 PPI 通信协议进行通信非常简单方便,只用 NETR 和 NETW 两条指令即可进行数据信号的传递。PPI 通信网络是一个令牌传递网,在不加中继器的情况下,它最多可以由 31 个 S7-200 系列 PLC、TD200、OP/TP 面板或上位机(插 MPI 卡)为站点,构成 PPI 网。

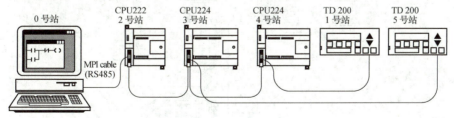

附图 21　带中继器的 PPI 通信方式

(2)MPI 方式。如附图 22 所示,S7-200 系列 PLC 可以通过内置接口连接到 MPI 网络上,其波特率为 19.2 Kb/s、187.5 Kb/s。它可与 S7-300/S7-400 系列 PLC 进行通信。

S7-200系列PLC在MPI网络中作为从站,它们彼此间不能通信。

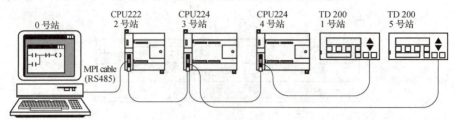

附图22　MPI通信方式

(3)自由口通信方式。如附图23所示,自由口通信方式使S7-200系列PLC可以与任何通信协议公开的其他设备、控制器进行通信,即S7-200系列PLC可以由用户自己定义通信协议(如ASCII协议)。其波特率最高为38.4 Kb/s(可以调整)。因此,使可通信的范围大大增加,控制系统配置更加灵活方便。

①它具有串行接口的外部设备,如打印机、条形码阅读器、变频器、调制解调器和上位PC等。

②如附图24所示,S7-200系列PLC可以用于两个CPU间简单的数据交换。用户可以通过编程来编制通信协议,用于交换数据(如ASCII码字符),具有RS232接口的设备也可以用PC/PPI电缆连接起来进行自由通信方式通信。

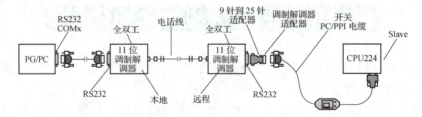

附图23　自由口通信方式(一)

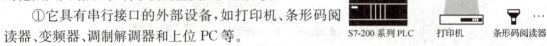

附图24　自由口通信方式(二)

(4)PROFIBUS-DP方式。如附图25所示,在S7-200系列PLC中,CPU222、CPU224、CPU226都可以通过增加EM277 PROFIBUS-DP扩展模块的方法支持DP网络协议。

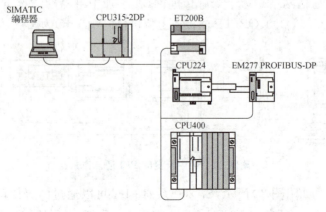

附图25　PROFIBUS-DP方式

附录 C S7-200 系列 PLC 指令中英文全称对照

S7-200 系列 PLC 指令中英文全称对照见附表 1。

附表 1 S7-200 系列 PLC 指令中英文全称对照表

英文指令	中文指令
LD(load,装载)	动合触点
LDN(load not,不装载)	动断触点
A(and,与动合)	用于动合触点串联
AN(and not,与动断)	用于动断触点串联
O(or,或动合)	用于动合触点并联
ON(or not,或动断)	用于动断触点并联
=(out,输出)	用于线圈输出
OLD(or lode)	块或
ALD(and lode)	块与
LPS(logic push)	逻辑入栈
LRD(logic read)	逻辑读栈
LPP(logic pop)	逻辑出栈
NOT(not,并非)	非
NOP(no operation performed)	无操作
AENO(and ENO)	指令盒输出端 ENO 相与
S(set,放置)	置1
R(reset,重置,清零)	清零
P(up,上升)	正跳变
N(down,下降)	负跳变
TON(on_delay timer)	通电延时
TONR(retentive on_delay timer)	有记忆通电延时型
TOF(off_delay timer)	断电延时型
CTU(count up)	递增计算器
CTD(count down)	递减计数器
CTDU(count up/count down)	增/减计数器
ADD(add,加)	加
SUB(subtract,减去,减少)	减
MUL(multiply)	乘
DIV(divide)	除
SQRT(square root)	求平方根
LN(napierian logarithm,自然对数)	求自然对数
EXP(exponential,指数的)	求指数
INC_B(increment,增加)	增1
DEC_B(decrement,减少)	减1
WAND_B(word and,与命令)	逻辑与
WOR_B(word or,或命令)	逻辑或

续表

英文指令	中文指令
WXOR_B(word exclusive or,异或命令)	逻辑异或
INV_B(inverse,相反)	取反
MOV_B(move,移动)	数据传送
BLKMOV_B(block move,块移动)	数据块传送
SWAP(swap,交换)	字节交换
FILL(fill,填充)	字填充
ROL_B(rotate left,循环向左)	循环左移位
ROR_B(rotate right,循环向右)	循环右移位
SHL_B(shift right,移动向左)	左移动
SHR_B(shift right,移动向右)	右移动
SHRB(shift buffer,移动缓存)	寄存器移位
STOP(stop,停止)	暂停
END/MEND(end/m end)	条件/无条件结束
WDR(watch dog reset)	看门狗
JMP(jump,跳)	跳转
LBL(location,位置)	跳转标号
FOR(for,循环)	循环
NEXT(next,再下去)	循环结束
SBR(subprogram regulating,子程序控制)	子程序调用
SBR_T(subprogram regulating take)	带参数子程序调用
SCR(sequence control,顺序控制)	步开始
SCRT(sequence control transfer,顺序控制转移)	步转移
SCRE(sequence control end,顺序控制结束)	步结束
AD_T_TBL(add data to table,添加数据到表格中)	填数据表
FIFO(first in first out,先进先出)	先进先出
LIFO(last in first out,后进先出)	后进先出
TBL_FIND(table find,表格查找)	表查找
BCD_I(binary coded decimal _i,二进制编码的十进制)	BCD 码转整数
I_BCD(i_ binary coded decimal)	整数转 BCD 码
B_I(bit,转整数 int)	字节转整数
I_B(int bit)	整数转字节
DI_I(double _ int)	双整数转整数
I_DI(//)	整数转双整数
ROUND(round,完整的)	实数转双整数
TRUNC(turn ceiling,转换上限)	转换 32 位实数整数部分
DI_I(//)	双整数转实数
ENCO(encode,编码)	编码
DECO(decode,译码)	译码
SEG(segment decoder,分断译码器)	七段显示译码器
ATH(ASCII 码 turn hex)	ASCII 码转 16 进制
HTA(//)	16 进制转 ASCII 码
ITA(//Int)	整数转 ASCII 码

续表

英文指令	中文指令
DTA(//double)	双整转 ASCII 码
RTA(//real)	实数转 ASCII 码
ATCH()	中断连接
DTCH(down)	中断分离
HDEF(high)	高速计数器定义
HSC(high speed counter,高速计数器)	起动高速计数器
PLS(pulse,脉冲)	脉冲输出
READ_RTC(read real time clock,读实时时钟)	读实时时钟
SET_RTC(set real time clock)	写实时时钟
XMT(transmitter)	自由发送
RCV(receive,接收)	自由接收
NETR(net read,网络读)	网络读
NETW(net write,网络写)	网络写
GET_ADDR(get address,获取地址)	获取口地址
SET_ADDR(set address,设置地址)	设定口地址
PID(proportional integral differential,比例、积分、微分)	比例-积分-微分调节器

附录 D S7-200 系列 PLC 特殊功能存储器(SM)

S7-200 系列 PLC 特殊功能存储器(SM)提供了大量 PLC 运行状态和控制功能的标志位,起到了 CPU 和用户程序之间交换信息的作用。特殊功能存储器的标志位可以按位、字节、字和双字使用,其标志位及功能见附表 2。

附表 2 S7-200 系列特殊功能存储器的标志位及功能

SM 位	功　能
SMB0:各位状态在每个扫描周期的末尾由 CPU 更新	
SM0.0	PLC 运行时,这一位始终为 1
SM0.1	PLC 首次扫描时,该位为 1。其用途之一是调用初始化子程序
SM0.2	若保持数据丢失,该位在一个扫描周期中为 1
SM0.3	开机进入 RUN 方式,该位将 ON 一个扫描周期
SM0.4	该位提供了一个周期为 1 min,其占空比为 50% 的时钟
SM0.5	该位提供了一个周期为 1 s,其占空比为 50% 的时钟
SM0.6	该位为扫描时钟,本次扫描置 1,下次扫描置 0。可作为扫描计数器的输入
SM0.7	该位指示 CPU 工作方式开关的位置,0 为 TERM 位置,1 为 RUN 位置
SMB1:包含各种潜在的错误提示,可由指令在执行时进行置位/复位	
SM1.0	当执行某些命令,其结果为 0 时,将该位置 1
SM1.1	当执行某些命令,其结果溢出或出现非法数值时,将该位置 1
SM1.2	当执行数学运算,其结果为负数时,将该位置 1
SM1.3	试图除以零时,将该位置 1
SM1.4	当执行 ATT(add to table)指令,超出表范围时,将该位置 1
SM1.5	当执行 LIFO 或 FIFO 指令,从空表中读数时,将该位置 1

续表

SM 位	功　能			
SM1.6	当把一个非 BCD 数转换为二进制数时,将该位置 1			
SM1.7	当 ASCII 不能转换成有效的十六进制数时,将该位置 1			
SMB2:在自由口端口通信方式下,从 PLC 端口 0 或端口 1 接收到的每个字符				
SMB3:端口 0 或端口 1 的奇偶校验出错时,将该位置 1				
SMB4:包含中断队列溢出				
SM4.0	当通信中断队列溢出时,将该位置 1		SM4.4	当全局中断允许时,将该位置 1
SM4.1	当输入中断队列溢出时,将该位置 1		SM4.5	当(端口 0)发送空闲时,将该位置 1
SM4.2	当定时中断队列溢出时,将该位置 1		SM4.6	当(端口 1)发送空闲时,将该位置 1
SM4.3	在运行时刻,发现编程问题时,将该位置 1		SM4.7	当发生强行置位时,将该位置 1
SMB5:包含 I/O 错误状态				
SM5.0	当有 I/O 错误时,将该位置 1			
SM5.1	当 I/O 总线上连接了过多的数字量 I/O 点时,将该位置 1			
SM5.2	当 I/O 总线上连接了过多的模拟量 I/O 点时,将该位置 1			
SM5.7	当 DP 标准总线出现错误时,将该位置 1			
SMB6:CPU 识别(ID)寄存器				
SM6.4~ SM 6.7	SM6.4~6.7=0000,为 CPU222		SM6.4~6.7=0110,为 CPU221	
	SM6.4~6.7=0010,为 CPU224		SM6.4~6.7=1001,为 CPU216	
	SM6.4~6.7=1 000,为 CPU215			

SMB8~SMB21:I/O 模块识别和错误寄存器

识别标志寄存器的各位功能

位号	7	6	5	4	3	2	1	0
标志符	M	T	T	A	I	I	Q	Q
标志	0:模块已插入 1:模块未插入	00:非智能 I/O 模块 01:保留 10:I/O 模块 11:保留		0:数字量 I/O 1:模拟量 I/O	00:无输入 01:2AI/8DI 10:4AI/16DI 11:8AI/32DI		00:无输出 01:2AO/8DO 10:4AO/16DO 11:8AO/32DO	

错误标志寄存器各位的功能

位号	7	6	5	4	3	2	1	0
标志符	C	0	0	b	r	p	f	t
标志	0:无错误 1:组态错误			0:无错误 1:总线故障 或奇偶错误	0:无错误 1:输出范围错误	0:无错误 1:无用户电源错误	0:无错误 1:熔丝故障	0:无错误 1:终端故障
SMB8	模块 0 识别(ID)寄存器				SMB15	模块 3 错误寄存器		
SMB9	模块 0 错误寄存器				SMB16	模块 4 识别(ID)寄存器		
SMB10	模块 1 识别(ID)寄存器				SMB17	模块 4 错误寄存器		
SMB11	模块 1 错误寄存器				SMB18	模块 5 识别(ID)寄存器		
SMB12	模块 2 识别(ID)寄存器				SMB19	模块 5 错误寄存器		
SMB13	模块 2 错误寄存器				SMB20	模块 6 识别(ID)寄存器		
SMB14	模块 3 识别(ID)寄存器				SMB21	模块 6 错误寄存器		

SM 位	功 能
SMW22～SMW26：扫描时间		
SMW22	上次扫描时间
SMW24	进入 RUN 方式后,所记录的最短扫描时间
SMW26	进入 RUN 方式后,所记录的最长扫描时间
SMB28 和 SMB29：模拟电位器	
SMB28	存储模拟电位 0 的输入值
SMB29	存储模拟电位 1 的输入值
SMB30 和 SMB130：自由端口控制寄存器	

自由端口控制寄存器标志

位号	7	6	5	4	3	2	1	0
标志符	p	p	d	b	b	b	m	m
标志	00:不校验 01:奇校验 10:不校验 11:奇校验		0:每个字符 8 位数据 1:每个字符 7 位数据	000:38 400 Kb/t 001:19 200 Kb/t 010:9 600 Kb/t 011:4 800 Kb/t 100:2 400 Kb/t 101:1 200 Kb/t 110:600 Kb/t 111:300 Kb/t			00:PPI/从站模式 01:自由口协议 10:PPI/主站模式 11:保留	

SM 位	功 能		
SMB30	控制自由端口 0 的通信方式	SMB130	控制自由端口 1 的通信方式
SMB31	存放 EEPROM 命令字,其中 SMB31.0～31.1 表示存放数据类型为: 00—字节,10—字,01—字节,11—双字		
SMW32:存放 EEPROM 中数据的地址			
SMB34:定义定时中断 0 的时间间隔(从 1～255 ms,以 1 ms 为增量)			
SMB35:定义定时中断 1 的时间间隔(从 1～255 ms,以 1 ms 为增量)			
SMB36 到 SMB65:用于监视和控制高速计数器(HSC0、HSC1 和 HSC2 寄存器)			
SMB36(HSC0 当前状态寄存器)			
SM36.5	HSC0 当前计数方向位:1 为增计数		
SM36.6	HSC0 当前值等于预设值位:1 为等于		
SM36.7	HSC0 当前值大于预设值位:1 为大于		
SMB37(HSC0 控制寄存器)			
SM37.0	HSC0 复位操作的有效电平控制位:0 为高电平复位有效,1 为低电平		
SM37.2	HSC0 正交计数器的计数速率选择:0 为 4×速率,1 为 1×速率		
SM37.3	HSC0 方向控制位:1 为增计数		
SM37.4	HSC0 更新方向位:1 为更新方向		
SM37.5	HSC0 更新预置值:1 为更新预置值		
SM37.6	HSC0 更新当前值:1 为更新当前值		
SM37.7	HSC0 允许位:1 为允许,0 为禁止		
SMD38	HSC0 新的当前值		
SMD42	HSC0 新的预设值		

续表

SM 位	功　　能
\multicolumn{2}{c}{SMB46（HSC1 当前状态寄存器）}
SM46.5	HSC1 当前计数方向位：1 为增计数
SM46.6	HSC1 当前值等于预设值位：1 为等于
SM46.7	HSC1 当前值大于预设值位：1 为大于
\multicolumn{2}{c}{SMB47（HSC1 控制寄存器）}
SM47.0	HSC1 复位操作的有效电平控制位：0 为高电平复位有效，1 为低电平复位有效
SM47.2	HSC1 正交计数器的计数速率选择：0 为 4×速率，1 为 1×速率
SM47.3	HSC1 方向控制位：1 为增计数
SM47.4	HSC1 更新方向位：1 为更新方向
SM47.5	HSC1 更新预置值：1 为更新预置值
SM47.6	HSC1 更新当前值：1 为更新当前值
SM47.7	HSC1 允许位：1 为允许，0 为禁止
SMD48	HSC1 新的当前值
SMD52	HSC1 新的预设值
\multicolumn{2}{c}{SMB56（HSC2 当前状态寄存器）}
SM56.5	HSC2 当前计数方向位：1 为增计数
SM56.6	HSC2 当前值等于预设值位：1 为等于
SM56.7	HSC2 当前值大于预设值位：1 为大于
\multicolumn{2}{c}{SMB57（HSC2 控制寄存器）}
SM57.0	HSC2 复位操作的有效电平控制位：0 为高电平复位有效，1 为低电平复位有效
SM57.2	HSC2 正交计数器的计数速率选择：0 为 4×速率，1 为 1×速率
SM57.3	HSC2 方向控制位：1 为增计数
SM57.4	HSC2 更新方向位：1 为更新方向
SM57.5	HSC2 更新预置值：1 为更新预置值
SM57.6	HSC2 更新当前值：1 为更新当前值
SM57.7	HSC2 允许位：1 为允许，0 为禁止
SMD58	HSC2 新的当前值
SMD62	HSC2 新的预设值
\multicolumn{2}{c}{SMB66～SMB85：监控脉冲输出（PTO）和脉宽调制（PWM）功能}
\multicolumn{2}{c}{SMB66（PTO0/PWM0 状态寄存器）}
SM66.4	PTO0 包络溢出：0 为无溢出，1 为有溢出（由于增量计算错误）
SM66.5	PTO0 包络溢出：0 为不由用户命令终止，1 为由用户命令终止
SM66.6	PTO0 管道溢出：0 为无溢出，1 为有溢出
SM66.7	PTO0 空闲位：0 为忙，1 为空闲

续表

SM 位	功 能
SMB67（PTO0/PWM0 控制寄存器）	
SM67.0	PTO0/PWM0 更新周期：1 为写新的周期值
SM67.1	PWM0 更新脉冲宽度：1 为写新的脉冲宽度
SM67.2	PTO0 更新脉冲量：1 为写新的脉冲量
SM67.3	PTO0/PWM0 基准时间：0 为 1 μs，1 为 1 ms
SM67.4	同步更新 PWM0：0 为异步更新，1 为同步更新
SM67.5	PTO0 操作：0 为单段操作，1 为多段操作（包络表存在 V 区）
SM67.6	PTO0/PWM0 模式选择：0 为 PTO，1 为 PWM
SMB67（TPOO/PWMU 控制寄存器）	
SM67.7	PTO0/PWM0 允许位：0 为禁止，1 为允许
SMW68	PTO0/PWM0 周期值（2～65 535 倍的时间基准）
SMW70	PWM0 脉冲宽度值（0～65 535 倍的时间基准）
SMD72	PTO0 脉冲计数值（1～$2^{32}-1$）
SMB76（PTO1/PWM1 状态寄存器）	
SM76.4	PTO1 包络溢出：0 为无溢出，1 为有溢出（由于增量计算错误）
SM76.5	PTO1 包络溢出：0 为不由用户命令终止，1 为由用户命令终止
SM76.6	PTO1 管道溢出：0 为无溢出，1 为有溢出
SM76.7	PTO1 空闲位：0 为忙，1 为空闲
SMB77（PTO1/PWM1 控制寄存器）	
SM77.0	PTO1/PWM1 更新周期：1 为写新的周期值
SM77.1	PWM1 更新脉冲宽度：1 为写新的脉冲宽度
SM77.2	PTO1 更新脉冲量：1 为写新的脉冲量
SM77.3	PTO1/PWM1 基准时间：0 为 1 μs，1 为 1 ms
SM77.4	同步更新 PWM1：0 为异步更新，1 为同步更新
SM77.5	PTO1 操作：0 为单段操作，1 为多段操作
SM77.6	PTO1/PWM1 模式选择：0 为选择 PTO，1 为选择 PWM
SM77.7	PTO1/PWM1 允许位：0 为禁止，1 为允许
SMW78	PTO1/PWM1 周期值（2～65 535 倍的时间基准）
SMW80	PWM1 脉冲宽度值（0～65 535 倍的时间基准）
SMD82	PTO1 脉冲计数值（1～$2^{32}-1$）
SMB86～SMB94 和 SMB186～SMB194：接收信息控制	
SMB86（端口 0 接收信息状态寄存器）	
SM86.0	由于奇偶校验出错而终止接收信息，1 为有效
SM86.1	因已达到最大字符数而终止接收信息，1 为有效
SM86.2	因已超过规定时间而终止接收信息，1 为有效

续表

SM 位	功　能
SMB86（端口 0 接收信息状态寄存器）	
SM86.5	收到信息的结束符
SM86.6	由于输入参数错误或缺少起始和结束条件而终止接收信息，1 为有效
SM86.7	由于用户使用禁止命令而终止接收信息，1 为有效
SMB87（端口 0 接收信息控制寄存器）	
SM87.2	0 为与 SMW92 无关，1 为若超出 SMW92 确定的时间则终止接收信息
SM87.3	0 为字符间定时器，1 为信息间定时器
SM87.4	0 为与 SMW90 无关，1 为由 SMW90 中的值来检测空闲状态
SM87.5	0 为与 SMB89 无关，1 为结束符，由 SMB89 设定
SM87.6	0 为与 SMB88 无关，1 为起始符，由 SMB88 设定
SM87.7	0 为禁止接收信息，1 为允许接收信息
SMB88	起始符
SMB87（口 0 接收信息控制寄存器）	
SMB89	结束符
SMW90	空闲时间间隔的 ms 数
SMW92	字符间/信息间定时器超时值（ms 数）
SMB94	接收字符的最大数（1～255）
SMB186（端口 1 接收信息状态寄存器）	
SM186.0	由于奇偶校验出错而终止接收信息，1 为有效
SM186.1	因已达到最大字符数而终止接收信息，1 为有效
SM186.2	因已超过规定时间而终止接收信息，1 为有效
SM186.5	收到信息的结束符
SM186.6	由于输入参数错误或缺少起始和结束条件而终止接收信息，1 为有效
SM186.7	由于用户使用禁止命令而终止接收信息，1 为有效
SMB187（端口 1 接收信息控制寄存器）	
SM187.2	0 与 SMW92 无关，1 为若超出 SMW92 确定的时间则终止接收信息
SM187.3	0 为字符间定时器，1 为信息间定时器
SM187.4	0 为与 SMW90 无关，1 为由 SMW90 中的值来检测空闲状态
SM187.5	0 为与 SMB89 无关，1 为结束符，由 SMB89 设定
SM187.6	0 为与 SMB88 无关，1 为起始符，由 SMB88 设定
SM187.7	0 为禁止接收信息，1 为允许接收信息
SMB188	起始符
SMB189	结束符
SMW190	空闲时间间隔的 ms 数
SMW192	字符间/信息间定时器超时值（ms 数）
SMB194	接收字符的最大数（1～255）

续表

SM 位	功　能
SMW98	有关扩展总线的错误号
SMB131~SMB165:（高速计数器 HSC3、HSC4 和 HSC5 寄存器）	
SMB136(HSC3 当前状态寄存器)	
SM136.5	HSC3 当前计数方向位:1 为增计数
SM136.6	HSC3 当前值等于预设值位:1 为等于
SM136.7	HSC3 当前值大于预设值位:1 为大于
SMB137(HSC3 控制寄存器)	
SM137.0	HSC3 复位操作的有效电平控制位:0 为高电平复位有效,1 为低电平复位有效
SM137.2	HSC3 正交计数器的计数速率选择:0 为 4×速率,1 为 1×速率
SM137.3	HSC3 方向控制位:1 为增计数
SM137.4	HSC3 更新方向位:1 为更新方向
SM137.5	HSC3 更新预置值:1 为更新预置值
SM137.6	HSC3 更新当前值:1 为更新当前值
SM137.7	HSC3 允许位:1 为允许,0 为禁止
SMD138	HSC3 新的当前值
SMD142	HSC3 新的预置值
SMB146(HSC4 当前状态寄存器)	
SM146.5	HSC4 当前计数方向位:1 为增计数
SM146.6	HSC4 当前值等于预设值位:1 为等于
SM146.7	HSC4 当前值大于预设值位:1 为大于
SMB147(HSC4 控制寄存器)	
SM147.0	HSC4 复位操作的有效电平控制位:0 为高电平复位有效,1 为低电平复位有效
SM147.2	HSC4 正交计数器的计数速率选择:0 为 4×速率,1 为 1×速率
SM147.3	HSC4 方向控制位:1 为增计数
SM147.4	HSC4 更新方向位:1 为更新方向
SM147.5	HSC4 更新预置值:1 为更新预置值
SM147.6	HSC4 更新当前值:1 为更新当前值
SM147.7	HSC4 允许位:1 为允许,0 为禁止
SMD148	HSC4 新的当前值
SMD152	HSC4 新的预置值
SMB156(HSC5 当前状态寄存器)	
SM156.5	HSC5 当前计数方向位:1 为增计数
SM156.6	HSC5 当前值等于预设值位:1 为等于
SM156.7	HSC5 当前值大于预设值位:1 为大于
SMB157(HSC5 控制寄存器)	
SM157.0	HSC5 复位操作的有效电平控制位:0 为高电平复位有效,1 为低电平复位有效
SM157.2	HSC5 正交计数器的计数速率选择:0 选择 4×速率,1 选择 1×速率
SM157.3	HSC5 方向控制位:1 为增计数
SM157.4	HSC5 更新方向位:1 为更新方向
SM157.5	HSC5 更新预置值:1 为更新预置值
SM157.6	HSC5 更新当前值:1 为更新当前值

续表

SM 位	功　能
SM157.7	HSC5 允许位:1 为允许,0 为禁止
SMD158	HSC5 新的当前值
SMD162	HSC5 新的预置值
SMB166~SMB194:(PTO0、PTO1 的包络步数、包络表地址和 V 存储器地址)	
SMB166	PTO0 的包络步当前计数值
SMW168	PTO0 的包络表 V 存储器地址(从 V0 开始的偏移量)
SMB176	PTO1 的包络步当前计数值
SMW178	PTO1 的包络表 V 存储器地址(从 V0 开始的偏移量)

注:表中部分字节和位省略。

附录 E　S7-200 系列 PLC 错误代码

1. 致命错误

致命错误会导致 CPU 无法执行某个或所有功能。处理致命错误的目标是使 CPU 进入安全状态,可以对当前存在的错误状况进行询问并响应。

当一个致命错误发生时,CPU 执行以下任务。

(1)进入 STOP(停止)方式。

(2)显示系统致命错误和点亮 LED(STOP)指示灯。

(3)断开输出。

附表 3 列出了从 CPU 上可以读到的致命错误代码及描述。

附表 3　S7-200 系列 PLC 致命错误代码及描述

错误代码	错误描述
0000	无致命错误
0001	用户程序检查错误
0002	编译后的梯形图程序检查错误
0003	扫描看门狗超时错误
0004	内部 EEPROM 错误
0005	内部 EEPROM 用户程序检查错误
0006	内部 EEPROM 配置参数检查错误
0007	内部 EEPROM 强制数据检查错误
0008	内部 EEPROM 默认输出表值检查错误
0009	内部 EEPROM 用户数据、DB1 检查错误
000A	存储器卡失灵
000B	存储器卡上用户程序检查错误

续表

错误代码	错误描述
000C	存储器卡配置参数检查错误
000D	存储器卡强制数据检查错误
000E	存储器卡默认输出表值检查错误
000F	存储器卡用户数据、DB1 检查错误
0010	内部软件错误
0011	比较接点间接寻址错误
0012	比较接点非法值错误
0013	存储器卡空或 CPU 不识别该卡

2. 运行程序错误

程序在正常运行中,可能会产生非致命错误(如寻址错误),CPU 会产生一个非致命错误代码。附表 4 列出了这些非致命错误代码及描述。

附表 4　S7-200 系列 PLC 非致命错误代码及描述

错误代码	错误描述
0000	无致命错误
0001	执行 HDEF 之前,HSC 不允许
0002	输入中断分配冲突,已分配给 HSC
0003	到 HSC 的输入分配冲突,已分配给输入中断
0004	在中断服务程序中企图执行 ENI、DISI 或 HDEF 指令
0005	第一个 HSC/PLS 未执行完之前,又企图执行同编号的第二个 HSC/PLS
0006	间接寻址错误
0007	TODW(写实时时钟)或 TODR(读实时时钟)数据错误
0008	用户子程序嵌套层数超过规定
0009	在程序执行 XMT 或 RCV 时,通信口 0 又执行另一条 XMT 或 RCV 指令
000A	在同一 HSC 执行时,企图用 HDEF 指令再定义该 HSC
000B	在通信口 1 上同时执行 XMT/RCV 指令
000C	时钟存储卡不存在
000D	试图重新定义正在使用的脉冲输出
000E	PTO 个数设为 0
0091	范围错误(带地址信息),检查操作数范围
0092	某条指令的计数域错误(带计数信息)
0094	范围错误(带地址信息),写无效存储器
009A	用户中断程序试图转换成自由口模式

3. 编译规则错误

当下载一个程序时,CPU 会对该程序进行编译。如果 CPU 发现程序有违反编译规则之处(如非法指令),CPU 就会停止下载程序,并生成一个非致命编译规则的错误代码。附表 5 列出了违反编译规则所产生的错误代码及描述。

附表5　S7-200系列违反PLC编译规则错误代码及描述

错误代码	错误描述
0080	程序太大无法编译
0081	堆栈溢出,必须把一个网络分成多个网络
0082	非法指令
0083	无MEND指令或主程序中有不允许的指令
0084	保留
0085	无FOR指令
0086	无NEXT指令
0087	无标号
0088	无RET指令或子程序中有不允许的指令
0089	无RETI指令或中断程序中有不允许的指令
008A	保留
008B	保留
008C	标号重复
008D	非法标号
0090	非法参数
0091	范围错误(带地址信息),检查操作数范围
0092	指令计数域错误(带计数信息),确认最大计数范围
0093	FOR/NEXT嵌套层数超出范围
0095	无LSCR指令(装载SCR)
0096	无SCRE指令(SCR结束)或SCRE前面有不允许的指令
0097	程序中有不带编号的或带编号的EU/ED指令
0098	试图实时修改程序中不带编号的EU/ED指令
0099	隐含程序网络太多

附录F　S7-200系列PLC产品故障检查与处理

1. 故障检查与处理流程

PLC系统在长期运行中,可能会出现一些故障。PLC的自身故障可以靠自诊断判断,其外部故障主要根据程序分析。常见故障有电源故障、主机故障、通信故障、输入故障、输出故障等,一般故障检查与处理流程如附图26所示。

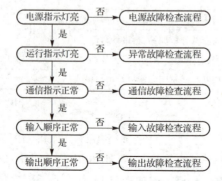

附图26　S7-200系列PLC产品的故障检查与处理流程图

2. 故障检查与处理

(1) 电源故障检查与处理。PLC 系统主机电源、扩展机电源和模块中电源显示不正常，都要进入电源故障检查流程。如果各部分功能正常，那么只能是 LED 显示有故障，否则应首先检查外部电源；如果外部电源无故障，应再检查系统内部电源故障。电源故障检查与处理见附表 6。

附表 6　S7-200 系列 PLC 电源故障检查与处理

故障现象	故障原因	解决办法
电源指示灯灭	指示灯坏或保险丝断	更换
	无供电电压	加入电源电压；检修电源接线和插座，使之正常
	供电电压超限	调整电源电压在规定范围内
	电源损坏	更换

(2) 异常故障检查与处理。PLC 系统最常见的故障是停止运行（运行指示灯灭）、不能起动、工作无法进行，但是电源指示灯亮。这时，需要进行异常故障检查，异常故障检查与处理见附表 7。

附表 7　S7-200 系列 PLC 产品异常故障检查与处理

故障现象	故障原因	解决办法
不能起动	供电电压超过上极限	降压
	供电电压低于下极限	升压
	内存自检系统出错	清内存、初始化
	CPU、内存板故障	更换
工作不稳定频繁停机	供电电压接近上、下极限	调整电压
	主机系统模块接触不良	清理、重插
	CPU、内存板内元器件松动	清理、戴手套按压元器件
	CPU、内存板故障	更换
与编程器等不通信	通信电缆插接松动	按紧后重新联机
	通信电缆故障	更换
	内存自检出错	拔去停电记忆电池几分钟后联机
	通信口参数不正确	检查参数和开关，重新设定
	主机通信口故障	更换
	编程器通信口故障	更换
程序不能装入	内存没有初始化	清内存，重写
	CPU、内存故障	更换

(3) 通信故障检查与处理。通信是 PLC 联网工作的基础。PLC 网络的主站、各从站的通信处理器、通信模块都有工作正常指示。当 PLC 系统通信不正常时，需要进行通信故障检查，其检查内容和处理见附表 8。

附表 8 S7-200 系列 PLC 产品通信故障检查与处理

故障现象	故障原因	解决办法
单一模块不通信	接插不好	按紧
	模块故障	更换
	组态不对	重新组态
从站不通信	分支通信电缆故障	拧紧插接件或更换
	通信处理器松动	拧紧
	通信处理器地址开关错	重新设置
	通信处理器故障	更换
主站不通信	通信电缆故障	排除故障,更换
	调制解调器故障	断电后再起动无效,更换
	通信处理器故障	清理后再起动无效,更换
通信正常,通信故障灯亮	某模块插入或接触不良	插入并按紧

(4)输入/输出故障检查与处理。输入/输出模块直接与外部设备相连,是容易出故障的部位,虽然输入/输出模块故障容易判断,更换快,但是必须查明原因,因为输入/输出模块往往都是外部原因造成损坏,对 PLC 系统危害很大。S7-200 系列 PLC 产品输入/输出故障检查与处理见附表 9。

附表 9 S7-200 系列 PLC 产品输入/输出故障检查与处理

故障现象	故障原因	解决办法
输入模块单点损坏	过电压,特别是高压串入	消除过电压和串入的高压
输入全部不接通	未加外部输入电源	接通电源
	外部输入电压过低	加额定电源电压
	端子螺钉松动	将螺钉拧紧
	端子板连接器接触不良	将端子板锁紧或更换
输入全部断电	输入回路不良	更换模块
特定编号输入不接通	输入器件不良	更换
	输入配线断线	检查输入配线,排除故障
	端子接线螺钉松动	拧紧
	端子板连接器接触不良	将端子板锁紧或更换
	输入信号接通时间过短	调整输入器件
	输入回路不良	更换模块
	OUT 指令用了该输入号	修改程序
特定编号输入不关断	输入回路不良	更换模块
	OUT 指令用了该输入号	修改程序
输入不规则地通、断	外部输入电压过低	使输入电压在额定范围内
	噪声引起误动作	采取抗干扰措施
	端子螺钉松动	拧紧螺钉
	端子连接器接触不良	将端子板拧紧或更换
异常输入点编号连续	输入模块公共端螺钉松动	拧紧螺钉
	端子连接器接触不良	将端子板锁紧或更换连接器
	CPU 不良	更换 CPU

续表

故障现象	故障原因	解决办法
输入动作指示灯不亮	指示灯坏	更换
输出模块单点损坏	过电压,特别是高压串入	消除过电压和串入的高压
输出全部不接通	未加负载电源	接通电源
	负载电源电压低	加额定电源电压
	端子螺钉松动	将螺钉拧紧
	端子板连接器接触不良	将端子板锁紧或更换
	保险丝熔断	更换
	I/O总线插座接触不良	更换模块
	输出回路不良	更换模块
输出全部不关断	输出回路不良	更换模块
特定编号输出端开	输出信号接通时间短	调整输出器件
	程序中继电器号重复	修改程序
	输出器件不良	更换
	输出配线断线	检查输出配线,排除故障
	端子螺钉松动	拧紧
	端子连接器接触不良	将端子板锁紧或更换
	输出继电器不良	更换
	输出回路不良	更换模块
特定编号输出不关断	输出指令的继电器号重复	修改程序
	输出继电器不良	更换
	漏电流或残余电压不关断	更换负载或加假负载电阻
	输出回路不良	更换模块
输出不规则地通、断	负载电源电压过低	使输出电压在额定范围内
	噪声引起误动作	采取抗干扰措施
	端子螺钉松动	拧紧螺钉
	端子连接器接触不良	将端子板锁紧或更换
异常输出点编号连续	输出模块公共端螺钉松动	拧紧螺钉
	端子板连接器接触不良	将端子板锁紧或更换连接器
	CPU故障	更换CPU
	保险丝熔断	更换
输出动作指示灯不亮	指示灯损坏	更换

3. 定期检修与维护

PLC的可靠性很高,但环境的影响及内部元件的老化等因素造成PLC不能正常工作。如果能经常定期地做好维护、检修,就可以使系统始终工作在最佳状态。因此,定期检修与做好PLC日常维护是非常重要的。一般情况下,检修时间以每6~12个月1次为宜;当外部环境条件较差时,可根据具体情况缩短检修间隔时间。PLC定期检修与维护见附表10。

附表 10　S7-200 系列 PLC 产品定期检修与维护

检修项目	检修内容	判断标准
供电电源	在电源端子处测量电压变化是否在标准范围内	上限不高于 110% 供电电压，下限不低于 85% 供电电压
外部环境	环境温度	0～55 ℃
	环境湿度	35～85% RH，不结露
	积尘情况	不积尘
输入/输出用电源	在输入/输出端子处测量电压变化是否在标准范围内	以各输入/输出规格为准
安装状态	各单元是否可靠固定	无松动
	电缆的连接器是否插紧	无松动
	外部配线的螺钉是否松动	无松动
寿命元件	电池、继电器、存储器等	以各元件规格为准

附录 G　S7-200 系列 PLC 课程设计

PLC 课程设计是在学生学完课程后，以学生为主体，为了充分发挥学生学习的主动性和创造性而进行的实践教学。通过课程设计，一方面可以验证学生所学的基本理论知识；另一方面也注重培养学生的基本操作技能和设计能力，使学生在实践中能够灵活运用所学理论。课程设计期间，指导教师要把握和引导学生运用正确的工作方法和思维方式。

1. 课程设计的目的

(1) 通过某一生产设备的电气控制装置的设计实践，了解生产设备和生产工艺的要求，熟悉一般电气控制系统的设计过程、设计要求、应完成的工作内容和具体设计方法。

(2) 通过训练，使学生初步具有电气控制装置的能力，培养学生独立工作和创造的能力。

(3) 进行一次工程技术设计的基本训练，通过培养学生独立工作的能力和创造力，查阅书籍、参考资料、产品手册、工具书的能力，上网查询信息的能力，运用计算机进行工程绘图的能力，综合运用基础及专业知识的能力，以及书写技术报告和编制技术资料的能力等，提高学生解决实际工程技术问题的能力。

2. 课程设计的要求

(1) 在接受设计任务后，学生应根据设计要求和应完成的设计内容制订计划，确定各阶段应完成的工作量，妥善安排时间，应在规定的时间内完成所有的设计任务。

(2) 学生阅读课程设计参考资料，了解一般电气控制装置的设计原则、方法和步骤，具备一般 PLC 控制系统的原理设计与施工设计能力。

(3) 学生上网调研当今电气控制装置的新技术、新产品和新动向，用于指导设计过程，使设计成果具有先进性和创造性。

(4) 学生认真分析所选课题的控制要求，在教师指导下确定控制方案与 PLC 选型，设计电气控制装置的主电路,并进行工艺流程分析,画出工艺流程图。

(5)课程设计要求文字通顺、简练,图标清晰、规范。

(6)如果条件允许,学生应对自己的课程设计进行试验论证,考虑进一步改进的可能性。

(7)所选课题应能够使学生掌握 PLC 应用于一般控制系统的设计思想及设计方法。

课程设计任务书见附表 11。

附表 11　课程设计任务书

设计题目	
设计要求	(课程设计报告要做到层次清晰,论述清楚,图表正确,书写工整) ⋮
设计过程	(包括设计方案、上机设计与仿真结果、硬件实验方案及结果、收获和体会) ⋮
成绩评定	指导教师评语: ⋮ 课程设计等级:　　　　　　　　　　指导教师: 　　　　　　　　　　　　　　　　　年　　月　　日

注:课程设计等级为优秀、良好、中等、及格和不及格。

3. 课程设计的内容

课程设计的内容分为理论部分和实践部分。

(1)理论部分。课程设计必须完成以下技术资料。

①完成 PLC 电气控制原理设计(原理图)。

②完成 PLC 施工设计(安装接线图、元件布置图)。

③完成 PLC 及相关电器选择(明细表)。

④利用工控组态软件 KingVIEW 完成 PLC 的组态设计。

⑤完成设计说明书、使用说明书等文档资料的编制。

(2)实践部分。根据课程设计内容完成 PLC 电气控制系统的安装、调试等。其主要内容如下。

①PLC 电源配线、输入/输出配线。

②PLC 组态的动态连接。

③PLC 程序输入、修改、下载运行和调试。

④PLC 控制系统简单故障维修等。

(3)基本格式。

课程设计的基本格式见附表 12。

附表 12　课程设计的基本格式

标　题	主要内容
引言	主要写课题设计的目的、设计内容及要实现的目标
系统总体方案设计	系统硬件配置及组成原理(要有系统组成图); 系统变量定义及分配表; 系统接线图设计; 系统可靠性设计
控制系统设计	控制程序流程图设计; 控制程序时序图设计; 控制程序设计思路; 创新设计内容
上位监控 HMI 设计	上位监控系统 HMI 设计; PLC 与上位监控 HMI 通信; 实现的效果
系统调试及结果分析	系统调试及解决的问题; 结果分析
结论	主要写取得的效果、创新点及设计意义
参考文献	主要列举引用的论文、教材及其他相关技术资料

参考文献

[1] 姜永华. PLC 与变频器控制系统设计与调试[M]. 北京:北京大学出版社,2011.
[2] 陈丽. PLC 控制系统编程与实现[M]. 2 版. 北京:中国铁道出版社,2014.
[3] 崔维群. 可编程控制器应用技术项目教程[M]. 北京:北京大学出版社,2011.
[4] 祝福,陈贵银. 西门子 S7-200 系列 PLC 应用技术[M]. 北京:电子工业出版社,2011.
[5] 童泽. PLC 职业技能教程[M]. 北京:电子工业出版社,2011.

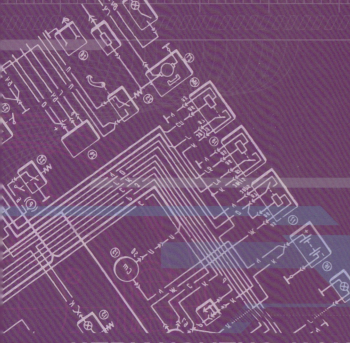

KEBIANCHENG KONGZHI JISHU
可编程控制技术

西门子 S7-200

策划编辑：马子涵
责任编辑：李斐然　欧阳文森
封面设计：王秋实

定价：49.80元